普通高等教育"十三五"规划教材

机械制造自动化技术及应用

刘治华　主　编

王晓洁　肖献国　副主编

化学工业出版社

·北京·

本书从机械制造自动化的基本概念出发，围绕机械制造的各个生产环节，系统地介绍了各个环节实现自动化的原理、技术、方法和实际应用。全书共分九章，主要介绍了机械制造自动化的基本概念、自动化制造系统技术方案、自动化加工设备、物料供输自动化、自动化加工刀具、检测过程自动化、装配过程自动化、自动化制造的控制系统及工业机器人等内容。为了便于学习和理解，在第三章～第九章每章增加一节自动化应用实例，以实例引导学生理解和掌握基本原理，初步具备自动化制造系统总体方案设计能力，同时这些实例也可以为工程技术人员进行自动化方案设计提供参考。

本书有配套的相关教学资源，可在化学工业出版社的官方网站上下载。

本书可作为高等工科院校机械设计制造及其自动化、机械工程、工业工程等机械类专业的教材，也可供从事机械设计与制造、自动化等相关专业的企业工程技术人员自学和参考。

图书在版编目（CIP）数据

机械制造自动化技术及应用/刘治华主编. —北京：化学工业出版社，2018.7
普通高等教育"十三五"规划教材
ISBN 978-7-122-32186-2

Ⅰ.①机… Ⅱ.①刘… Ⅲ.①机械制造-自动化技术-高等学校-教材 Ⅳ.①TH164

中国版本图书馆 CIP 数据核字（2018）第 106023 号

责任编辑：高　钰　　　　　　　　　　文字编辑：陈　喆
责任校对：王素芹　　　　　　　　　　装帧设计：刘丽华

出版发行：化学工业出版社（北京市东城区青年湖南街 13 号　邮政编码 100011）
印　　装：北京市白帆印务有限公司
787mm×1092mm　1/16　印张 16½　字数 401 千字　2018 年 8 月北京第 1 版第 1 次印刷

购书咨询：010-64518888（传真：010-64519686）　售后服务：010-64518899
网　　址：http://www.cip.com.cn
凡购买本书，如有缺损质量问题，本社销售中心负责调换。

定　　价：42.00 元

前 言

近年来，随着中国经济的发展，制造业出现了劳动力短缺、用工成本高、技术工人队伍不稳定等问题。为应对劳动力危机，越来越多的企业开始将注意力转向提高生产过程的自动化水平，通过采用自动化加工设备、自动化的物料输送系统和机器人上下料及自动装配技术，从而减少用工，降低工人劳动强度，提高产品的质量和稳定性。就目前制造业状况而言，对于原有的工厂可以采用对既有设备进行自动化改造的方法来实现；而对于投资新建的工厂，可根据资金状况购买成熟配套的自动化制造系统或根据产品特点研发专用的自动化设备来实现。

机械制造自动化技术及应用针对机械制造的全过程，不仅包括机械制造整体方案的制订，还包括设备的布局、物料的输送与存储、控制与检测、自动装配及工业机器人等方面的内容。本书在内容编排上，既注重与工程应用实例相结合，又注重与当前科技发展的前沿相结合，着力做到各章内容相互独立，又相互衔接，以利于读者了解和掌握其基本概念和应用常识，逐步培养学生解决工程实际问题的能力。

通过学习，使学生了解机械制造自动化过程中的先进技术和装备，培养学生根据工厂实际生产状况和自动化水平，运用所学知识，进行自动化改造和设计的能力。

考虑到便于教学过程中的教与学，本书配套有相关教学资源，包括教学用 PPT 课件及书中部分实例的设计方案及图纸等，包括第三章最后一节实例的实物图片，相应的SolidWorks 三维图；第四章最后一节实例 1 的视频、实例 2 的图片和两个实例相应的 Solid-Works 三维图；第五章最后一节实例的加工中心换刀视频；第六章最后一节实例的实物图、SolidWorks 三维图与 AutoCAD 工程图；第八章最后一节实例 2 的伺服控制系统图、牵引力测量装置 SolidWorks 三维图及主要控制元器件（包括运动控制卡、力传感器、变送器、伺服电机及减速器等）的选择与介绍；第九章最后一节旋转负压机器人实例的视频和 SolidWorks 三维图等内容，并将免费提供给采用本书作为教材的院校使用。如有需要，请发电子邮件至 cipedu@163.com 获取，或登录 www.cipedu.com.cn 免费下载。

在编写过程中，我们参考了近些年出版的多种同类教材、论著、手册以及发表的相关论文，在此向有关的著作者表示衷心的感谢和诚挚的谢意。

本书由郑州大学机械工程学院刘治华任主编，王晓洁、肖献国任副主编，参加本书编写的还有王春丽。其中刘治华编写第一章、第六章、第八章及第九章并负责统稿，王晓洁编写第二章、第七章，肖献国编写第三章，王春丽编写第四章、第五章。在编写的过程中，北京航空航天大学机械学院郭伟教授对本书的编写提出了一些建设性的建议，研究生陶德岗、汤清、张天增、杨孟俭、戴骐隆等在绘图方面做了大量的工作，在此一并表示感谢！

本书由郑州大学李大磊主审，李大磊教授对本书进行了细致的审查并提出了许多宝贵意见。

由于编者水平有限，加之时间仓促，书中难免存在不足之处，敬请读者与同行批评指正。

编者
2018 年 3 月

目 录

第一章

概论

　　制造自动化技术是现代制造技术的重要组成部分，也是人类在长期的社会生产实践中不断追求的主要目标之一。随着科学技术的不断进步，自动化制造的水平也越来越高。采用自动化技术，不仅可以大大降低劳动强度，而且还可以提高产品质量，改善制造系统适应市场变化的能力，从而提高企业的市场竞争能力。

　　制造自动化是在制造过程的所有环节采用自动化技术，实现制造全过程的自动化。制造自动化的任务就是研究如何实现制造过程的自动化规划、管理、组织、控制、协调与优化，以达到产品及其制造过程的高效、优质、低耗、洁净的目标。制造自动化是当今制造科学与制造工程领域中涉及面广、研究十分活跃的方向。

第一节　机械制造自动化的基本概念

一、机械化与自动化

　　人在生产中的劳动，包括基本的体力劳动、辅助的体力劳动和脑力劳动三个部分。基本的体力劳动是指直接改变生产对象的形态、性能和位置等方面的体力劳动。辅助的体力劳动是指完成基本体力劳动所必须做的其他辅助性工作，如检验、装夹工件、操纵机器的手柄等体力劳动。脑力劳动是指决定加工方法、工作顺序、判断加工是否符合图纸技术要求、选择切削用量以及设计和技术管理工作等。

　　由机械及其驱动装置来完成人用双手和体力所担任的繁重的基本劳动的过程，称为机械化。例如：自动走刀代替手动走刀，称为走刀机械化；车子运输代替肩挑背扛，称为运输机械化。由人和机器构成的有机集合体就是一个机械化生产的人机系统。

　　人的基本劳动由机器代替的同时，人对机器的操纵、工件的装卸和检验等辅助劳动也被机器代替，并由自动控制系统或计算机代替人的部分脑力劳动的过程，称为自动化。人的基本劳动实现了机械化的同时，辅助劳动也实现了机械化，这些机械化设备再加上自动控制系统所构成的有机集合体，就是一个自动化生产系统。只有实现自动化，人才能够不受机器的束缚，而机器的生产速度和产品质量的提高也不受工人精力、体力的限制。因此，自动化生产是人类的理想方式，是生产率不断提高的有效途径。

　　如对于发动机箱体浇注时所采用的型芯，为了提高其表面的强度和耐高温，需要在型芯表面涂覆一层溶液，涂覆后的型芯如图 1-1（a）所示。过去型芯表面溶液的涂覆是人工采用刷子刷涂的方式，不仅效率低，而且溶液散发的有毒气体还会对人体造成伤害。随着技术的发展，车间已普遍采用机械化的方式，如图 1-1（b）所示。浸涂夹具上部通过钢丝绳连接于车间天车上，工人通过操纵天车将浸涂夹具移动到型芯上方后，夹持住型芯并通过天车将型芯移至浸涂箱上方进行溶液浸涂，浸涂完成后，夹具带动型芯旋转使溶液分布均匀，工人再操纵天车将型芯移放到指定位置。

目前，一些自动化程度较高的工厂已经采用自动搬运自动浸涂装置，如图 1-2 所示。自动制芯机将型芯制出后，搬运机械手将型芯夹持住并根据设定的运动轨迹将型芯搬运到指定位置进行组芯，组芯完成后由另一机械手搬运至浸涂机械手抓取工作台位置。浸涂机械手水平运动移动到型芯上料工位，夹取型芯后移动到浸涂箱上方，经过上下运动和旋转运动完成浸涂，浸涂完成后将型芯放入辊子输送系统，进入下道工序。

(a) 型芯　　　　　　　　　　　　　　　　(b) 机械化涂覆方式

图 1-1　型芯表面涂覆机械化

(a) 搬运机械手　　　　　　　　　　　　　(b) 自动化涂覆方式

图 1-2　型芯搬运与浸涂自动化

在一个工序中，如果所有的基本动作都机械化了，并且使若干个辅助动作也自动化起来，工人所要做的工作只是对这一工序做总的操纵与监督，就称为工序自动化。

一个工艺过程（如机械加工工艺过程）通常包括若干个工序，如果每一个工序实现了工序自动化，并且把若干个工序有机地联系起来，则整个工艺过程（包括加工、工序间的检测和输送）都自动进行，而操作者仅对这一整个工艺过程做总的操纵和监控，这样就形成了某一种加工工艺的自动生产线，这一过程通常称为工艺过程自动化。

一个零部件（或产品）的制造包括若干个工艺过程，如果每个工艺过程不仅都自动化了，而且它们之间是自动地、有机地联系在一起，也就是说从原材料到最终产品的全过程都不需要人工干预，这就形成了制造过程自动化。机械制造自动化的高级阶段就是自动化车间，甚至是自动化工厂。

二、制造与制造系统

制造是人类所有经济活动的基石，是人类历史发展和文明进步的动力。制造是人类按照市场需求，运用主观掌握的知识和技能，借助于手工或利用客观物质工具，采用有效的工艺方法和必要的能源，将原材料转化为最终物质产品并投放市场的全过程。制造也可以理解为制造企业的生产活动，即制造也是一个输入输出系统，其输入是生产要素，输出是具有使用价值的产品。制造的概念有广义和狭义之分：狭义的制造是指生产车间与物流有关的加工和装配过程，相应的系统称为狭义制造系统；广义的制造则包括市场分析、经营决策、工程设计、加工装配、质量控制、生产过程管理、销售运输、售后服务直至产品报废处理等整个产品生命周期内一系列相关联的生产活动，相应的系统称为广义制造系统。在当今的信息时代，广义制造的概念已被越来越多的人接受。

国际生产工程学会 1990 年将制造定义为：制造是一个涉及制造工业中产品设计、物料选择、生产计划、生产过程、质量保证、经营管理、市场销售和服务的一系列相关活动工作的总称。

制造系统（Manufacturing System）是为了达到预定的制造目的而构造的物理或组织系统。图 1-3 表示制造系统及其外部环境的关系。其中，信息、原材料、能量和资金作为系统的输入，成品作为系统的主动输出，废料以及其他排放物（包括对环境的污染）作为系统的被动输出。

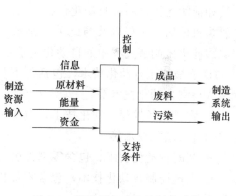

图 1-3 用黑箱方式表示制造系统

在研究制造系统时，除了要搞清楚系统与外部环境的关系外，还有它的内部组织和结构。在系统内部包括很多与制造活动有关的因素，如人员、设备、组织机构、管理方式、技术系统、资金等，简单地将这些因素相加，无法取得整体最优的效果，也不称其为系统。只有从系统的观点出发，运用系统工程的原理和技术去统筹规划各个要素，才能实现各要素之间的有机集成，使系统运行在最佳状态，以最经济有效的方式达到制造活动的目的。

第二节 机械制造自动化的内容和意义

一、制造自动化的内涵

制造自动化（Manufacturing Automation）就是在广义制造过程的所有环节采用自动化

技术，实现制造全过程的自动化。

其广义内涵可包括以下几点。

① 在形式上，制造自动化有 3 个方面的含义：代替人的体力劳动；代替或辅助人的脑力劳动；制造系统中人、机及整个系统的协调、管理、控制和优化。

② 在功能上，制造自动化代替人的体力劳动或脑力劳动仅仅是制造自动化功能目标体系的一部分。制造自动化的功能目标是多方面的，已形成一个有机体系。

③ 在范围上，制造自动化不仅涉及具体生产制造过程，而且涉及产品生命周期的各类活动——市场需求分析、产品定义、研究开发、设计、生产、支持（包括质量、销售、采购、发送、服务）以及产品最后报废、环境处理等。

制造自动化的概念是一个动态发展过程。在"狭义制造"概念下，制造自动化的含义是生产车间内产品的机械加工和装配检验过程的自动化，包括切削加工自动化、工件装卸自动化、工件储运自动化、零件及产品清洗及检验自动化、断屑与排屑自动化、装配自动化、机器故障诊断自动化等。而在"广义制造"概念下，制造自动化则包含了产品设计自动化、企业管理自动化、加工过程自动化和质量控制自动化等产品制造全过程以及各个环节综合集成自动化，以使产品制造过程实现高效、优质、低耗、及时和洁净的目标。

制造自动化促使制造业逐渐由劳动密集型产业向技术密集型和知识密集型产业转变。制造自动化技术是制造业发展的重要标志，代表着先进制造技术的水平，也体现了一个国家科技水平的高低。

二、机械制造自动化的主要内容

如前所述机械制造自动化包括狭义的机械制造过程和广义的机械制造过程，本书介绍的主要是机械加工过程以及与此关系紧密的物料储运、质量控制、装配等过程的狭义制造过程。因此机械制造过程中的自动化技术主要有：

① 机械加工自动化技术，包括上下料自动化技术、装卡自动化技术、换刀自动化技术和零件检测自动化技术等。

② 物料储运过程自动化技术，包含工件储运自动化技术、刀具储运自动化技术和其他物料储运自动化技术等。

③ 装配自动化技术，包含零部件供应自动化技术和装配过程自动化技术等。

④ 质量控制自动化技术，包含零件检测自动化技术、产品检测自动化和刀具检测自动化技术等。

三、机械制造自动化的意义

1. 提高生产率

制造系统的生产率表示在一定的时间范围内系统生产总量的大小，而系统的生产总量是与单位产品制造所花费的时间密切相关的。采用自动化技术后，不仅可以缩短直接的加工制造时间，更可以大幅度缩短产品制造过程中的各种辅助时间，从而使生产率得以提高。

2. 缩短生产周期

现代制造系统所面对的产品特点是：品种不断增多，而批量却在不断减小。据统计，在机械制造企业中，单件、小批量的生产占 85％左右，而大批量生产仅占 15％左右。单件、小批量生产占主导地位的现象目前还在继续发展，因此可以说，传统意义上的大批量生产正在向多品种、小批量生产模式转换。据统计，在多品种、小批量生产中，被加工零件在车间内的总时间的 95% 被用于搬运、存放和等待加工中，在机床上的有效加工时间仅占 5%。而在这 5% 的时间中，又只有 30% 的时间用于切削加工，其余 70% 的时间又消耗于定位、装夹和测量的辅助动作上。因此，零件在车间的总时间中，仅有 1.5% 是有效的切削时间。采用自动化技术的主要效益在于可以有效缩短零件 98.5% 的无效时间，从而有效缩短了生产周期。

3. 提高产品质量

在自动化制造系统中，由于广泛采用各种高精度的加工设备和自动检测设备，减少了工人因情绪波动给产品质量带来的不利影响，因而可以有效提高产品的质量和质量的一致性。

4. 提高经济效益

采用自动化制造技术，可以减少生产面积，减少直接生产工人的数量，减少废品率，因而就减少了对系统的投入。由于提高了劳动生产率，系统的产出得以增加。投入和产出之比的变化表明，采用自动化制造系统可以有效提高经济效益。

5. 降低劳动强度

采用自动化技术后，机器可以完成绝大部分笨重、艰苦、烦琐甚至对人体有害的工作，从而降低了工人的劳动强度。

6. 有利于产品更新

现代柔性自动化制造技术使得变更制造对象非常容易，适应的范围也较宽，十分有利于产品的更新，因而特别适合于多品种、小批量生产。

7. 提高劳动者的素质

现代柔性自动化制造技术要求操作者具有较高的业务素质和严谨的工作态度，这在无形中就提高了劳动者的素质。特别是采用小组化工作方式的制造系统中，对人的素质要求更高。

8. 带动相关技术的发展

实现制造自动化可以带动自动检测技术、自动化控制技术、产品设计与制造技术、系统工程技术等相关技术的发展。

9. 体现一个国家的科技水平

自动化技术的发展与国家的整体科技水平有很大的关系。例如，自 1870 年以来，各种新的自动化制造技术和设备基本上都首先出现在美国，这与美国高度发达的科技水平密切相关。

总之，采用自动化制造技术可以大大提高企业的市场竞争能力。

第三节　机械制造自动化的途径

一、制造规模

制造企业的产品品种和生产批量大小是各不相同的，人们称之为制造规模。通常，可以将制造规模分为 3 种：大规模制造、大批量制造和多品种小批量制造。

年产量超过 5000 件的制造常称为大规模制造，例如标准件（螺钉、螺母、垫圈、销等）

的制造、自行车的制造、汽车的制造等。大规模制造常采用组合机床生产线或自动化单机系统，通常其生产率极高，产品的一致性非常好。

年产量在 500～5000 件之间的制造常称为大批量制造，如大型汽车制造、大型推土机制造等均属于大批量制造。大批量制造的自动化程度和生产率较大规模制造要低，时间中多使用加工中心和柔性制造单元。

年产量在 500 件以下的制造常称为多品种小批量制造，如飞机制造、大型轮船制造等。

二、机械制造自动化途径

产品对象（包括产品的结构、材质、重量、性能、质量等）决定着自动装置和自动化方案的内容；生产纲领的大小影响着自动化方案的完善程度、性能和效果；产品零件决定着自动化的复杂程度；设备投资和人员构成决定着自动化的水平。因此，要根据不同情况，采用不同的加工方法。

1. 单件、小批量生产机械化及自动化的途径

单件生产是指单个地生产不同结构和不同尺寸的产品，并且很少重复；例如重型机器制造、专业设备制造和新产品试制等。

据统计，在机械产品的数量中，单件生产占 30％，小批量生产占 50％。因此，解决单件、小批量生产的自动化有很大的意义。而在单件小批量生产中，往往辅助工时所占的比例较大。而仅从采用先进的工艺方法来缩短加工时间并不能有效地提高生产率。在这种情况下，只有使机械加工循环中各个单元动作及循环外的辅助工作实现机械化、自动化来同时减少加工时间和辅助时间，才能达到有效提高生产率的目的。因此，采用简易自动化使局部工步、工序自动化，是实现单件小批量生产自动化的有效途径，具体方法是：

① 采用机械化、自动化装置，来实现零件的装卸、定位、夹紧机械化和自动化。

② 实现工作地点的小型机械化和自动化，如采用自动滚道、运输机械、电动及气动工具等装置来减少辅助时间，并可降低劳动强度。

③ 改装或设计通用的自动机床，实现操作自动化，来完成零件加工的个别单元的动作或整个加工循环的自动化，以便提高劳动生产率和改善劳动条件。

对改装或设计的通用自动化机床，必须满足使用经济、调整方便、省时、改装方便、迅速以及自动化装置能保持机床万能性能等基本要求。

2. 中等批量生产的自动化途径

中等批量生产的批量虽比较大，但产品品种并不单一。随着社会上对品种更新的需求，要求中等批量生产的自动化系统仍应具备一定的可变性，以适应产品和工艺的变换。从各国发展情况看，有以下趋势：

（1）建立可变自动化生产线

在成组技术基础上实现"成批流水作业生产"。应用 PLC 或计算机控制的数控机床和可控主轴箱、可换刀库的组合机床，建立可变的自动线。在这种可变的自动生产线上，可以加工和装夹几种零件，既保持了自动化生产线高生产率的特点，又扩大了工艺适应性。

对可变自动化生产线的要求：

① 所加工的同批零件具有结构上的相似性。

② 设置"随行夹具"，解决同一机床上能装夹不同结构工件的自动化问题。这时，每一夹具的定位、夹紧是根据工件设计的。而各种夹具在机床上的连接则有相同的统一基面和固

定方法。加工时，夹具连同工件一块移动，直到加工完毕，再返回原位。

③ 自动线上各台机床具有相应的自动换刀库，可以使加工中的换刀和调整实现自动化。

④ 对于生产批量大的自动化生产线，要求所设计的高生产率自动化设备对同类型零件具有一定的工艺适应性，以便在产品变更时能够迅速调整。

（2）采用具有一定通用性的标准化的数控设备

对于单个的加工工序，力求设计时采用机床及刀具能迅速重调整的数控机床及加工中心。

（3）设计制造各种可以组合的模块化典型部件，采用可调的组合机床及可调的环形自动线

对于箱体类零件的平面及孔加工工序，则可设计或采用具有自动换刀的数控机床或可自动更换主轴箱并带自动换刀库、自动夹具库和工件库的数控机床。这些机床都能够迅速改变加工工序内容，既可单独使用，又便于组成自动线。在设计、制造和使用各种自动的多功能机床时，应该在机床上装设各种可调的自动装料、自动卸料装置，机械手和存储、传送系统，并应逐步采用计算机来控制，以便实现机床的调整"快速化"和自动化，来尽量减少重调整时间。

3. 大批量生产的自动化途径

大批量生产是指产品数量很大，大多数工作地点经常重复地进行某一个零件的某一道工序的加工。例如，汽车、拖拉机、轴承等的制造通常都是以大批量生产的方式进行的。

目前，实现大批量生产的自动化已经比较成熟，主要有以下几种途径：

① 广泛地建立适于大批量生产的自动线。国内外的自动化生产线生产经验表明：自动化生产线具有很高的生产率和良好的技术经济效果。目前，大量生产的工厂已普遍采用了组合机床自动线和专用机床自动线。

② 建立自动化工厂或自动化车间。大批量生产的产品品种单一、结构稳定、产量很大、具有连续流水作业和综合机械化的良好条件。因此，在自动化的基础上按先进的工艺方案建立综合自动化车间和全盘自动化工厂，是大批量生产的发展方向。目前大批量生产正向着集成化的机械制造自动化系统的方向发展。整个系统是建立在系统工程学的基础上，应用电子计算机、机器人及综合自动化生产线所建成的大型自动化制造系统。它能够实现从原材料投入经过热加工、机械加工、装配、检验到包装的物流自动化，而且也实现了生产的经营管理、技术管理等信息流的自动化和能量流的自动化。因此，常把这种大型的自动化制造系统称为全盘自动化系统。但是全盘自动化还需进一步解决许多复杂的工艺问题、管理问题和自动化的技术问题。除了在理论上需要继续加以研究外，还需要建立典型的自动化车间、自动化工厂来深入进行实验，从中探索全盘自动化生产的规律，使之不断完善。

③ 建立"可变的短自动线"及"复合加工"单元。采用可调的短自动线，即只包含2～4个工序的一小串加工机床建立的自动线。它短小灵活，有利于解决大批量生产的自动化生产线具有一定的可变性的问题。

④ 改装和更新现有老式设备，提高它们的自动化程度。把大批量生产中现有的老式设备改装或更新成专用的高效自动机，最低限度也应该是半自动机床。进行改装的方法是：可以采用安装各种机械的、电气的、液压的或气动的自动循环刀架，如程序控制刀架、转塔刀架和多刀刀架；安装各种机械化、自动化的工作台，如各种各样的机械式、气动、液压或电动的自动工作台模块；安装各种自动送料、自动夹紧、自动换刀、自动检验、自动调节加工

参数的装置，自动输送装置和工业机器人等自动化的装置，来提高大量生产中各种旧有设备的自动化程度。沿着这样的途径也能有效地提高生产率，并且可以为进一步实现工艺过程自动化创造条件。

第四节　机械制造自动化系统

一、机械制造自动化系统的定义

广义地讲，自动化制造系统（Automatic Manufacturing System，AMS）是由一定范围的被加工对象、一定的制造柔性和一定的自动化水平的各种设备和高素质的人组成的一个有机整体，它接受外部信息、能源、资金、配套件和原材料等作为输入，在人和计算机控制系统的共同作用下，实现一定程度的柔性自动化制造，最后输出产品、文档资料和废料等。

从定义中可以看出，自动化制造系统具有以下五个典型组成部分。

（1）具有一定技术水平和决策能力的人

现代自动化制造系统是充分发挥人的作用、人机一体化的柔性自动化制造系统。因此，系统的良好运行离不开人的参与。对于自动化程度较高的制造系统如柔性制造系统（Flexible Manufacturing System，FMS），人的作用主要体现在对物料的准备和对信息流的监视和控制上，而且还体现在要更多地参与物流过程。总之，自动化制造系统对人的要求不是降低了，而是提高了，它需要具有一定技术水平和决策能力的人参与。目前流行的小组化工作方式不仅要求"全能"的操作者，还要求他们之间有良好合作精神。

（2）一定范围的被加工对象

现代自动化制造系统能在一定的范围内适应被加工对象的变化，变化范围一般是在系统设计时就设定了的。现代自动化制造系统加工对象的划分一般是基于成组技术（Group Technology，GT）原理的。

（3）信息流及其控制系统

自动化制造系统的信息流控制着物流过程，也控制产品的制造质量。系统的自动化程度、柔性程度以及与其他系统的集成程度都与信息流控制系统密切相关，应特别注意提高它的控制水平。

（4）能量流及其控制系统

能量流为物流过程提供能量，以维持系统的运行。在供给系统的能量中，一部分能量用来维持系统运行，做了有用功；另一部分能量则以摩擦和传送过程的损耗等形式消耗掉，并对系统产生各种有害效果。所以，在制造系统设计过程中，要格外注意能量流系统的设计，以优化利用能源。

（5）物料流及物料处理系统

物料流及物料处理系统是自动化制造系统的主要运作形式，该系统在人的帮助下或自动地将原材料转化成最终产品。一般地讲，物料流及物料处理系统包括各种自动化或非自动化的物料储运设备、工具储运设备、加工设备、检测设备、清洗设备、热处理设备、装配设备、控制装置和其他辅助设备等。各种物流设备的选择、布局及设计是自动化制造系统规划的重要内容。

二、机械制造自动化系统的构成

从系统的观点来看，一般的机械制造自动化系统主要由以下四个部分构成：

① 加工系统，即能完成工件的切削加工、排屑、清洗和测量的自动化设备与装置；

② 工件支撑系统，即能完成工件输送、搬运以及存储功能的工件供给装置；

③ 刀具支撑系统，即包括刀具的装配、输送、交换和存储装置以及刀具的预调和管理系统；

④ 控制与管理系统，即对制造过程进行监控、检测、协调与管理的系统。

三、机械制造自动化系统的分类

对机械制造自动化的分类目前还没有统一的方式。综合国内外各种资料，大致可按下面几种方式来进行分类：

① 按制造过程分：毛坯制备过程自动化、热处理过程自动化、储运过程自动化、机械加工过程自动化、装配过程自动化、辅助过程自动化、质量检测过程自动化和系统控制过程自动化。

② 按设备分：局部动作自动化、单机自动化、刚性自动化、刚性综合自动化系统、柔性制造单元、柔性制造系统。

③ 按控制方式分：机械控制自动化、机电液控制自动化、数字控制自动化、计算机控制自动化、智能控制自动化。

④ 按生产批量分：大批量生产自动化、中等批量生产自动化、单件小批量生产自动化。

第五节　机械制造自动化的现状及发展

一、机械制造自动化的发展里程及现状

自从 18 世纪中叶瓦特发明蒸汽机而引发工业革命以来，制造自动化技术就伴随着机械化开始得到迅速发展。从其发展历程看，制造自动化技术大约经历了 5 个发展阶段，如图 1-4 所示。

第 1 阶段：1870～1952 年，采用纯机械控制和电液控制的刚性自动化单机和生产线得到长足发展。如 1870 年美国发明了自动制造螺钉的机器，继而于 1895 年发明了多轴自动车床，它们都属于典型的单机自动化系统，都是采用纯机械方式控制的。1924 年第一条采用流水作业的机械加工自动线在英国的 Morris 汽车公司出现，1935 年苏联研制成功第一条汽车发动机气缸体加工自动线。这两条自动线的出现使得制造自动化技术由单机自动化转向更高级形式的自动化系统。在第二次世界大战前后，位于美国底特律的福特汽车公司大量采用自动化生产线，使汽车生产的生产率成倍提高，汽车的成本大幅度降低，汽车的质量也得到明显改善。随后，西方其他工业化国家、苏联以及日本都开始广泛采用制造自动化技术和系统，使这种形式的制造自动化系统得到迅速普及，其技术也日趋完善，它在生产实践中的应用也达到高峰。尽管这种形式的制造自动化系统仅适合于像汽车这样的大批生产，但它对于人类社会的发展却起到了巨大的推动作用。值得注意的是，在此期间，苏联于 1946 年提出的成组生产工艺的思想，对制造自动化系统的发展具有极其重要的意义。直到目前，成组技

术仍然是制造自动化系统赖以生存和发展的主要技术基础之一。

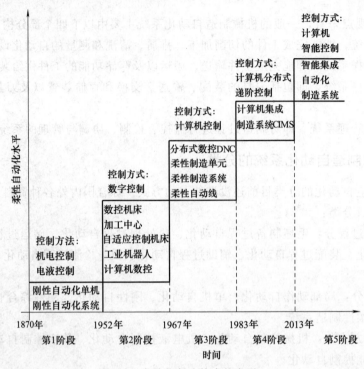

图 1-4 自动化制造技术的发展

第 2 阶段：1952～1967 年，数控（Numerical Control，NC）技术和工业机器人技术，特别是单机数控得到飞速发展。数控技术的出现是制造自动化技术发展史上的一个里程碑。它对多品种、小批量生产的自动化意义重大，几乎是目前经济性实现小批量生产自动化的唯一实用技术。第一台数控机床于 1952 年在美国的麻省理工学院研制成功，它一出现，立即得到人们的普遍重视，从 1956 年开始就逐渐在中、小批量生产中得到使用。1953 年，麻省理工学院又成功开发出了著名的数控加工自动编程语言，为数控加工技术的发展奠定了基础。1958 年，第一台具有自动换刀装置和刀库的数控机床即加工中心（Machining Center，MC）在美国研制成功，进一步提高了数控机床的自动化程度。第一台工业机器人于 1959 年出现于美国。最早的工业机器人是极坐标式的，它的出现对制造自动化技术具有很大的意义。工业机器人不但是制造自动化系统中不可缺少的自动化设备，它本身也可单独工作，自动进行装配、焊接、喷漆、热处理等工作。1960 年，美国成功研制出了自适应控制机床，使机床具有了一定的智能色彩，可以有效提高加工质量。1961 年在美国出现的计算机控制的碳电阻制造自动化系统，可以称为计算机辅助制造（CAM）的雏形。1962 年和 1963 年在美国又相继出现了圆柱坐标式工业机器人和计算机辅助设计（CAD）及绘图系统，后者为自动化设计以及设计与制造之间的集成奠定了基础。1965 年出现的计算机数控（CNC）机床具有很重要的意义，因为它的出现为实现更高级别的制造自动化系统扫清了技术障碍。

第 3 阶段：1967～1983 年，是以数控机床和工业机器人组成的柔性制造自动化系统得到飞速发展的时期。1967 年英国的 Molins 公司成功研制出了计算机控制 6 台数控机床的可变制造系统，这个系统被称为最早的柔性制造系统，它的出现成功地解决了多品种、小批量复杂零件生产的自动化及降低成本和提高效率的问题。同一年，美国的 Sundstand 公司和日本国铁大宫工厂也相继成功研制出了计算机控制的数控系统。1969 年日本研制出按成组加工原则的 IKEGAI 可变加工系统，1969 年美国又研制出工业机器人操作的焊接自动线。随着工业机器人技术和数控技术的发展和成熟，20 世纪 70 年代初出现了小型制造自动化系统即柔性制造单元。柔性制造单元和柔性制造系统到目前仍是制造自动化的最高级形式，即自动化程度最高并且实用的系统。1980 年日本建成面向多品种、小批量生产的无人化机械制造厂——富士工厂。从原材料到外购件入库、搬运、加工、成品入库等，除装配以外的其他工序均完全实现自动化。20 世纪 80 年代初期还建成了一个由机器人进行装配的全自动化电机制造厂和一个规模庞大的利用激光加工的综合柔性制造系统。需要指出的是，这种无人自动化工厂的努力却是不成功的，原因并不在于技术，而主要在于它的经济性太差，并忽略了人在制造系统中的核心作用。

第 4 阶段：1983～2013 年，制造自动化系统的主要发展是计算机集成制造系统（Computer Integrated Manufacturing System，CIMS），并在较长的一段时间内与智能制造的发展并存。CIMS 是由美国人约瑟夫·哈林顿博士于 1973 年首次提出的概念，其基本思想是借助于计算机技术、现代系统管理技术、现代制造技术、信息技术、自动化技术和系统工程技术，将制造过程中有关的人、技术和经营管理三要素有机集成，通过信息共享以及信息流与物流的有机集成实现系统的优化运行。所以说，CIMS 技术是集管理、技术、质量保证和制造自动化为一体的广义制造自动化系统。CIMS 的概念刚开始提出时，并没有受到人们的重视，直到 20 世纪 80 年代初，人们才意识到 CIMS 的重要性，于是世界各国纷纷开始研究并实施 CIMS。1983 年 11 月 Production Engineering 刊登了一篇关于计算机集成制造的文章，介绍了美国通用汽车公司 GM 的一个汽车车体制造的 CIMS 技术。可以说，20 世纪 80 年代是 CIMS 技术发展的黄金时代。早期人们对 CIMS 的认识是全盘自动化的无人工厂，忽视了人的主导作用，国外也确实有些 CIMS 工程是按照无人化工厂来设计和实施的。但是随着对 CIMS 认识的不断深入，更多的人对 CIMS 技术作了重新思考，认为实施 CIMS 应充分发挥人的主观能动性，将人集成进整个系统，这才是 CIMS 的正确发展道路。于是，从 20 世纪 90 年代以来，CIMS 的概念发生了巨大变化，开始提出以人为中心的 CIMS 的思想，并将并行工程、精益生产、敏捷制造、智能制造和企业重组等新思想、新模式引入 CIMS，进一步提出了第二代 CIMS 的观念。可以认为，CIMS 的哲理还会不断发展和完善。

第 5 阶段：从 2013 年至今，制造自动化系统的主要发展趋势是智能制造（Intelligent Manufacturing，IM）和智能化制造系统（Intelligent Manufacturing System，IMS），并被认为是信息时代制造业发展的必然趋势。智能制造是一种由智能机器和人类专家共同组成的人机一体化智能系统，它在制造过程中能进行智能活动，诸如分析、推理、判断、构思和决策等。以智能制造技术（Intelligent Manufacturing Technology，IMT）为基础组成的系统叫作智能制造系统。自 20 世纪 80 年代智能制造提出以来，世界各国都对智能制造系统进行了各种研究，首先是对智能制造技术的研究，然后为了满足经济全球化和社会产品需求的变化，智能制造技术集成应用的环境——智能制造系统被提出。智能制造系统是 1989 年由日本提出的，随后还于 1994 年启动了先进制造国际合作项目，并联合美国、加拿大、澳大利亚等国一起意图解决当时柔性制造系统和计算机集成制造系统存在的局限。随后各主要国家都相继展开了智能制造的研究，其中具有代表性的主要有 2013 年 4 月德国推出的以智能制造为主导的"工业 4.0"计划和 2014 年 4 月美国提出的"工业互联网"。中国政府在 2015 年推出了"中国制造 2025"战略，同时又提出"互联网＋"行动计划，大力发展工业"互联网+",紧接着在 2016 年年底又出台了《智能制造发展规划（2016—2020 年）》。目前世界各国对智能制造的认识与研究还处于初级起步阶段，许多构思与设想还只是停留在理论阶段，但智能制造在某些领域已经得到了初步的应用。德国在提出"工业 4.0"后开展了很多相关技术的研究工作，并取得了一定的成效。

我国第一条机械加工自动线于 1956 年投入使用，是用来加工汽车发动机气缸体端面孔的组合机床自动线。第一条加工环套类零件的自动线是 1959 年建成的加工轴承内外环的自动线。第一条加工轴类零件的自动线是 1969 年建成的加工电机转子轴的自动线。1964 年以后不到 10 年的时间，我国机床行业就为第二汽车制造厂（即现在的的东风汽车集团公司）提供了 57 条自动线和 8000 多台自动化设备，表明我国提供制造自动化系统的能力有了很大的发展。到 1985 年年底，我国生产的数控机床的品种已达 50 余种，并远销国外。我国生产的数控机床虽然有了长足的发展，但存在着技术水平低、性能不稳定等问题，远远不能满足国内用户的需求。因此，国家每年还要花大量的宝贵外汇进口数控系统和数控机床。我国于 1984 年成功研制出了两个制造单元，第一个柔性制造系统于 1986 年投入运行，用于加工伺服电机零件。1987 年以后，我国陆续从国外引进 10 余套柔性制造系统，也自行研制了我们自己的柔性制造系统。在这些柔性制造系统中，有些应用得很好，充分发挥了它的效益，而有些系统却利用率不高，造成资源的极大浪费。我国工业机器人的研究始于 20 世纪 70 年代初，自从 1986 年国家执行 "863" 高科技发展计划将机器人列为自动化领域的一个主题后，我国机器人技术得到很快的发展，已成功研制出了喷漆、焊接、搬运、能前后左右步行、能爬墙、能上下台阶、能在水下作业的多种类型的机器人。自从 1986 年 "863" 计划起，作为自动化领域的主题之一，CIMS 在我国的研究和推广应用得到了迅速的发展。单元应用技术也取得了一批研究和应用成果，有些实施 CIMS 的企业也取得了一些经济和社会效益。到目前，我国已在清华大学建成国家 CIMS 工程研究中心，在一些著名大学和研究单位建立了 7 个 CIMS 单元技术实验室和 8 个 CIMS 培训中心，在国家立项实施 CIMS 的企业已达数百家。1994 年清华大学荣获美国制造工程师协会 SME 颁布的 CIMS 研究 "大学领先奖"，1995 年北京第一机床厂荣获 SME 颁发的 "工业领先奖"。上述成果的取得，使我国在 CIMS 等高水平的制造自动化系统与技术的研究和应用方面积累了经验，并为其发展奠定了基础。

二、机械制造自动化的发展趋势

随着科学技术的飞速发展和社会的不断进步，先进的生产模式对自动化系统及技术提出了多种不同的要求，这些要求也同时代表了机械制造自动化技术将向柔性化、智能化、网络化、虚拟化、微型化、光机电一体化、绿色化方向的发展趋势。

1. 柔性化

目前机械制造业对机械自动化的加工设备有很高的要求，设备的柔性越好对加工产品的转换越灵活。这项技术是由软件来操控的，操作时只需调整相应的程序和极少数的器具。它的特点是既方便又快捷、加工精度高、加工质量稳定，符合当下产品的需求量、产品种类增多、更新换代加快、产品质量提高、使用寿命周期缩短的发展要求。高速度的加工程序可以提高加工效率，降低能源的消耗，降低生产成本。

2. 智能化

所谓"智能化"，是指机械自动化技术在相关技术的革新和推动下，将进一步向着模拟人脑思维和人类生产的方向，实现经济效益和社会效益相统一。智能化是机械制造以及自动化发展的主要趋势，机械制造企业的需求和客观条件是现代自动化技术在机械制造中发展的主要依据，而自动化技术也是机械制造企业实现经济效益的主要技术手段。所以，随着技术的不断更新和进步，智能化理念越来越受到重视，而且智能化技术可以通过人工智能模拟，使机械制造控制系统和控制中心操作通过生理学、心理学和运筹学知识进行智能化改造。这些自动化控制系统可以根据生产信息和程序，自主地进行编程，甚至实现对话功能，并且通过智能化系统对信息进行分析判断，最终实现生产过程。这个过程取代了人脑判断和操作，而且决策速度更快，精准性更高，对于机械制造来说不仅提高了工作效率，而且对于产品的质量稳定性也非常有利。

3. 网络化

随着互联网技术的普及应用，社会各个领域均依托互联网技术进行了技术革新，作为机械制造类企业而言，同样应当把握互联网技术这一契机，将之应用到自动化技术之中，以此实现对设备运行工作情况的即时监视，同时能够依托远程操作的方式，实现对产品制造流程的实时管理，对于设备在工作运行中出现的故障或者问题，能够第一时间发现并组织技术人员进行介入。还有就是，通过互联网技术搭建设备监视系统，能够实现对人工生产造成的误差的最大程度控制，进而确保产品的制造处于最优状态。除此之外，依托互联网技术的应用，将使后台操作人员能够通过音频、视频等现代信息技术实现对产品制造过程中相关技术参数变动情况的即时掌握，进而确保产品制造的质量达到相关质量标准。

4. 虚拟化

机械制造企业开发新产品时，从设计到实验再到最终的生产销售，需要经过复杂烦琐的过程，且在这一过程中，往往需要耗费大量的人力、物力及财力，若是产品经过实验无法投入生产，则前面所做的努力都白白耗费，导致资源大量浪费，并延缓企业的发展速度。机械制造自动化技术与计算机技术的结合，使虚拟实验成为现实，工作人员可以通过虚拟实验，对新产品的实验过程等进行模拟，以模拟操作代替人们大量的工作，从而节省时间及资源，提升机械设计效率及创新能力。同时，计算机技术的运用，也为工作人员提供了信息快速传递、共享的重要途径，工作人员也完全可以通过网络，对机械制造过程进行远程控制监控，分割出不同空间且双方还能够无障碍地沟通、交流、合作，从而大大提升工作效率。这也使机械制造自动化技术迈向了虚拟化的发展方向。

5. 微型化

机械自动化中的微型化，一方面是机械设备的微型化，另一方面是产品的微型化。其中，现代社会对于机械制造的要求逐渐提高，机械制造行业的机械也呈缩小趋势，这就要求机械的内部结构要进行更新和改良，使机械内部结构部件更加精密，功能性更强，从而使小体积的部件替代传统的大体积机械部件，进而实现机械整体体积的缩小。这就使得机械能够更加灵活地运转，而小体积机械对于降低能源消耗也有着明显的促进作用；另外，微米技术和纳米技术日趋成熟，其应用到机械制造中，减小了产品的体积，很大程度上节省了原料成本。而且，这些技术使产品的结构更复杂，针对一些安装难度很高的生产工程非常有效。

6. 光机电一体化

所谓光机电一体化，就是光学、计算机、微电子三方面技术的有效结合。通过在机械制造自动化技术中，融入传感检测、激光、光能驱动等几项技术，能够有效提升所生产产品的附加值，并提升机械制造效率，且现代化的机械化设备，已经基本无法离开这项一体化技术。因而，光机电一体化也是机械制造自动化技术的重要发展方向之一。

7. 绿色化

随着我国"创新、协调、绿色、开放、共享"的新发展理念的提出，未来我国机械自动化同样需要走"绿色发展"的道路，即在实现机械自动化技术革新的同时兼顾环境保护，将环境保护与机械自动化发展有机结合起来，这将成为未来我国机械自动化发展的鲜明特征之一。为此，未来我国机械自动化的发展要积极以相关技术革新为基础，无论是制造材料、产品设计、产品销售等，都应遵循绿色环保原则，保证产品能够回收再利用，提升资源的利用率及回收率，尽可能地减少机械制造对环境的不利影响，在环保的前提下，获取更多经济利益。

复习思考题

1-1　试述机械化与自动化的概念与区别，并举例说明。

1-2　试述制造及制造系统的概念。

1-3　试述机械制造自动化的内容与意义。

1-4　不同生产批量的情况下，实现自动化的途径有哪些？

1-5　机械制造自动化的类型有哪些？

1-6　机械制造自动化经历了哪几个发展阶段？各有何特点？

1-7　试述机械制造自动化的主要发展趋势。

第二章

自动化制造系统技术方案

自动化制造系统技术方案的制订是在综合考虑被加工零件种类、批量、年生产纲领和零件工艺特点的基础上，结合工厂实际条件，包括工厂技术条件、资金情况、人员构成、任务周期、设备状况等约束条件，建立生产管理系统方案。本章简要介绍了自动化制造系统技术方案所包括的内容，给出了制订自动化制造系统技术方案注意的问题，进行了自动化加工工艺方案的技术经济分析。

第一节　自动化制造系统技术方案的制订

一、自动化制造系统技术方案内容

① 根据加工对象的工艺分析，确定加工工艺方案内容，包括加工工艺、相应的工装夹具和加工设备等。

② 根据年生产纲领，核算生产能力，确定加工设备品种、规格及数量配置。

③ 按工艺要求、加工设备及控制系统性能特点，对国内外市场可供选择的工件输送装置的市场情况和性能价格状况进行分析，最后确定工件输送及管理系统方案。

④ 按工艺要求、加工设备及刀具更换的要求，对国内外市场可供选择的刀具更换装置的类型作综合分析，最后确定出刀具输送更换及管理系统方案。

⑤ 按自动化制造系统目标、工艺方案的要求，确定必要的清洗、测量、切削液的回收、切屑处理及其他特殊处理设备的配置。

⑥ 根据自动化制造系统目标和系统功能需求，结合计算机市场可供选择的机型及其性能价格状况、本企业已有资源及基础条件等因素，综合分析确定系统控制结构及配置方案。

⑦ 根据自动化制造系统的规模、企业生产管理基础水平及发展目标，综合分析确定出数据管理系统方案。如果企业准备进一步推广应用 CIMS 技术，则统筹规划配置商用数据库管理系统是合理的，也是必要的。

⑧ 根据控制系统的结构形式、自动化制造系统的规模及企业技术发展目标，综合分析确定通信网络方案。

二、确定自动化制造系统的技术方案时需要注意的问题

1. 自动化制造系统方案必须结合工厂实际，适合我国国情

在规划和实施自动化制造系统过程中，必须结合工厂实际情况，与国内自动化发展水平

相适应。就我国制造业的整体水平来看，我国仍处于工业化进程中，与工业发达国家还有较大差距，主要表现在：

① 自动化程度较低。工业发达国家已普及制造自动化技术，并朝着以计算机控制的柔性化、集成化、智能化为特征的更高层次的自动化阶段发展，而我国制造企业的自动化水平相对较低。

② 企业管理方式落后。一些工业发达国家已十分普遍地应用了企业资源计划（Enterprise Resource Planning，ERP）、准时生产（Just-In-Time，JIT）等现代管理技术和系统，进入了广泛应用计算机辅助生产管理的阶段。同时，各种新的生产模式、组织与管理方式不断涌现，出现了诸如并行工程、精益生产、敏捷制造等新模式。而我国大多数企业尚未建立起现代科学管理体系，全面实施计算机辅助生产管理的企业更少。在这种管理现状下，采用自动化制造系统经常会遇到基础数据标准化程度低、数据残缺不全等问题。

③ 职工素质急需提高。一些企业的职工，甚至高层管理人员在普及现代高科技和管理技术时思想观念还较陈旧。

以上是影响采用自动化制造系统的不利因素。因此，规划自动化制造系统时，必须扬长避短，采用适合国情和厂情的战略和措施。

2. 始终保持需求驱动、效益驱动的原则

采用自动化制造只有真正解决企业的"瓶颈"问题，使企业收到实效，才会有生命力。

3. 加强关键技术的攻关和突破

在自动化制造系统实施过程中必然会遇到许多技术问题，在这种情况下要集中优势兵力突破关键技术，才能使系统获得成功。

4. 重视管理

既要重视管理体制对自动化制造系统实施的影响，也要加强对实施自动化制造系统工程本身的管理。只有二者兼顾，自动化制造系统的实施才会成功。

5. 注重系统集成效益

如果企业还要发展应用CIMS，那么自动化制造系统只是CIMS的一个子系统，除了自动化制造系统本身优化外，CIMS的总体效益最优才是最终目标。

6. 注重教育与人才培训

采用自动化制造系统技术要有雄厚的人力资源作为保障，因此，只有重视教育，加强对工程技术人员及管理人才的培训，才能使自动化制造系统充分发挥应有的作用。

第二节　自动化加工工艺方案涉及的主要问题

一、自动化加工工艺的基本内容与特点

1. 自动化加工工艺方案的基本内容

随着机械加工自动化程度的发展，自动化加工的工艺范围也在不断扩大，自动化加工工艺的基本内容包括大部分切削加工，如车削、钻削、滚压加工等；还有部分非切削加工，如自动检测、自动装配等工艺内容。

2. 自动化加工工艺方案的特点

① 自动化加工中的毛坯精度比普通加工要求高，并且在结构工艺性上要考虑适应自动

化加工的需要；

② 自动化加工的生产率比采用万能机床的普通加工一般要高几倍至几十倍；

③ 自动化加工中的工件加工精度稳定，受人为影响因素小；

④ 自动化加工系统中切削用量的选择，以及刀具尺寸控制系统的使用，是以保证加工精度、满足一定的刀具耐用度、提高劳动生产率为目的的；

⑤ 在多品种小批量的自动化加工中，在工艺方案上考虑以成组技术为基础，充分发挥数控机床等柔性加工设备在适应加工品种改变方面的优势。

二、实现加工自动化的要求

加工过程自动化的设计和实施应达到以下要求：

1. 提高劳动生产率

提高劳动生产率是评价加工过程自动化是否优于常规生产的基本标准，而最大生产率是建立在产品的制造单件时间最少和劳动量最小的基础上的。

2. 稳定和提高产品质量

产品质量的好坏，是评价产品本身和自动加工系统是否具有使用价值的重要标准。产品质量的稳定和提高是建立在自动加工、自动检验、自动调节、自动适应控制和自动装配水平的基础上的。

3. 降低产品成本和提高经济效益

产品成本的降低，不仅能减轻用户的负担，而且能提高产品的市场竞争力，而经济效益的增加才能使工厂获得更多的利润，积累资金和扩大再生产。

4. 改善劳动条件和实现文明生产

采用自动化加工必须符合减轻工人劳动强度、改善职工劳动条件、实现文明生产和安全生产的标准。

5. 适应多品种生产的可变性及提高工艺适应性程度

随着生产技术的发展，人们对设备的使用性能和品种的要求有所提高，产品更新换代加快，因此自动化加工设备应具有足够的可变性和产品更新后的适应性。

三、成组技术在自动化加工中的应用

成组技术（Group Technology，GT）就是将企业生产的多种产品、部件和零件按照特定的相似性准则（分类系统）分类归类，并在分类的基础上组织产品生产的各个环节，从而实现产品设计、制造工艺和生产管理的合理化。成组技术是通过对零件之间客观存在的相似性进行标识，按相似性准则将零件分类来达到上述目的的。零件的工艺相似性包括装夹、工艺过程和测量方式的相似性。

在上述条件下，零件加工就可以采用该组零件的典型工艺过程，成组可调工艺装备（刀具、夹具和量具）来进行，不必设计单独零件的工艺过程和专用工艺装备，从而显著减少了生产准备时间和准备费用，也减少了重新调整的时间。

采用成组技术不仅可使工件按流水作业方式生产，且工位间的材料运输和等待时间，以及费用都可以减少，并简化了计划调度工作。在流水生产条件下，显然易于实现自动化，从而提高了生产率，降低了成本。

必须指出的是在成组加工条件下，形状、尺寸及工艺路线相似的零件，合在一组在同一批中制造，有时会出现某些零件会早于或迟于计划日期完成，从而使零件库存费用增加，但这个缺点，在制成全部成品时，就可能排除。

1. 成组技术在产品设计中的应用

通过成组技术将设计信息重复使用，不仅能显著缩短设计周期和减少设计工作量，同时还为制造信息的重复使用创造了条件。

成组技术在产品设计中的应用，不仅是零件图的重复使用，其意义更深远的是为产品设计标准化明确了方向，提供了方法和手段，并可获得巨大的经济效益。以成组技术为基础的标准化是促进产品零部件通用化、系列化、规格化和模块化的杠杆，其目的是：

① 产品零件的简化，用较少的零件满足多样化的需求。

② 零件设计信息的多次重复使用。

③ 零件设计为零件制造的标准化和简化创造了前提。

根据不同情况，可以将零件标准化分成零件主要尺寸的标准化、零件中功能要素配置的标准化、零件基本形状标准化、零件功能要素标准化以至整个零件是标准件等不同的等级，按实际需要加以利用，进一步在设计标准化的基础上实现工艺标准化。

2. 成组技术在车间设备布置中的应用

中小批生产中采用的传统"机群式"设备布置形式，由于物料运送路线的混乱状态，增加了管理的困难，如果按零件组（族）组织成组生产，并建立成组单元，机床就可以布置为"成组单元"形式，如图 2-1 所示。这样物料流动直接从一台机床到另一台机床，不需要返回，既方便管理，又可将物料搬运工作简化，并将运送工作量降至最低。

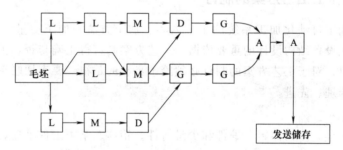

图 2-1 按"成组单元"形式布置机床
L—车床；M—铣床；D—钻床；G—磨床；A—装配

3. 成组调整和成组夹具

回转体零件实现成组工艺的基本原则是调整的统一。如在多工位机床上加工时（如转塔车床、自动车床），调整的统一是夹具和刀具附件的统一，即在相同条件下用同一套刀具及附件加工一组或几个组的零件。由于回转体零件所使用的夹具形式和结构差别不大，较易做到统一，因此，用同一套刀具及其附件是实现回转体零件成组工艺的基本要求。由于数控车削中心的进步及完善，在数控车削中心上很容易实现回转体零件的成组工艺。

非回转体零件实现成组工艺的基本原则之一是零件必须采用统一的夹具，即成组夹具。成组夹具是可调整夹具，即夹具的结构可分为基本部分（夹具体、传动装置等）和可调整部分（如定位元件、夹紧元件）。基本部分对某一零件组或同类数个零件组都适用不变。当加工零件组中的某一零件时，只需要调整或更换夹具上的可调整部分，即调整和更换少数几个定位或夹紧元件，就可以加工同一组中的任何零件。

现有夹具系统中，如通用可调整夹具、专业化可调整夹具、组合夹具均可作为成组夹具使用。采用哪一种夹具结构，主要根据批量的大小、加工精度的高低、产品的生命周期等因素决定，通常零件组批量大、加工精度要求高时都采用专用化可调整夹具，零件组批量小可采用通用可调整夹具和组合夹具，如产品生命周期短，适合用组合夹具。

综上所述，基于成组技术的制造模式与计算机控制技术相结合，为多品种、小批量的自动化制造开辟了广阔的前景。因此，成组技术被称为现代制造系统的基础。

在自动化制造系统中采用成组技术的作用和效益主要体现在以下几个方面：

① 利用零件之间的相似性进行归类，从而扩大了生产批量，可以以少品种、大批量生产的生产率和经济效益实现多品种、中小批量的自动化生产。

② 在产品设计领域，提高了产品的继承性和标准化、系列化、通用化程度，大大减少了不必要的多样化和重复性劳动，缩短了产品的设计研制周期。

③ 在工艺准备领域，由于成组可调工艺装备（包括刀具、夹具和量具）的应用，大大减少了专用工艺装备的数量，相应地减少了生产准备时间和费用，也减少了由于工件类型改变而引起的重新调整时间，降低了生产成本，缩短了生产周期。

第三节　工艺方案的技术经济分析

一、自动化加工工艺方案的制订

工艺方案是确定自动化加工系统的工艺内容、加工方法、加工质量及生产率的基本文件，是进行自动化设备结构设计的重要依据。工艺方案制订得正确与否，关系到自动化加工系统的成败。所以，对于工艺方案的制订必须给予足够的重视，要密切联系实际，力求做到工艺方案可靠、合理、先进。

1. 工件毛坯

旋转体工件毛坯，多为棒料、锻件和少量铸件。箱体、杂类工件毛坯，多为铸件和少量锻件，目前箱体类工件更多地采用钢板焊接件。

供自动化加工设备加工的工件毛坯应采用先进的制造工艺，如金属模型、精密铸造和精密锻造等，以提高工件毛坯的精度。

工件毛坯尺寸和表面形状公差要小，以保证加工余量均匀；工件硬度变化范围小，以保证刀具寿命稳定，有利于刀具管理。这些因素都会影响工件的加工工序和输送方式，毛坯余量过大和硬度不均会导致刀具耐用度下降，甚至损坏，硬度的变化范围过大，还会影响精加工质量（尺寸精度、表面粗糙度）的稳定。

为了适合自动化加工设备加工工艺的特点，在制订方案时，可对工件和毛坯做某些工艺和结构上的局部修改，有时为了实现直接输送，在箱体、杂类工件上要做出某些工艺凸台、工艺销孔、工艺平面或工艺凹槽等。

2. 工件定位基面的选择

工件定位基准应遵循一般的工艺原则，旋转体工件一般以中心孔，内孔或外圆以及端面或台肩面作定位基准，直接输送的箱体工件一般以"两销一面"作为定位基准。此外，还需注意以下原则：

① 应当选用精基准定位，以减少在各工位上的定位误差。

② 尽量选用设计基准作为定位面，以减少两种基准的不重合而产生的定位误差。

③ 所选的定位基准，应使工件在自动化设备中输送时转位次数最少，以减少设备数量。

④ 尽可能地采用统一的定位基面，可以减少安装误差，有利于实现夹具结构的通用化。

⑤ 所选的定位基面应使夹具的定位夹紧机构简单。

⑥ 对箱体、杂类工件，所选定位基准应使工件露出尽可能多的加工面，以便实现多面加工，以确保加工面间的相对位置精度，且减少机床台数。

3. 直接输送时工件输送基面

（1）旋转体工件输送基面

旋转体工件输送方式通常为直接输送。

① 小型旋转体工件，可借其重力，在输送料道中进行滚动和滑动输送。滚动输送一般以外圆作为支承面，两端面为限位面。为防止输送过程中工件，在料槽中倾斜、卡死要注意工件限位面与料槽之间保持合理的间隙。此外，两端支承处直径尺寸应接近一致，并使工件重心在两支承点的对称线处，轴类工件纵向滑动输送时以外圆作为输送基面。

② 当难于利用重力输送或为提高输送可靠性，可采用强迫输送。轴类工件以两端轴颈作为支承，用链条式输送装置输送或以外圆作支承，从一端面推动工件沿料道输送。盘、环类工件以端面作为支承，用链板式输送装置输送。

（2）箱体工件输送基面

箱体工件加工自动线的工件输送方式有直接输送和间接输送两种。直接输送工件不需随行夹具及其返回装置，并且在不同工位容易更换定位基准，在确定设备输送方式时，应优先考虑采用直接输送。

箱体类工件输送基面，一般以底面为输送面，两侧面为限位面，前后面为推拉面。当采用步进式输送装置输送工件时，输送面和两侧限位面在输送方向上应有足够的长度，以防止输送时工件偏斜。畸形工件采用抬起步进式输送装置输送时，工件重心应落在支承点包围的平面内。当机床夹具对工件输送位置有严格要求时，工件的推拉面与工件的定位基准之间应有精度要求。畸形工件采用抬起步伐式输送装置或托盘输送时，应尽可能使输送限位面与工件定位基准一致。

4. 工艺流程的拟订

拟订工艺流程是制订自动化设备工艺方案工作中最重要的一步，直接关系到加工系统的经济效果及其工作的可靠性。

拟订工艺流程，主要解决以下两个问题：

（1）确定工件在加工系统中加工所需的工序

① 正确地选择各加工表面的工艺方法及其工步数。

② 合理地确定工序间的余量。

（2）安排加工顺序

在安排加工顺序时，应根据以下原则：

① 先面后孔。先加工定位基面，后加工一般工序；先加工平面，后加工孔。

② 粗精加工分开，先粗后精。对于同一加工表面，粗精加工工位应拉开一段距离，以避免切削热、机床振动、残余应力以及夹紧应力对精加工的影响。重要加工表面的粗加工工

序应放在前面进行，以利于及时发现和剔除废品。

③ 工序的适当集中及合理分散，这是拟定工艺方案时的重要原则之一。

工序集中可以提高生产率，减少加工系统的机床（工位）数量，简化加工系统的结构，从而带来设备投资、操作人员和占地面积的节约。工序集中可以将有相互位置精度要求的加工表面，如阶梯孔、同心阶梯孔，平行、垂直或成一定角度的平面等，在同一台机床（工位）上加工出来，以保证几个加工面的相互位置精度。

工序集中的方法一般采用成形刀具、复合式组合刀具，多刀、多轴、多面和多工件同时加工。工序集中应以能保证工件的加工精度，加工时不超出机床性能（刚度、功率等）允许范围为前提。集中程度以不使机床的结构和控制系统过于复杂和刀具更换与调整过于困难，造成系统故障增多，维修困难，停车时间加长，从而使设备利用率降低为限度。

合理的工序分散不仅能简化机床和刀具的结构，使加工系统便于调整、维护和操作，有时也便于平衡限制工序加工的节拍时间，提高设备的利用率。

④ 工序适当单一化。镗大孔、钻小孔、攻螺纹等工序，尽可能不要安排在同一主轴箱上，以免传动系统过于复杂以及刀具调整、更换不便。攻螺纹工序最好安排在单独的机床上进行，必要时也可以安排为单独的攻螺纹工段，这样可以使机床结构简化，有利于切削液及切屑的处理。

⑤ 注意安排必要的辅助工序。合理安排必要的检查、倒屑、清洗等辅助性工序，对于提高加工系统的工作可靠性、防止出现成批废品有重要意义，如在钻孔和攻螺纹后对孔深进行探测。

⑥ 多品种加工。为提高加工系统的经济效果，对于批量不大而工艺外形、结构特点和加工部位相类似的工件，可采取多品种加工工艺，如采用可调式自动线或"成组"加工自动线来适应多品种工件的加工。

5. 切削用量的选择

可参考本章第四节"自动化加工切削用量的选择"部分。

6. 工序节拍的平衡

当采用自动线进行自动化加工时，其所需的工序及其加工顺序确定了以后，还可能出现各工序的生产节拍不相符的情况，因此应尽量做到各工位工作循环时间近似。平衡自动线各工序的节拍，可使各台设备最大限度地发挥生产效能，提高单台设备的负荷率。

根据加工工件的年产纲领，自动线的生产节拍为：

$$T_{jie} = \frac{60dt}{Q(1+\rho_1+\rho_2)}\eta \tag{2-1}$$

式中　T_{jie}——自动线生产节拍，min/件；

　　　d——全年有效工作日，天；

　　　t——每天有效工作时间，h；

　　　Q——年生产纲领，件；

　　　ρ_1——备品率；

　　　ρ_2——废品率；

　　　η——自动线负荷率（也称利用率），一般为 $60\% \sim 80\%$，刚性连接的、复杂的或规模大的自动线取低值，柔性连接的、简单的或较短的自动线取高值。

平衡各设备或工位的生产节拍时，首先根据拟订的工艺流程，计算每一工序的实际需要工作循环时间，即：

$$t_g = t_j + t_f \tag{2-2}$$

式中 t_g——每一个工序实际需要的工作循环时间，min；

t_j——机动时间，min；

t_f——与 t_j 不重合的辅助时间，min。

然后将计算结果与按式（2-1）计算的自动线生产节拍相比，确定需平衡的工序，若 t_g 与 T_{jie} 相差不多，可通过调整负荷率、适当提高切削用量（但要保证刀具具有一定的耐用度）、改用高效率的加工方法及压缩 t_f 来平衡。若相差过大可采用如下措施来解决。

① 用工序分散的方法，将限制性工序分为几个工步，增加顺序加工机床数或工位数。

② 在限制性工序增加同时加工的工件数量，将机动时间长的工序组成一个单独工段，成组多件输送，而其余各段仍是单件输送。

③ 在限制性工序增加工序相同的加工机床或工位数来同时进行限制性工序的加工，这几台机床在自动线上可串联或并联。

④ 当工件批量较小、T_{jie} 远大于 t_g 时，平衡节拍时要考虑减少机床和其他工艺装备的数量。对于工件结构对称或具有两个以上相同结构要素的工件，可以采取两次（或多次）通过自动线的方式完成全部加工工序，以达到平衡节拍的目的。

⑤ 可以采取把几个 t_g 都较小的工序合并到一个工位（机床）上进行加工的方法，如采用移动工作台、可换箱式机床、三坐标加工单元等，来达到平衡节拍的目的。

二、自动化加工工艺方案的技术经济分析

包含在产品中的总劳动量，包括制造时所采用的物化劳动和制造给定产品的活劳动。图 2-2（a）所示是在一般生产条件下（上图）和在自动化生产条件下（下图）制造一定数量的零件的劳动消耗结构，其中 T_1 和 T_1' 是制造生产设备的劳动消耗，即物化劳动，T_2 和 T_2' 是制造给定产品的劳动消耗，即活劳动。从图中可以看出，采用自动化方式时，只有在 $T_1' + T_2' < T_1 + T_2$ 的条件下，才能提高劳动生产率。当产品的生产纲领减少为 $1/k$ 时，T_2 和 T_2' 的劳动消耗分别按比例缩减到 T_2/k 和 T_2'/k（图中虚线所示）。显然，上述条件就不存在，也就不能保证生产的经济性。反之，随着产品生产纲领的增加，生产经济性和自动化的效益就会显示出来。图 2-2（b）表示劳动量和产量之间的关系（直线 A 是在自动化条件下，B 是在一般生产条件下），交点 n_0 表示上述两种生产条件下，劳动消耗相等，即：

$$T_1' + T_2' = T_1 + T_2 \tag{2-3}$$

$$T_2' = t_2' n_0 \quad T_2 = t_2 n_0$$

$$T_1' + t_2' n_0 = T_1 + t_2 n_0$$

式中，t_2 和 t_2' 分别为一般生产和自动化生产条件下制造一个产品的劳动量。因此：

$$n_0 = (T_1' - T_1)/(t_2 - t_2') \tag{2-4}$$

可以看出，只有实际产量 n 大于 n_0 时，采用自动化生产方式才是合理的。

上面指的是大量生产的情况，其中每一工序固定在单独的工位上进行。如果采用具有快速重新调整的自动化设备，根据负荷条件来制造几种产品（成批生产），则制造一种产品的自动化效果就比前述情况要大，这是因为此时 T_1 和 T_1' 减少为 $T_1 a$ 和 $T_1' a$，此处 $a < 1$，并且 T_1' 比 T_1 减少得多。图 2-2（c）表示了相应的劳动量结构。从图 2-2（d）中可见，A、B 两条直线分别下移，交点 n_0 左偏。

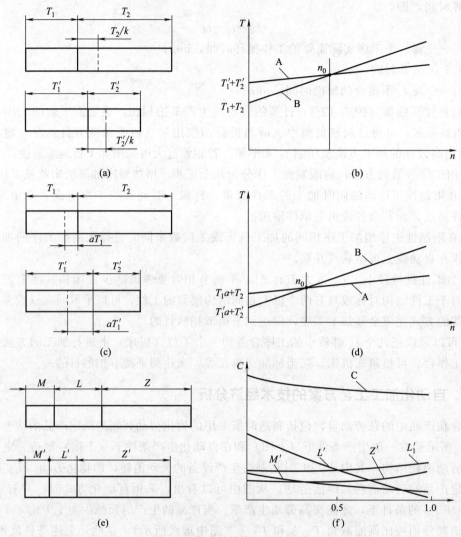

图 2-2 劳动量结构和成本结构

$$n_0 = a(T_1' - T_1)/(t_2 - t_2') \tag{2-5}$$

综上所述，工艺方案的比较，不能单独按活劳动来比较而是应当根据活劳动和物化劳动之和来比较。在自动化生产条件下，往往活劳动可以下降很多（有时可减少为几十分之一），而活劳动和物化劳动之和却并不显著降低，这主要决定于生产纲领。这种情况在设计工艺过程和选择自动化设备时必须加以考虑。

降低产品成本必须缩减所有的生产费用，这是实现生产自动化的基本问题。但解决该问题有其自身的特点，图 2-2（e）所示为一般生产（上图）和自动化生产（下图）中制造一件产品的成本结构。图中 M 和 M' 是材料费，L 和 L' 是生产工人工资，Z 和 Z' 是考虑了所有其他生产开支的车间费用（设备折旧率、能量、辅助工人和技术人员的工资等）。从图中可以看出，在生产自动化条件下，制造产品的成本和生产工人的工资减少了（由于工人数量的显著减少）。车间费用降低很少，个别情况甚至会增长，材料费用在自动化条件下减少不多，但毛坯制造费用由于对其精度要求提高了而有所增长。图 2-2（f）M' 和 L' 及 Z' 中的主要组成部分随自动化程度 a 而变化的性质，所谓自动化程度是自动化工序的加工时间对工艺过程总时间之比。

随着自动化程度的提高，所采用的工艺设备和运输装置的复杂性和价格都增加了。因而每一零件的单位设备折旧费增加了，但随着 a 的增加，所采用设备的数量在减少，因此，每一零件上的总折旧费增加不多，有时还会降低。电能、压缩空气和其他的能量费用也要增加，因为自动化设备的额定功率是随着 a 的增加而增加的。辅助工人和工程技术人员的工资 L_1' 增加了，这是由于生产设备复杂，调整工和修理工的技术水平要求提高了，人数也增多了。此外，比较复杂和贵重的工艺装备也要增加。但厂房建筑和维修费用有所降低，因为所需要的生产面积减少了。合成曲线 C 表示了一个零件的制造成本随自动化程度而变化的特性。

第四节　自动化加工切削用量的选择

一、切削用量对生产率和加工精度的影响

1. 切削用量对生产率的影响

在连续生产的机床上加工一个工件的单件循环时间为：

$$T = t_j + t_f + t_n \tag{2-6}$$

式中　T——机床上加工一个工件的时间，min；

　　　t_j——机加工工件时间，min；

　　　t_f——辅助时间，包括空行程、上下料、检验和清洗机床上的切屑等，min；

　　　t_n——加工循环外的时间消耗，即机床停顿分摊到每个零件上的时间，包括换刀、修理机床、调整个别机构、重新装料等，min。

机床的生产率 Q 为：

$$Q = \frac{1}{T} = \frac{1}{t_j + t_f + t_n} \tag{2-7}$$

机加工时间 t_j 与切削用量有直接关系。若采用提高切削速度的办法来减少机加工时间，以提高生产率，在开始时，生产率会上升，但由于切削速度提高后，刀具耐用度会下降。切削速度与刀具耐用度的经验关系式为：

$$T_d = \frac{A}{v^m} \tag{2-8}$$

式中　T_d——刀具耐用度，min；

　　　v——切削速度，m/min；

　　　A——常数；

　　　m——刀具的切削指数。

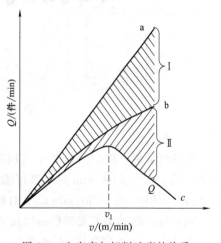

图 2-3　生产率与切削速度的关系

由式（2-8）可以看出，切削速度提高时，刀具耐用度急剧降低，从而造成频繁的换刀而使机床的利用率降低。由刀具引起的停机时间是换刀次数与每次换刀所需的更换刀具和调整刀具的时间的乘积。换刀次数频繁，每次换刀时间越长，则停机时间越长。到某一程度时，生产率便下降。如图 2-3 中曲线 c 所示，当切削速度直接到 v_1 时，生产率增长，采用大于 v_1 的切削速度时，生产率便下降。图中 I 是加工循环内的辅助时间消耗，II 是与刀具有关的循环外时间消耗；曲线 a 是不考虑 I 与 II 的时间消耗，生产率随切削速度变化曲线，

曲线 b 是不考虑 Ⅱ 的时间消耗，生产率随切削速度变化曲线。

2. 切削用量对加工精度的影响

切削用量对残留面积和积屑瘤的产生有较大的影响，从而影响加工表面的粗糙度。

（1）残留面积

以车削为例，当刀具副偏角 $\kappa_r' > 0°$ 时，工件上被切削的表层金属并未全部被切下，而是小部分残留在工件的已加工表面上，形成"刀花"，使加工表面的平面度精度下降。

残留面积的高度 H，从图 2-4（a）中可看出，当刀尖圆弧半径 $r_\varepsilon = 0$ 时：

$$H = \frac{f}{\cot\kappa_r' + \cot\kappa_r} \qquad (2-9)$$

式中 f——进给量，mm/min；

　　　κ_r'——刀具的副偏角；

　　　κ_r——刀具的主偏角。

当刀尖圆弧半径 $r_\varepsilon > 0$ 时，由图 2-4（b）可知：

$$H \approx \frac{f^2}{8r_\varepsilon} \qquad (2-10)$$

式中 r_ε——刀尖圆弧半径，mm。

由式（2-10）可知，进给量 f 增加，则残留面积高度 H 增大，表面粗糙度升高。

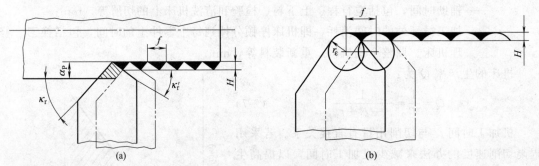

图 2-4 车削时残留面积的高度

（2）积屑瘤

切削用量中，以切削速度 v 对积屑瘤的影响最大，进给量 f 次之。试验表明，切削中碳钢，当 $v = 5\sim80\text{m/min}$ 时，都可能产生积屑瘤，其中以 $v = 10\sim30\text{m/min}$ 时产生的积屑瘤最高。而用 $v = 1\sim2\text{m/min}$ 以下的低速或用 $80\sim100\text{m/min}$ 以上的高速来切削时，则很少产生积屑瘤。此时加工表面粗糙度较低。当进给量 f 较小时，积屑瘤高度 H 较小，当进给量 f 增大时，积屑瘤高度 H 也增大，表面粗糙度下降。

精加工钢料时，为了获得较低的表面粗糙度，应选择较小的进给量，同时切削速度应在较高或较低的范围内选择，以避免产生积屑瘤。例如在精镗时，选择较高的切削速度，以避开积屑瘤，同时选用较小的进给量，以减少残留面积。而精铰时，则选择较低的切削速度避开积屑瘤，降低表面粗糙度。虽然铰孔一般采用较大的进给量，以提高生产率（铰孔采用大进给量还为了避免刀齿在孔壁上过多地摩擦，以减轻刀具磨损），但从刀具结构上采取了措施以避免增大进给量 f 对表面粗糙度的不利影响；铰刀的刀齿较多，主偏角较小，所以每齿进给量 f_z 及切削厚度较小，可以减少积屑瘤，降低表面粗糙度。此外，铰刀上做有副偏角 $\kappa_r' = 0°$ 的修光刃，减小了残留面积。

二、切削用量选择的一般原则

① 切削用量的选择要尽可能合理利用所有刀具，充分发挥其性能。当机床中多种刀具同时工作时，如钻头、铰刀、镗刀等，其切削用量各有特点，而动力头的每分钟进给是一样的。要使各种刀具能有较合理的切削用量，一般采用拼凑法解决，即按各类刀具选择较合理的转速及每转进给量，然后进行适当调整，使各种刀具的每分钟进给量一致。这种方法是利用中间切削用量，各类刀具都不是按照最合理的切削用量来工作的，如图 2-5 所示。如果确有必要，也可按各类刀具选择不同的每分钟进给量，通过采用附加机构，使其按各自需要的合理进给量工作。

② 复合刀具切削用量选择的特点：每转进给量按复合刀具最小直径选择，以使小直径刀具有足够的强度；切削速度按复合刀具最大半径选择，以使大半径刀具有一定的耐用度。如钻铰复合刀具，进给量按钻头选择，切削速度按铰刀选择；扩铰复合刀具的进给量按扩孔钻选择，切削速度按铰刀选择。而且进给量应按复合刀具小直径选用允许值的上限，切削速度则按复合刀具大直径选用允许值的上限。值得注意的是，由于整体复合刀具常常强度较低，所以切削用量应选得稍低一些，如图 2-6 所示。

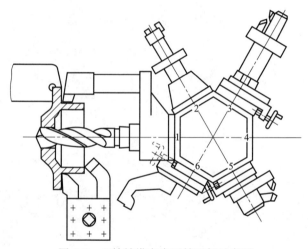

图 2-5 立轴转塔车床回转刀架示意图

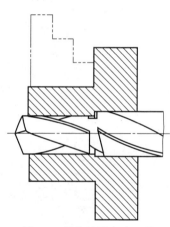

图 2-6 钻孔扩孔复合刀具

③ 同一主轴上带有对刀运动的镗孔主轴转速的选择：在确定镗孔切削速度时，除考虑要求的加工表面粗糙度、加工精度、镗刀耐用度等问题外，当各镗孔主轴均需要对刀时（即在镗杆送进或退出时，镗刀头需处于规定位置），各镗孔主轴转速一定要相等或者成整数倍。

④ 在选择切削用量时，应注意工件生产批量的影响。在生产率要求不高时，就应选择较低的切削用量，以免增加刀具损耗。在大批量生产中，组合机床要求较高的生产率，也只是提高那些"限制性"工序刀具的切削用量，对于非限制性工序刀具仍应选用较低的切削用量。

在提高限制性刀具切削用量时，还必须注意不致影响加工精度，也不能使限制性刀具的耐用度过低。

⑤ 在限制切削用量时，还必须考虑通用部件的性能，如所选的每分钟进给量一般要高于动力滑台允许的最小进给量，这在采用液压驱动的动力滑台时更加重要，所选的每分钟进给量一般应较动力滑台允许的最小值大 50%。

总之，必须从实际出发，根据加工精度、加工材料、工作条件和技术要求进行分析，考虑加工的经济性，合理选择切削用量。

复习思考题

2-1 机械制造自动化系统技术方案包括哪些内容？

2-2 确定自动化制造系统的技术方案时，需要注意哪些问题？

2-3 自动化加工工艺的基本内容与特点是什么？

2-4 实现加工自动化有什么要求？

2-5 什么是成组技术？在自动化制造系统中采用成组技术有何作用和效益？

2-6 在自动化生产线上为平衡生产节拍，可采取哪些方法？

2-7 试分析说明切削速度是如何影响生产率的。

2-8 切削用量对加工精度有何影响？

2-9 切削用量有哪些选用原则？

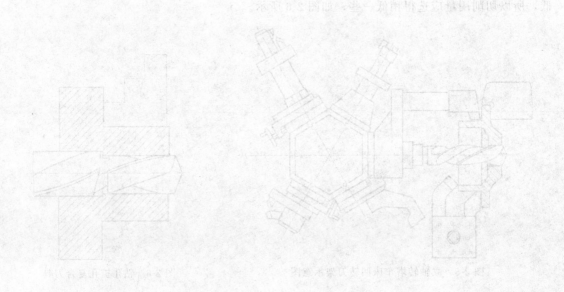

第三章

自动化加工设备

自动化加工设备根据自动化程度、生产率和配置形式不同，可以分为不同的类型。自动化加工设备在加工过程中能够高效、精密、可靠地自动进行加工，所谓高效就是生产率要达到一定高的水平；精密即加工精度要求成品公差带的分散度小，成品的实际公差带要压缩到图样中规定的一半或更小，期望成品不必分组选配，从而达到完全互装配，便于实现"准时方式"的生产；可靠就是其设备极少出现故障，利用班间休息时间按计划换刀，能常年三班制不停地生产。此外，还应能进一步集中工序和具有一定的柔性。

自动化加工设备按自动化程度可以分为自动化单机、刚性自动化生产线、刚性综合自动化系统、柔性制造单元（FMC）、柔性制造系统（FMS）。

第一节　自动化加工设备

一、加工设备自动化的意义

各类金属切削机床和其他机械加工设备是机械制造的基本生产手段和主要组成单元。加工设备生产率得到有效提高的主要途径之一是采取措施缩短其辅助时间。加工设备工作过程自动化可以缩短辅助时间，改善工人的劳动条件和减轻工人的劳动强度，因此，世界各国都十分注意发展机床和加工设备的自动化。不仅如此，单台机床或加工设备的自动化，能较好地满足零件加工过程中某个或几个工序的加工半自动化和自动化的需要，为多机床管理创造了条件，是建立自动生产线和过渡到全盘自动化的必要前提，是机械制造业更进一步向前发展的基础。因此，加工设备的自动化是零件整个机械加工工艺过程自动化的基本问题之一，是机械制造厂实现零件加工自动化的基础。

二、自动化加工设备的分类

随着科学技术的发展，加工过程自动化水平不断提高，使得生产率得到了很大的提高，先后开发了适应不同生产率水平要求的自动化加工设备，主要有以下种类：

1. **全（半）自动单机**

又分为单轴和多轴（全）自动单机两类。

它利用多种形式的全（半）自动单机固有的和特有的性能来完成各种零件和各种工序的

加工，是实现加工过程自动化普遍采用的方法。机床的型式和规格要根据需要完成的工艺、工序及坯料情况来选择；此外，还要根据加工品种数、每批产品和品种变换的频率等来选用控制方式。在半自动机床上有时还可以考虑增设自动上下料装置、刀库和换刀机构，以便实现加工过程的全自动。如加工十字轴的 CJK0636 专用数控机床就属于半自动单机，工件经手工装夹后，分别完成四个轴的端面和外圆面的车削加工，并在端面上打出中心孔，其加工示意图如图 3-1 所示。

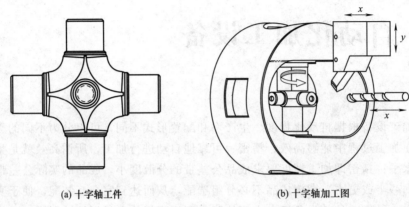

(a) 十字轴工件 (b) 十字轴加工图

图 3-1 十字轴工件及加工示意图

2. 专用自动机床

该类机床是专为完成某一工件的某一工序而设计的，常以工件的工艺分析作为设计机床的基础。其结构特点是传动系统比较简单，夹具与机床结构的联系密切，设计时往往作为机床的组成部件来考虑，机床的刚性一般比通用机床要好。这类机床在设计时所受的约束条件较少，可以全面地考虑实现自动化的要求。因而，从自动化的角度来看，它比改装通用机床优越。此外，有时由于新设计的某些部件不够成熟，要花费较多的调整时间。如果用于单件或小批量生产，则造价较高，只有当产品结构稳定、生产批量较大时才有较好的经济效果。如用于轴承内外圈零件成批仿形车削用的 C7220 液压仿形车床就属于专用机床。

3. 组合机床

该类机床由 70%～90% 的通用零、部件组成，可缩短设计和制造周期，可以部分或全部改装。组合机床是按具体加工对象专门设计的，可以按最佳工艺方案进行加工，加工效率和自动化程度高；可实现工序集中，多面多刀对工件进行加工，以提高生产率；可以在一次装夹下多轴对多孔加工，有利于保证位置精度，提高产品质量；可减少工件工序间的搬运。机床大量使用通用部件使得维护和修理简化，成本降低。组合机床主要用于箱体、壳体和杂体类零件的孔和平面加工，包括钻孔、扩孔、铰孔、镗孔、车端面、加工内外螺纹和铣平面等。由于组合机床是用来加工指定的一种或几种特定工序，因而主要适用于大批量生产，如果是采用了转塔动力箱或可换主轴箱的组合机床，可适用于中等批量生产。

4. 数控机床

数控（NC）机床是一种数字信号控制其动作的新型自动化机床，是按指定的工作程序、运动速度和轨迹进行自动加工的机床。现代数控机床常采用计算机进行控制即称为 CNC，加工工件的源程序（包括机床的各种操作、工艺参数和尺寸控制等）可直接输入到具有编程功能的计算机内，由计算机自动编程，并控制机床运行。当加工对象改变时，除了重新装夹零件和更换刀具外，只需更换数控程序，即可自动地加工出新零件。数控机床主要适用于加工单件、中小批量、形状复杂的零件，也可用于大批量生产，能提高生产率，减轻劳动强度，迅速适应产品改型；在某些情况下，具有较高的加工精度，并能保证精度的一致性，可用来组成柔性制造系统或柔性自动线。

5. 加工中心（MC）

数控加工中心是带有刀库和自动换刀装置的多工序数控机床，工件经一次装夹后，能对两个以上的表面自动完成铣、镗、钻、铰等多种工序的加工，并且有多种换刀或选刀功能，使工序高度集中，显著减少原先需多台机床顺序加工带来的工件装夹、调整机床间工件运送和工件等待时间，避免多次装夹带来的加工误差，使生产率和自动化程度大大提高。加工中心根据功能可分为镗铣加工中心、车削加工中心、磨削加工中心、冲压加工中心以及能自动更换多轴箱的多轴加工中心等；适用于加工复杂，工序多，要求较高，需各种类型的普通机床和众多刀具夹具，需经过多次装夹和调整才能完成加工的零件，或者是形状虽简单，但可以成组安装在托盘上，进行多品种混流加工的零件；可适用于中小批量生产，也可用于大批量生产，具有很高的柔性，是组成柔性制造系统的主要加工设备。

6. 柔性制造单元（FMC）

一般由 1～3 台数控机床和物料传输装置组成，单元内设有刀具库、工件储存站和单元控制系统。机床可自动装卸工件、更换刀具、检测工件的加工精度和刀具的磨损情况；可进行有限工序的连续加工，适于中小批量生产应用。

7. 自动线

由工件传输系统和控制系统将一组自动机床和辅助设备按工艺顺序连接起来，可自动完成产品的全部或部分加工过程的生产系统，简称自动线。在自动线工作过程中，工件以一定的生产节拍，按工艺顺序自动经过各个工位，完成预定的工艺过程。按使用的工艺设备，自动线可分为通用机床自动线、专用机床自动线、组合机床自动线等类型。采用自动线生产可以保证产品质量，减轻工人劳动强度，获得较高的生产率。加工工件通常是固定不变的，或变化很小，因此自动线只适用于大批量生产场合。

8. 计算机集成制造系统

计算机集成制造系统（Computer Integrated Manufacturing System，CIMS）是目前最高级别的自动化制造系统，但这并不意味着 CIMS 是完全自动化的制造系统。事实上，目前意义上 CIMS 的自动化程度甚至比柔性制造系统还要低。CIMS 强调的主要是信息集成，而不是制造过程物流的自动化。CIMS 的主要缺点是系统十分庞大，包括的内容很多，要在一个企业完全实现难度很大。但可以采取部分集成的方式，逐步实现整个企业的信息及功能集成。

三、自动化加工过程中的辅助设备

机械制造自动化加工过程中的辅助工作包括工件的装夹，工件的上下料，在加工系统中的运输和存储，工件的在机检验，切屑与切削液的处理等。

要实现加工过程自动化，降低辅助工时，以提高生产率，就要采用相应的自动化辅助设备。

所加工产品的品种和生产批量、对生产率的要求以及工件结构形式，决定了所采用的自动化加工系统的结构形式、布局、自动化程度，也决定了所采用的辅助设备的形式。

1. 中小批量生产中的辅助设备

中小批量生产中所用的辅助设备要有一定的通用性和可变性，以适应产品和工艺的变换。

对于由设计或改装的通用自动化机床组成的加工系统，工件的装夹常采用组合模块式万能夹具。对于由数控机床和加工中心组成的柔性制造系统，可设置托盘，解决在同一机床上装夹不同结构工件的自动化问题，托盘上的夹紧定位点根据工件来确定，而托盘与机床的连接则有统一的基面和固定方式。

工件的上下料可以采用通用结构的机械手，改变手部模块的形式就可以适应不同的工件。

工件在加工系统中的运输，可以采用链式或滚子传送机，工件可以连同托盘和托架一起输送。在柔性制造系统中自动运输小车是很常用和灵活的运输设备。它可以通过交换小车上的托盘，实现多种工件、刀具、可换主轴箱的运输。对于无轨自动运输小车，改变地面敷设的感应线就可以方便地改变小车的传输路线，具有很高的柔性。

搬运机器人与传送机组合输送方式也是很常用的。能自动更换手部的机器人，不仅能输送工件、刀具、夹具等各种物体，而且还可以装卸工件，适用于工件形状和运动功能要求柔性很大的场合。

面向中小批量的柔性制造系统中可以设置中央仓库，存储生产中的毛坯、半成品、刀具、托盘等各种物料。用堆垛起重机系统自动输送存取，在控制、管理下，可实现无人化加工。

2. 大批量生产中的辅助设备

在大批量生产中所采用的自动化生产线上，夹具有固定式夹具和随行夹具两种类型，固定式夹具与一般机床夹具在原理和设计上是类似的，但用在自动化生产线上还应考虑结构上与输送装置之间不发生干涉，且便于排屑等特殊要求。随行夹具适用于结构形状比较复杂的工件，这时加工系统中应设置随行夹具的自动返回装置。

对于体积较小、形状简单的工件可以采用料斗式或料仓式上料装置；体积较大、形状复杂的工件，如箱体零件可采用机械手上下料。

工件在自动化生产线中的输送可采用步伐式输送装置。步伐式输送装置有棘爪式、摆杆式和抬起式等几种主要形式，可根据工件的结构形式、材料、加工要求等条件选择合适的输送方式。不便于布置步伐式输送装置的自动化生产线，也可以使用搬运机器人进行输送。回转体零件可以用输送槽式输料道输送，工件在自动线间或设备间采用传送机输送，可以直接输送工件，也可以连同托盘或托架一起输送。运输小车也可以用于大批量生产中的工件输送。

箱体类工件在加工过程中有翻转要求时，应在自动化生产线中或线间设置翻转装置。翻转动作也可以由上、下料手的手臂动作实现。

为了增加自动化生产线的柔性，平衡生产节拍，工序间可以设置中间仓库。自动输送工件的辊道或滑道，也具有一定的存储工件的功能。

在批量生产的自动线中，自动排屑装置实现了将不断产生的切屑从加工区清除的功能。它将切削液从切屑中分离出来以便重复使用，利用切屑运输装置将切屑从机床中运出，确保自动化生产线加工的顺利进行。

第二节　自动化加工设备的选择与布局

一、自动化加工设备的选择

自动化加工设备的选择首先应根据产品批量的大小以及产品变型品种数量的大小确定加工系统的结构形式。对于中小批量生产的产品，可选用加工单元形式或可换多轴箱形式；对于大批量生产，可以选用自动生产线形式。在拟订了加工工艺流程之后，可根据加工任务（如工件图样要求及对生产能力的要求）来确定自动机床的类型、尺寸、数量。对于大批量生产的产品，可根据加工要求，为每个工序设计专用机床或组合机床。对于多品种中小批量生产，可根据加工零件的尺寸范围、工艺性、加工精度及材料等要求，选择适当的专用机床、数控机床或加工中心；根据生产要求（如加工时间及工具要求，批量和生产率的要求）来确定设备的自动化程度，如自动换刀、自动换工件及数控设备的自动化程度；根据生产周期（如加工顺序及传送路线）选择物料流自动化系统形式（运输系统及自动仓库系统等）。

二、自动化加工设备的布局

自动化加工设备的布局形式是指组成自动化加工系统的机床、辅助装置以及连接这些设备的工件传送系统中，各种装置的平面和空间布置形式。它是由工件加工工艺、车间的自然条件、工件的输送方式和生产纲领所决定的。

1. 自动线的布局

自动线的布局形式有多种，如图3-2所示。

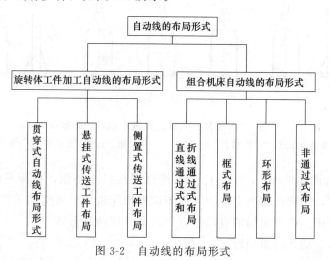

图3-2　自动线的布局形式

（1）旋转体工件加工自动线的布局形式

① 贯穿式。工件传送系统设置在机床之间，特点是上下料及传送装置结构简单，装卸料工件辅助时间短，布局紧凑，占地面积小，但影响工人通过，料道短，储料有限，如图3-3所示。

② 悬挂式。工件传送系统设置在机床的上方，输送机械手悬挂在机床上方的架子上，如图3-4所示。机床布局呈横向或纵向排列，工件传送系统完成机床间的工件传送及上下

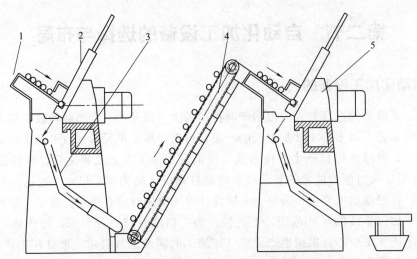

图 3-3 贯穿式传送轴类工件加工自动线布局

1—上料道；2—上料装置；3—下料道；4—提升装置；5—机床

料。这种布局结构简单，适合于生产节拍较长且各工序工作循环时间较均衡的轴类零件，如某大型机械厂的装备车间自行开发设计了长叉轴、短叉轴的自动化生产线，其中工件的输送就采用的悬挂式输送系统。

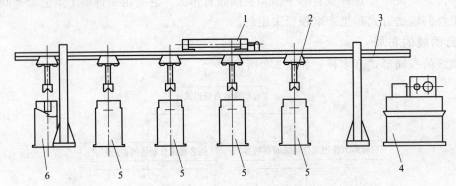

图 3-4 采用悬挂式输送机械手的自动线布局

1—输送用驱动液压缸；2—机械手；3—桁架；4—铣端面、打中心孔机床；5—车床；6—料道

③ 侧置式。如图 3-5 所示，工件传送系统设置在机床外侧，机床呈纵向排列，传送装置设在机床的前方，安装在地面上。为了便于调整操作机床，可将输送装置截断。输送料道还同时具有储料作用。这种布局的自动线有串联和并联两种形式。

（2）组合机床自动线的布局形式

① 直线通过式和折线通过式。图 3-6 所示为直线通过式自动线布局。步伐输送带按一定节拍将工件依次送到各台机床上加工，工件每次输送一个步距。工人在自动化生产线始端上料，末端卸料。如发动机箱体加工自动化生产线，箱体在起始端上料，输送可采用辊子输送系统或网带输送系统，箱体依次经过各加工机床，在转位台将工件旋转一定角度，将待加工面面向机床以便进行下道工序的加工，最后在末端下料。

对于工位较多、规模大的自动线，直线布置受到车间长度限制，因而布置成折线式。

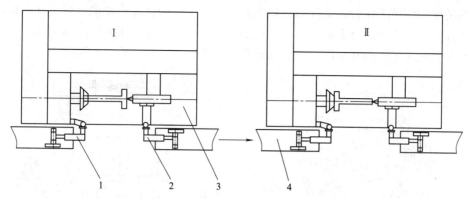

图 3-5　机床纵列的轴类工件车削自动线布局

1—上料机械手；2—下料机械手；3—机床；4—传送料道

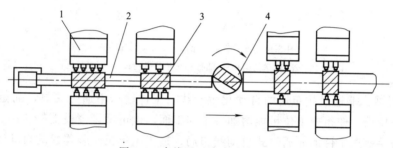

图 3-6　直线通过式自动线布局

1—机床；2—输送带；3—工件；4—转位台

② 框式。框式是折线式的封闭形式。框式布局更适合输送随行夹具及尺寸较大和较重的工件自动化生产线，且可以节省随行夹具的返回装置，如图 3-7 所示。

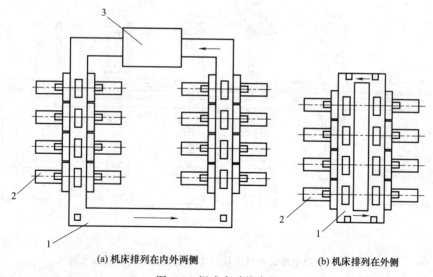

(a) 机床排列在内外两侧　　　　　　　　**(b) 机床排列在外侧**

图 3-7　框式自动线布局

1—输送装置；2—机床；3—清洗装置

③ 环形。环形自动化生产线工件的输送轨道是圆环形，多为中央带立柱的环形线。它

不需要高精度的回转工作台，工件输送精度只需满足工件的初定位要求。环形自动线可以直接输送工件，也可借助随行夹具。对于直接输送工件的环形线，装卸料可集中在一个工位。对于随行夹具输送工件的环形线，不需要随行夹具返回装置，如图3-8所示。

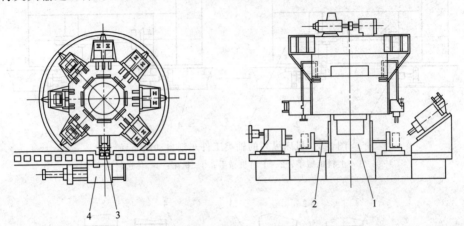

图 3-8 加工气缸盖的环形自动线布局

1—立柱；2—输送托架；3—随行夹具转载机构；4—装卸料机构

④ 非通过式。非通过式布局的自动化生产线，工件输送不通过夹具，而是从夹具的一个方向送进和拉出，使每个工位可能增加一个加工面，也可增设镗模支架。图3-9所示为采用桁架式机械手输送工件的非通过式自动线布局，适于由单机改装连成的自动线布局，或工件不宜直接输送而必须吊装，以及工件各个加工表面需在一个工位加工的自动化生产线。如前面所提到的长叉轴自动化生产线，由于工件的输送采用悬挂式机械手进行输送，机床顶部敞开并布置在输送线的下方，机械手夹持工件在机床上方将工件放入机床夹具中，机床加工完毕后，机械手将工件取下，再传送到下一个工位。

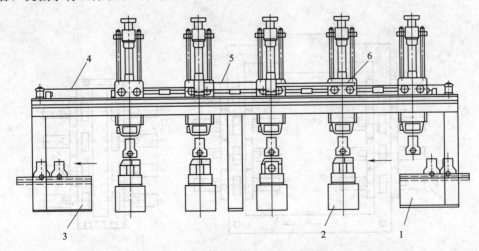

图 3-9 采用桁架式机械手输送工件的非通过式自动线布局

1—装料台；2—机床；3—卸料台；4—传动机构；5—输送液压缸；6—机械手

2. 柔性制造系统的布局

柔性制造系统的总体布局可以概括为以下几种布置原则，如图3-10所示。

（1）随机布置原则

如图 3-10（a）所示。这种布局方法是将若干机床随机地排列在一个长方形的车间内。它的缺点是很明显的，只要多于三台机床，运输路线就会非常复杂。

（2）功能原则（或叫工艺原则）

如图 3-10（b）所示。这种布局方法是根据加工设备的功能，分门别类地将同类设备组织到一起，如车削设备、镗铣设备、磨削设备等。这样，工件的流动方向是从车间的一头流向另一头。这种布局方法的零件运输路线也比较复杂，因为工作的加工路线并不一定总是车、铣、磨这样流动。

（3）模块式布置原则

如图 3-10（c）所示。这种布局方式的车间是由若干功能类似的独立模块组成的，看来好像增加了生产能力的冗余度，但在应对紧急任务和意外事件方面有明显的优点。

（4）加工单元布置原则

如图 3-10（d）所示。采用这种布局方式的车间，每一个加工单元都能完成相应的一类产品。这种构思的产生是建立在成组技术思想基础上的。

（5）根据加工阶段划分原则

如图 3-10（e）所示。这种布局方式将车间分为准备加工阶段、机械加工阶段和特种加工阶段。

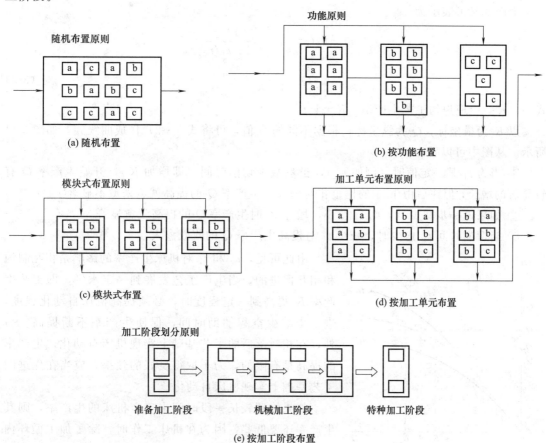

图 3-10　柔性制造系统的总体布局原则

第三节　自动化加工设备的特殊要求及实现方法

一、高生产率

自动化生产的主要目的是提高劳动生产率和机器生产率，这是机械制造自动化系统高效率运行必须解决的基本问题。在工艺过程实现自动化时，采用的自动化措施都必须符合不断提高生产率的要求。

生产率可以用单位时间内制造出来的产品数量（件/min 或件/h）来表示。

$$Q = 1/T_d \tag{3-1}$$

式中　Q——生产率，件/min；

　　　T_d——制造产品的单件时间，min。

若不考虑循环外的时间消耗，则单件时间为

$$T_d = t_g + t_f \tag{3-2}$$

式中　t_g——工作行程时间，min；

　　　t_f——辅助时间或空行程时间，即循环内损失时间，包括空行程、上下料、检验和清除机床上的切屑等，min。

生产率又可表示为

$$Q = 1/(t_g + t_f) = \frac{1/t_g}{1 + t_f/t_g}$$

$$Q = \frac{K}{1 + K t_f} \tag{3-3}$$

式中　K——理想的工艺生产率，$K = 1/t_g$。

以 K 为横坐标，Q 为纵坐标，根据不同的 t_f 值，可将式（3-3）作成曲线族，如图 3-11 所示。从图中可以看出：

① 当为 t_f 某一定值时（例如 t_{f1}），虽然减少切削时间（即增加 K），开始生产率 Q 有较显著的增长，但往后由于 t_f 的比重相对增大，生产率 Q 的提高就愈来愈不显著了。

② 如果进一步减少 t_f，则 t_f 愈小，增加 K 时生产率 Q 的提高就愈显著。

③ 当切削时间 t_g 愈少时，减少 t_f 对提高生产率 Q 的收效愈大。

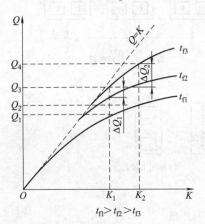

图 3-11　机床生产率曲线

由此可见，t_g 和 t_f 对机床生产率的影响是相互制约和相互促进的。当生产工艺发展到一定水平，即工艺生产率 K 提高到一定程度时，必须提高机床自动化程度，进一步减少空程辅助时间，促使生产率不断提高。另外，在相对落后的工艺基础上实现机床自动化，生产率的提高是有限的，为了取得良好的效果，应当在先进的工艺基础上实现机床自动化。

如果按照较长一段时间来确定机床的生产率，则其生产率还要低些。因为在机床工作时，除了加工循环内时间损失外，还有加工循环外时间消耗，即机床的停顿也会影响到机床的生产率。加工循环外时间消耗包括更换磨损了的刀具，修理机床，调整个别自动机构，重新装料，加工对象变更时的重调整，以及有关组织方面的原因使生产停顿而分摊到每个产品中的时间消耗。如果考虑了循环外的时间消耗，则机床的生产率应为

$$Q = 1/T_d = 1/(t_g + t_f + t_w) \tag{3-4}$$

式中 t_g——工作行程时间，min；

    t_f——辅助时间或空行程时间，即循环内损失时间，min；

    t_w——循环外损失时间，即机床在某一时期内停顿而分摊到每一个零件上的时间，min。

使 T_d 最小，即 $t_g + t_f + t_w$ 最小，才能使生产率 Q 值最大，所以 Q 的提高可以通过同时减少 t_g、t_f、t_w 来实现。

T_d 的减少，可以采用提高加工速度（例如采用先进的工艺方法、高效率的加工工具、高参数的切削用量和高效率的自动化设备等）来实现。但过分增大切削速度会由于刀具磨损加快，换刀时间增多等原因，使生产率下降。所以，还应同时减少 t_f 和 t_w，才能显著提高生产率。

可以把 t_f 和 t_w 分为以下几类损失并采取相应的措施加以解决。

① 减少与加工工作有关的时间消耗。建立连续自动线，采用快速的自动化空行程机构、自动检验装置、自动排除切屑和周期性装料的机械手及自动化装置来减少此类时间消耗。

② 减少与刀具有关的时间损失。可设置刀具储存库、自动换刀机械手、刀具自动调节装置、自锁装置，以及采用强制性换刀等措施来减少此类时间消耗。

③ 减少与自动化设备有关的时间损失。可采用自动补偿磨损和自动减少磨损的机构、自动防护装置、优良的耐磨材料、可靠的润滑以及合理的维修制度和自动诊断系统等来减少此类时间消耗。

④ 减少由于交接班和缺少毛坯引起的时间损失。可以设置工序间、生产线间、工段间、车间的自动化储料仓，采用自动记录仪和电子计算机管理等方法来减少这类时间损失。

⑤ 减少与废品有关的时间损失。可以采用各种主动的工艺过程中的自动检验装置、自适应控制系统、刀具磨损的自动补偿装置等，来自动调节机构参数和工件的几何参数，以及采用强制性换刀等措施，就可有效地降低废品率，减少与废品有关的时间损失。

⑥ 减少重调整及准备结束时间。用现代化的数控自动机、工艺可变的柔性自动线、计算机控制的可变加工系统及自动线，或设置各种各样的"程序控制"和"程序自动转换装置""工夹具快速调整"等机构，都能使自动生产时的重调整时间和准备结束时间减少到最低限度。

采用上述的相应措施，力求使相应的时间损失减到最小，使自动化机床的生产率不断提高。

二、加工精度的高度一致性

产品质量的好坏，是评价产品本身和自动加工系统是否具有使用价值的重要标准。保证产品加工精度，防止工件发生成批报废，是自动化加工设备工作的前提。

影响加工精度的因素包括以下几个方面：

（1）由刀具尺寸磨损所引起的误差

加工零件时，刀具的尺寸磨损往往是对加工表面的尺寸精度和形状精度产生决定性影响

的因素之一。在自动化加工设备上设置工件尺寸自动测量装置；或设置以切削力或力矩、切削温度、噪声及加工表面粗糙度为判据，对刀具磨损进行间接测量的装置；也可在线自动检测出刀具磨损状况，将测量、检测的结果经转换后由控制系统控制刀具补偿装置进行自动补偿，借以确保加工精度的一致性。在没有自动检测及刀具补偿装置的设备中，可以以刀具寿命为判据进行强制性换刀。这种方法在加工中心和柔性制造系统中应用最广，且刀具寿命数据和已用切削时间由计算机控制。

（2）由系统弹性变形引起的加工误差

在加工系统刚性差的情况下，系统的弹性变形可引起显著的加工误差，尤其在精加工中，工艺系统的刚度是影响加工精度和表面粗糙度的因素之一；为中、大批量生产而采用的专用机床、组合机床及自动化生产线，一般是专为某一产品或同一族产品的某一工序专门设计的，可以在设计中充分考虑加工条件下的力学特性，保证机床有足够的刚度。

例如某机械厂在生产齿条的过程中，对铣床进行改造以铣削加工的方式进行加工。为了提高生产率，改进了刀具设计，由原来的单齿铣削加工改变为多齿铣削加工，但由于没有考虑机床的刚度，导致加工的齿条不能满足精度要求。

（3）切削用量对表面质量的影响

切削用量的选择对加工表面粗糙度有一定的影响。自动化加工设备在保证生产率要求的同时，应合理地选用切削用量，满足对工件加工表面质量的要求。

（4）机床的尺寸调整误差引起的加工误差

在自动化生产中，零件是在已调整好的机床上加工，采用自动获得尺寸的方法来达到规定的尺寸精度。因此，机床本身的尺寸调整及机床相对工件位置的调整精度对保证工件的加工精度有重大的意义。自动化加工设备在正式生产前都应按所要求的调整尺寸进行调整，并按规定公差调好刀具。调整方法：可以根据样件和对刀仪进行调整，也可通过试切削进行调整。

三、自动化加工设备的高度可靠性

产品的质量和加工成本以及设备的生产率取决于机械加工设备的工作可靠性。设备的实际生产率随着其工作可靠性的提高而接近于设计设定理论值，且充分地发挥了设备的工作能力。

通常，设备是由下列四种原因而停机的：

① 设备的各种装置（机床各部件、夹具、输送装置、液压装置、电气设备、控制系统元件等）的工作故障。

② 刀具的工作故障。

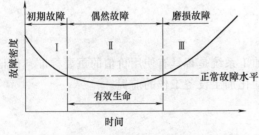

图 3-12　典型的故障形式

③ 设备定期计划停机。

④ 因组织原因而停车（缺少毛坯、刀具或人员欠缺、毛坯缺陷、供电供气中断等）。

故障可分为两类：第一类是设备的各种机构和装置的工作故障；第二类是不能保证规定加工精度的故障。

故障类型可按故障密度（故障率）随运转时间而变化的模式来辨识。基本上可分为下列三种（如图 3-12 所示）：

① 初期故障。如图 3-12 中的区域Ⅰ，故障密度迅速减少期。这类故障出现在设备运转的初始阶段，设备故障的出现在开始时最高，故障密度随着时间的增加而迅速减少。初期故障主要是基于固有的不可靠性，如材料的缺隙、不成熟的设计、不精细的制造和开始时的操作失误。查出这类故障并使设备运转稳定是很重要的。故障密度的迅速降低是掌握了设备的操作，排除了所发现的制造缺隙和配合件的运转磨合的结果。

② 偶然（随机）故障。如图 3-12 中的区域Ⅱ，属正常运转期。在此阶段，故障密度稳定，故障随机地出现往往是由于对设备突然加载超过了允许强度或未估计到的应力集中等。

③ 磨损故障。如图 3-12 中的区域Ⅲ，由零件的机械磨损、疲劳、化学腐蚀及与使用时间有关的材料性质改变等引起，此时故障密度随时间延长而急剧上升。

上述三类故障与生产保养密切相关。在初期故障期，增加检查次数，去查明故障原因，并将信息送回设计制造部门以便改进或修正保养措施极为重要。健全的质量管理措施可以把初期故障减到最小。在偶然故障期间，日常保养如清洗、加油和重新调节应当与检查同时进行，力求减少故障密度来延长有效寿命。在磨损故障期内，设备变坏或磨损，应采用改善的保养措施来减少故障密度和减缓磨损。

设备工作的可靠性取决于设备元件的可靠性、元件的数量及其连接方式。对于串联连接的自动线来说，在刚性输送关系的条件下，一个元件的失效会引起全线停车，把自动线分段可提高整条自动线的可靠性和生产率。

设备的可靠性取决于运行时的无故障水平及修理的合适性。实施综合的设计措施和工艺措施，以及采用合理的使用规程可提高设备无故障特性。不断地改进结构并改善设备的制造工艺，随着时间的推移可提高利用系数和生产率。改进设备元件的结构，在设备运转时及时查明损坏的系统，就能提高修理的合适性。对于易发生故障的易损零部件和机构，应采用快速装拆的连接结构，用备件来成组更换特别有效，此时，由技术方面引起的故障可在短时间内排除。并联一个相同元件或备用分支系统，采用备用手动控制和管理都可以减少停机时间，提高可靠性。

四、自动化加工设备的柔性

随着产品需求日益多样化，更新换代加快，产品寿命周期缩短，多品种批量（尤其是中小批量）生产已是机械制造业生产形态的主流。因此，对自动化加工设备的柔性要求也越来越高。柔性主要表现在加工对象的灵活多变性，即可以很容易地在一定范围内从一种零件的加工更换为另一种零件的加工的功能。柔性自动化加工是通过软件来控制机床进行加工，更换另一种零件时，只需改变有关软件和少量工夹具（有时甚至不必更换工夹具），一般不需对机床、设备进行人工调整，就可以实现对另一种零件的加工，进行批量生产或同时对多个品种零件进行混流生产。这将显著地缩短多品种生产中设备调整和生产准备时间。

对用于中小批量生产的自动化加工系统，应考虑使其具有以下的一些机能：

（1）自动变换加工程序的机能

对于自动化加工设备可以通过设置一台或一组电子计算机，或用可编程控制器来作它的生产控制及管理系统，使系统具备按不同产品生产的需要，在不停机的情况下，方便迅速地自动变更各种设备工作程序的机能，减少系统的重调整时间。

（2）自动完成多种产品或零件族加工的机能

在加工系统中所设置的工件和随行夹具的运输系统，以及加工系统都具有相当大的通用性和较高的自动化程度，使整个系统具备在成组技术基础上自动完成多个产品或零件族的加工的机能。

（3）对加工顺序及生产节拍随机应变的机能

具有高度柔性的加工系统，应具有对各种产品零件加工的流程顺序以及生产节拍随机变换的机能，即整个系统具有能同时按不同加工顺序以不同的运送路线，按不同的生产节拍加工不同产品的机能。

（4）高效率的自动化加工及自动换刀机能

采用带刀库及自动换刀装置的数控机床，能使系统具有高效率的自动加工及自动换刀机能，减少机床的切削时间和换刀时间，使系统具有高的生产率。

（5）自动监控及故障诊断机能

为了减少加工设备的停机时间和检验时间，保证设备有良好的工作可靠性和加工质量，可以设置生产过程的自动检验、监控和故障诊断装置，从而提高设备的工作可靠性，减少停机及废品损失。

并不是所有设备都要求达到以上机能，可以根据具体生产要求和实际情况，对设备提出不同规模和功能的柔性要求，并采取相应的实施措施。

另外，对于用于少品种大批量生产的刚性加工系统也应考虑增加一些柔性环节。例如，在组成刚性自动线的设备中也可以使用具有柔性的数控加工单元，或者使用主轴箱可更换式数控机床，以增加对产品变换的适应性和加工的柔性。在由刚性输送装置组成的工件运输系统中可以设置中间储料仓库，增加自动线间连接的柔性，避免由于某一单元的故障造成整个系统的停机时间损失。

第四节　单机自动化方案

单机自动化是大批量生产提高生产率、降低成本的重要途径。单机自动化往往具有投资省、见效快等特点，因而在大批量生产中被广泛采用。

一、实现单机自动化的方法

实现单机自动化的方法概括起来有以下四种：

1. 采用通用自动化或半自动机床实现单机自动化

这类机床主要用于轴类和盘套类零件的加工自动化，例如单轴自动车床、多轴自动车床或半自动车床等。使用单位一般可根据加工工艺和加工要求向制造厂购买，不需特殊订货。这类自动机床的最大特点是可以根据生产需要，在更换或调整部分零部件（例如凸轮或靠模等）后，即可加工不同零件，适合于大批量多品种生产。因此，这类机床使用比较广泛。

2. 采用组合机床实现单机自动化

组合机床一般适合于箱体类和杂件类（例如发动机的连杆等）零件的平面、各种孔和孔系的加工自动化。组合机床是一种由通用化零部件为基础设计和制造的专用机床，一般只能对一种（或一组）工件进行加工，往往能在同一台机床上对工件实行多面、多孔和多工位加工，加工工序可高度集中，具有很高的生产率。由于这台机床的主要零、部件已通用化和已批量生产，因此，组合机床具有设计、制造周期短，投资省的优点，是箱体类零件和杂体类零件大批量生产实现单机自动化的最主要手段。

图 3-13 是箱体零件图，在该箱体中面和孔需要加工。为了提高加工的效率，可以设计组合机床来完成图中平面和孔的加工。在组合机床设计上，底座、工作台和动力头可以根据需要选择通用零部件组成组合机床。如加工图3-31 中的平面，可以将动力头设计成固定式，如图 3-14（a）所示；如加工图 3-31 中的孔，则可以将动力头设计成移动式，如图 3-14（b）所示。

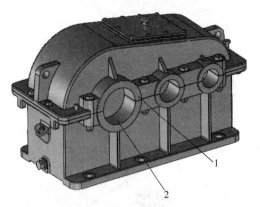

图 3-13　箱体零件图
1—待加工平面；2—待加工孔

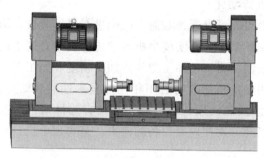

(a) 铣平面组合机床

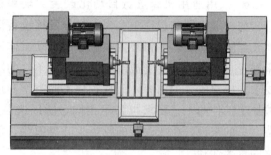

(b) 镗孔组合机床

图 3-14　箱体加工组合机床

3. 采用专用机床实现单机自动化

专用机床是为一种零件（或一组相似的零件）的一个加工工序而专门设计制造的自动化机床。专用机床的结构和部件一般都是专门设计和单独制造的。这类机床的设计、制造时间往往较长，投资也较多，因此采用这类机床时，必须考虑以下基本原则：

① 被加工的工件除具有大批量的特点外，还必须结构定型。

② 工件的加工工艺必须是合理可靠的。在大多数情况下，需要进行必要的工艺试验，保证专用机床所采用的加工工艺先进可靠，所完成的工序加工精度稳定。

③ 采用一些新的结构方案时，必须进行结构性能试验，待取得较好的结果后，方能在机床上采用。

④ 必须进行技术经济分析。只有在技术经济分析认为效益明显后，才能采用专用机床实现单机自动化。

图 3-15 是十字轴零件图，图中十字轴的四个端面及四个外圆面需要加工。在大批量生产中，为了提高加工效率，可以采用专用机床进行加工。为了适应十字轴加工，目前已有专用数控机床 CJK0636，可通过一次装夹实现四个外圆及端面的加工。装夹有十字轴的CJK0636 机床装夹加工部分如图 3-16 所示，其中车刀用于车端面及外圆，钻头用于钻中心孔，十字轴夹具可实现加工完一个端面及外圆后将工件旋转 90°，直到一个工件加工完毕。

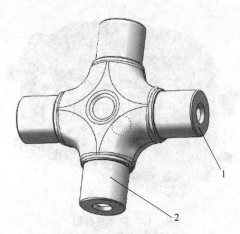

图 3-15　十字轴零件图
1—待加工端面；2—待加工外圆

图 3-16　十字轴装夹加工图

4. 采用通用机床进行自动化改装实现单机自动化

在一般机械制造厂中，为了充分发挥设备潜力，可以通过对通用机床进行局部改装，增加或配置自动上、下料装置和机床的自动工作循环系统等，实现单机自动化。由于对通用机床进行自动化改装要受被改装机床原始条件的限制，要按被加工工件的加工精度和加工工艺要求来确定改装的内容，而且各种不同类型和用途的机床具有各不相同的技术性能和结构，被加工工件的工艺要求也各不相同，所以改装涉及的问题比较复杂，必须有选择地进行改装。总的来说，机床改装的投资少，见效快，能充分发挥现有设备的潜力，是实现单机自动化的重要途径。

二、单机自动化方案

在机械制造业的工厂中，拥有大量的、各种各样的通用机床。为了提高劳动生产率，减轻工人的劳动强度，对这类机床进行自动化改装，以实现工序自动化，或用以连成自动线，是进行技术改造、挖掘现有设备潜力的途径之一。自动化机床的"自动"主要体现在自动化机床的加工循环自动化、装卸工件自动化、刀具自动化和检测自动化四个方面，其自动化大大减少了空程辅助时间，降低了工人的劳动强度，提高了产品质量和劳动生产率。

1. 加工过程运动循环自动化

加工过程运动循环是指在工件的一个工序的加工过程中，机床刀具和工件相对运动的循环过程。切削加工过程中，刀具相对于工件的运动轨迹和工作位置决定被加工零件的形状和尺寸。实现了机床运动循环自动化，切削加工过程就可以自动进行。

自动循环可以通过机械传动、液压传动和气动-液压传动方法实现。对于比较复杂的加工循环，一般采用继电器、程序控制器控制其动作，采用挡块或各种传感器控制其运动行程。

（1）机械传动系统运动循环自动化

① 运动的接通和停止。在机械传动系统中，运动的接通和停止有三种方式，分别是凸轮控制、挡块-杠杆控制、挡块-开关-离合器控制。三种控制方式的原理及优缺点如下：

a. 凸轮控制。其控制原理是在分配轴上安装不同形状的凸轮，通过操纵杠杆或行程开关控制各执行机构。主要适于大批量生产中的单一零件加工，受机床结构影响较大，应用较多。

b. 挡块-杠杆控制。其控制原理是运动部件上的挡块碰撞杠杆，操纵离合器或运动部件。其特点是控制简单，受机床结构影响较大，操纵系统磨损大，应用较少。

c. 挡块-开关-离合器控制。其控制原理是运动部件上的挡块压下行程开关，通过电磁铁、气缸或液压缸操纵离合器或运动部件。其特点是机械结构较简单，容易改变程序，但控制系统比较复杂，应用较多。

②快速空行程运动和工作进给的自动转换。机床自动化改装时，要求机床快速运动，以缩短空行程时间。在机床传动系统中，快速运动既可来自于主传动装置中某一根中间轴［图 3-17 （a）和（b）］，也可用单独的快速电动机驱动［图 3-17 （c）～（e）］。

图 3-17 （a）为借助主轴箱中的中间轴 5 实现快速运动。离合器 M_1 结合、M_2 脱开为工作进给；M_2 结合、M_1 脱开为快速运动。这种驱动方式的缺点是快速运动速度取决于进给箱内选定的传动链，且快速运动时，进给箱的轴和齿轮高速旋转，容易磨损。图 3-17 （b）中，快速运动直接传给进给箱最后一根轴，克服了上述缺点，但有些环节仍高速旋转，最好是将快速运动直接传给传动装置的末环或尽可能靠近末环［图 3-17 （c）］。采用快速电动机时，为使快速运动不致传给进给箱，可以在快速轴和进给箱之间加超越离合器［图 3-17 （d）］。

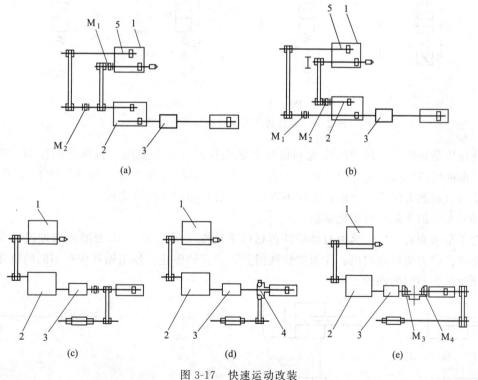

图 3-17　快速运动改装

1—主轴箱；2—进给箱；3—进给箱与溜板间的中间传动；4—超越离合器；5—中间轴

进给装置一般都有工作进给的正、反向变换装置［图 3-17 （e）］，快速进给接通时，正反向离合器 M_3 和 M_4 都处于脱开状态。

机床快速移动实现机械化后，再在运动部件上装挡块，用挡块压行程开关，发出离合器通、断和电动机开、停及正反转控制指令，就可实现快速空行程运动和工作进给运动的自动转换。

（2）气动和液压传动的自动循环

由于气动和液压传动的机械结构简单，容易实现自动循环，动力部件和控制元件的安装都不会有很大困难，故应用较广泛。

在机床改装中，还经常采用气动-液压传动，即用压缩空气作动力，用液压系统中的阻尼作用使运动平稳和便于调速。动力气缸与阻尼液压缸有串联和并联两种形式。

实现气动和液压自动工作循环的方法相同，都是通过方向阀来控制的。

图 3-18 是液压传动快速变慢速的各种方法。图 3-18（a）为挡块直接压下行程阀，行程阀压下时为慢速，放开时为快速；在挡块压下行程阀的回程中也是慢速运动。图 3-18（b）为用挡块压单向行程阀，前进过程中单向阀关闭，行程快慢取决于挡块是否压下行程阀；回程时单向阀打开，全部为快速行程。图 3-18（c）为挡块压电气行程开关，通过继电器控制电磁阀，电磁阀通电为慢速，断电为快速。图 3-18（d）为挡块压气压或液压开关，由发出的信号控制二通阀，实现快慢速转换。

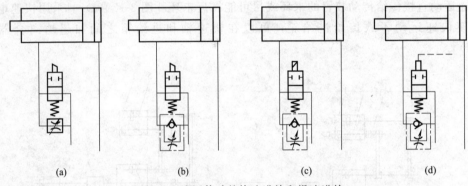

(a)   (b)   (c)   (d)

图 3-18　液压传动的快速进给和慢速进给

液压传动系统中，运动的接通和切断靠换向阀控制，一般用三位四通阀控制 [图 3-19 （a）]，也可用二位四通阀 [图 3-19（b）]，气动传动系统与此类似。但因气体有可压缩性，用切断动力源的方法停止运动，工作不准确，一般都用固定挡块定位。

（3）车床加工循环自动化实例

对于车床而言，一个简单自动循环包括以下动作（图 3-20）：①刀架横向进刀；②刀架纵向进给；③刀架横向退出；④刀架快速回程；⑤自动停止。加工循环依据不同的机床和加工特征而包含不同的动作。

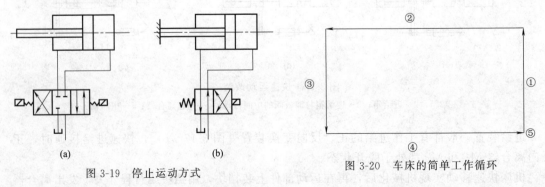

(a)   (b)

图 3-19　停止运动方式

图 3-20　车床的简单工作循环

自动循环可以通过机械传动、液压传动和气动－液压传动等方法实现。对于比较复杂的加工循环，一般采用继电器程序控制器控制其动作，采用挡块或各种传感器控制其运动行程。对于图 3-20 所示的比较简单的工作循环，可以直接采用机械机构实现对其动作的控制。

① 加工循环的实现。车床的溜板一般都由进给箱通过光杠或丝杠传动实现自动纵向进给，只要添置溜板快速回程装置和刀架横向进、退刀机构，即可实现其加工循环。

溜板的快速回程可以用单独的快速电动机传动光杠来实现。如图 3-21 所示，在床身尾部安装快速电动机 1，通过齿轮 2 和 3、传动光杠 4 的反转或正转，使溜板获得快速行程。为了不致与进给箱的慢速传动发生干涉，在进给箱的输出端安装双向超越离合器 5。

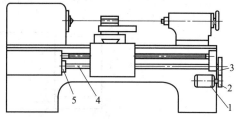

图 3-21 溜板快速行程传动装置
1—电动机；2,3—齿轮；4—光杠；5—离合器

② 横向进、退刀的实现。有两种方案：一种是使横向丝杠做少量轴向移动，带动整个横溜板做进退运动；另一种是设计能使车刀横向进退的专用刀夹以代替方刀架。前一种方案较适合于普通车床的自动化改装；后一种方案常用作车螺纹时的自动进刀机构，车刀向前复位多用手工操作，在这种机构中，刀具的夹持刚度不如前一种方案。

图 3-22 为使横向丝杠做轴向运动来实现进、退刀的机构。壳体 8 固定在床鞍的后端面上。加长的横向丝杠 2 的末端伸入壳体 8 中。在丝杠 2 的末端固定着挡圈 4，在弹簧 3 的作用下紧靠在端齿离合器 5 的端面上，弹簧力可用螺塞 1 调节。离合器 5 用键装在壳体 8 内，它只能轴向移动不能转动。离合器 6 则空套在丝杠 2 上，当齿条 7 带动离合器 6 回转时，离合器 5 和 6 的齿顶相对，如图 3-22（b）中齿形展开所示状态，离合器 5 被迫向左移动，通过挡圈 4 压缩弹簧 3 带动丝杠 2 一同向左移动。此时车刀向前处于切削位置，加工时的径向切削力由离合器的齿端面承受，当齿条反向转动离合器 6，使两半离合器的端齿嵌合时，弹簧 3 迫使挡圈 4 带着丝杠 2 向右移动实现自动退刀。齿条 7 通过固定在床身导轨上的挡块 11 和 9 来控制。当溜板向床头方向移动到终点时，挡块 9 控制实现自动退刀，在溜板快速回程终点，挡块 11 使刀架进刀复位。图 3-22（a）中 10 和 12 是使溜板反向的行程开关。

2. 装卸工件自动化

自动装卸工件装置是自动机床不可缺少的辅助装置。机床实现了加工循环自动化之后，还只是半自动机床，在半自动机床上配备自动装卸工件装置后，由于能够自动完成装卸工作，因而自动加工循环可以连续进行，即成为自动机床。

自动装卸工件装置通常称自动上下料装置，它所完成的工作包括将工件自动安装到机床夹具上，以及加工完成后从夹具中卸下工件。其中的重要部分在于自动上料过程采用的各种机构和装备，而卸料机构在结构上比较简单，在工作原理上与上料机构有若干共同之处。

根据原材料及毛坯形式的不同，自动上料装置有以下三大类型：

（1）卷料（或带料）上料装置

在加工时，当以卷料（卷状的线材）或带料（卷状的带材）作毛坯时，将毛坯装上自动送料机构，然后从轴卷上拉出来经过自动校直被送向加工位置。在一卷材料用完之前，送料和加工是连续进行的。

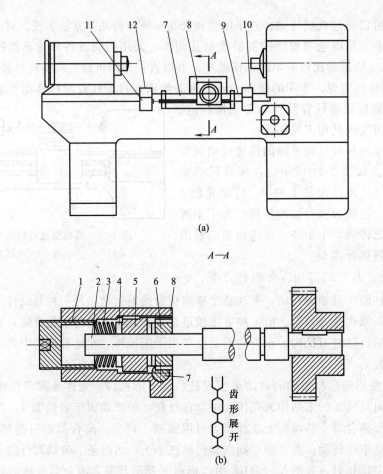

图 3-22 横向进、退刀机构

1—螺塞；2—丝杠；3—弹簧；4—挡圈；5,6—离合器；
7—齿条；8—壳体；9,11—挡块；10,12—行程开关

（2）棒料上料装置

当采用棒料作为毛坯时，将一定长度的棒料装在机床上，按每一工件所需的长度自动送料。在用完一根棒料之后，需要进行一次手工装料。

（3）单件毛坯上料装置

当采用锻件或将棒料预先切成单件坯料作为毛坯时，机床上设置专门的单件毛坯上料装置。

前两类自动上料装置多用于冲压机床和通用（单轴和多轴）自动机，第三类使用得比较多，下面主要介绍单件毛坯的自动上料装置。

根据工作特点和自动化程度的不同，单件毛坯自动上料装置有料仓式上料装置和料斗式上料装置两种形式。

料仓式上料装置是一种半自动的上料装置，不能使工件自动定向，需要由工人定时将一批工件按照一定的方向和位置，顺序排列在料仓中，然后由送料机构将工件逐个送到机床夹具中去。

料斗式上料装置是自动化的上料装置，工人将单个工件成批地任意倒进料斗后，料斗中

的定向机构能将杂乱堆放的工件进行自动定向，使之按规定的方位整齐排列，并按一定的生产节拍把工件送到机床夹具中去。

图 3-23 所示为这两种自动上料装置的原理图。图 3-23（a）和（b）是料仓式上料装置中的料仓结构形式，料仓式上料装置由料仓和上料装置构成，它具有料仓 3、输料槽 2、送料器 1、上料杆 4 和卸料杆 5。当工件的加工循环时间较长时，为了简化结构，可以适当加长输料槽使之兼有料仓的作用［图 3-23（a）］。图 3-23（c）是料斗式上料装置中的料斗装置，工件任意地堆放在料斗 6 内，通过定向机构 7 将工件按一定方向顺序送入输料槽 2 中，然后由送料器 1 送到机床的加工位置。在料斗上还设有剔除器 8，用以防止定向不正确的工件混入输料槽。图 3-23（d）是与料仓或料斗相配合使用的上料装置。

料斗式上料装置由于能够实现工件的自动定向，因而能进一步减轻工人的体力劳动，便于多机床管理。这种自动定向的料斗多适用于工件外形比较简单，体积和质量都比较小，而且生产节拍短，要求频繁上料的场合。料仓式上料装置虽然需要工人周期性地将工件按规定的方向和顺序

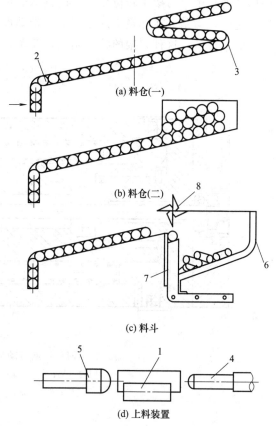

(a) 料仓(一)

(b) 料仓(二)

(c) 料斗

(d) 上料装置

图 3-23　自动上料装置原理图

1—送料器；2—输料槽；3—料仓；4—上料杆；
5—卸料杆；6—料斗；7—定向机构；8—剔除器

进行装料，但结构比较简单，工作可靠性较强，适用于工件外形较复杂、尺寸和质量较大以及加工周期比较长的情况。

近年来，在各种类型的自动化机床上，广泛应用了机械手来实现装卸工件自动化。这里所说的机械手，就是一种能实现较为复杂的动作循环的上、下料装置，它从料仓或输料槽中抓取工件，直接送入机床夹具；当工件加工完成后，也能从夹具中把工件卸到固定的地点。它代替了图 3-23（d）中送料器 1、上料杆 4 和卸料杆 5 的作用。所以，从作用原理上看，仍然可以把它当作上述两类上料装置的组成部分。

3. 自动换刀装置

在自动化加工中，要减少换刀时间，提高生产率，实现加工过程中的换刀自动化，就需要刀架转位自动化。自动转位刀架应当有较高的重复定位精度和刚性，以及便于控制。

刀架的转位可以由刀架的退刀（回程）运动带动，也可以由单独的电动机、气缸、液压缸等带动。由退刀运动带动的转位，不需单独的驱动源，而用挡块和杠杆操纵。

图 3-24 为利用回程运动带动的自动转位刀架结构。

底座 8 固定在溜板上，在回程运动中，齿条 6 与固定挡块相碰，带动齿轮 5 转动。通过固定在齿轮轴上的棘轮 4，经销子 3 带动回转刀架 1 转位。钢球 2 和销子 9 将弹簧压缩而退

入底座 8 的孔中，刀架 1 转位完毕。由钢球 2 进行初定位，销子 9 作精确定位。刀架再一次快速前进时，齿条 6 在弹簧 7 的作用下，带动齿轮 5 反转，销子 3 在棘轮背面上滑过，为下次转位做好准备。这种刀架的特点是结构简单，容易制造，但定位精度低，刚性较差。

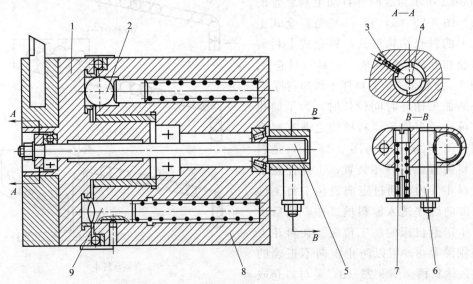

图 3-24 回程运动带动的自动转位刀架结构
1—回转刀架；2—钢球；3,9—销；4—棘轮；
5—齿轮；6—齿条；7—弹簧；8—底座

第五节 数控机床及加工中心

数控机床是一种高科技的机电一体化产品，是由数控装置、伺服驱动装置、机床主体和其他辅助装置构成的可编程的通用加工设备，它被广泛应用在加工制造业的各个领域；加工中心是更高级形式的数控机床，它除了具有一般数控机床的特点外，还具有自身的特点。与普通机床相比，数控机床最适宜加工结构较复杂、精度要求高的零件，以及产品更新频繁、生产周期要求短的多品种小批量零件的生产。当代的数控机床正朝着高速度、高精度化、智能化、多功能化、高可靠性的方向发展。

一、数控机床概述

1. 数控机床的概念与组成

数字控制机床，简称数控机床（Numerical Control Machine Tools），是综合应用了计算机技术、微电子技术、自动控制技术、传感器技术、伺服驱动技术、机械设计与制造技术等多方面的新成果而发展起来的，采用数字化信息对机床运动及其加工过程进行自动控制的自动化机床。数控机床改变了用行程挡块和行程开关控制运动部件位移量的顺序控制机床的控制方式，不但以数字指令形式对机床进行程序控制和辅助功能控制，并对机床相关切削部件的位移量进行坐标控制。与普通机床相比，数控机床不但具有适应性强、效率高、加工质量稳定和精度高的优点，而且易实现多坐标联动，能加工出普通机床难以加工的曲线和曲面。数控加工是实现多品种、中小批量生产自动化的最有效方式。

数控机床主要由信息载体、数控装置、伺服系统、测量反馈系统、适应控制系统和机床本体组成，其组成框图如图 3-25 所示。

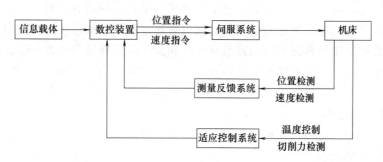

图 3-25 数控机床的组成框图

（1）信息载体

信息载体又称控制介质，它用于记载各种加工零件的全部信息，如零件加工的工艺过程、工艺参数和位移数据等以控制机床的运动，实现零件的机械加工。

常用的信息载体有纸带、磁带和磁盘等。信息载体上记载的加工信息要经输入装置输送给数控装置。

常用的输入装置有光电纸带输入机、磁带录音机和磁盘驱动器等。对于用微型机控制的数控机床，也可用操作面板上的按钮和键盘将加工程序直接用键盘输入到机床数控装置，并在显示器上显示。随着微型计算机的广泛应用，穿孔带和穿孔卡已被淘汰，磁盘和通信网络正在成为最主要的控制介质。

（2）数控装置

数控装置是数控机床的核心，它由输入装置、控制器、运算器、输出装置等组成。其功能是接收输入装置输入的加工信息，经处理与计算，发出相应的脉冲信号送给伺服系统，通过伺服系统使机床按预定的轨迹运动。它包括微型计算机电路、各种接口电路、CRT 显示器、键盘等硬件以及相应的软件。

（3）伺服系统

伺服系统的作用是把来自数控装置的脉冲信号转换为机床移动部件的运动，使机床工作台精确定位或按预定的轨迹做严格的相对运动，最后加工出合格的零件。

伺服系统包括主轴驱动单元、进给驱动单元、主轴电动机和进给电动机等。一般来说，数控机床的伺服系统，要求有好的快速响应性能，以及灵敏而准确的跟踪指令功能。现在常用的是直流伺服系统和交流伺服系统，而交流伺服系统正在取代直流伺服系统。

（4）测量反馈系统

测量反馈系统由检测元件和相应的电路组成，其作用是检测机床的运动方向、速度、位移等参数，并将物理量反馈回来送给机床数控装置，构成闭环控制。它可以包含在伺服系统中。没有测量反馈装置的系统称为开环系统。常用的测量元件主要有脉冲编码器、光栅、感应同步器和磁尺等。

（5）适应控制系统

适应控制系统的作用是检测机床当前的环境（如温度、振动、电源、摩擦、切削等参数），将检测到的信号输入到机床的数控装置，使机床及时发出补偿指令，从而提高加工精度和生产率。适应控制装置多数用来加工高精度零件，一般数控机床很少采用此类装置。

（6）机床本体

机床本体也称主机，包括床身、立柱、主轴、工作台（刀架）、进给机构等机构部件。由于数控机床的主运动、各个坐标轴的进给运动都由单独的伺服电动机驱动，因此它的传动链短、结构比较简单，各个坐标轴之间的运动关系通过计算机来进行协调控制。为了保证快速响应特性，数控机床上普遍采用精密滚珠丝杠和直线运动导轨副。为了保证高精度、高效率和高自动化加工，数控机床的机械结构应具有较好的动态特性、耐磨性和抗热变形性能，同时还有一些良好的配套措施，如冷却、自动排屑、防护、润滑、编程机和对刀仪等。

2. 数控机床的分类

按照工艺用途分，数控机床可以分为以下三类。

（1）一般数控机床

这类机床和普通机床一样，有数控车床、数控铣床、数控钻床、数控镗床、数控磨床等，每一类都有很多品种。例如，在数控磨床中，有数控平面磨床、数控外圆磨床、数控工具磨床等。这类机床的工艺可靠性与普通机床相似，不同的是它能加工形状复杂的零件。这类机床的控制轴数一般不超过三个。

（2）多坐标数控机床

有些形状复杂的零件用三坐标的数控机床还是无法加工，如螺旋桨、飞机曲面零件的加工等。此时需要三个以上坐标的合成运动才能加工出需要的形状，为此出现了多坐标数控机床。多坐标数控机床的特点是数控装置控制轴的坐标数较多，机床结构也比较复杂，现在常用的是4～6坐标的数控机床。

（3）加工中心机床

数控加工中心是在一般数控机床的基础上发展起来的，装备有可容纳几把到几百把刀具的刀库和自动换刀装置。一般加工中心还装有可移动的工作台，用来自动装卸工件。工件经一次装夹后，加工中心便能自动地完成诸如铣削、钻削、攻螺纹、镗削、铰孔等工序。

3. 数控机床的特点

数控机床是一种由数字信号控制其动作的新型自动化机床，现代数控机床常采用计算机进行控制即称为CNC。数控机床是组成自动化制造系统的重要设备。

一般数控机床通常是指数控车床、数控铣床、数控镗铣床等，它们的下述特点对其组成自动化制造系统是非常重要的。

（1）柔性高

数控机床具有很高的柔性。它可适应不同品种和尺寸规格工件的自动加工。当加工零件改变时，只需重新编制数控加工程序和配备所需的刀具，不需要靠模、样板、钻镗模等专用工艺装备。特别是对那些普通机床很难甚至无法加工的精密复杂表面（如螺旋表面），数控机床都能实现自动加工。

（2）自动化程度高

数控程序是数控机床加工零件所需的几何信息和工艺信息的集合。几何信息有走刀路径、插补参数、刀具长度半径补偿值；工艺信息有加工所用刀具信息、主轴转速、进给速度、切削液开/关等。在切削加工过程中，自动实现刀具和工件的相对运动，自动变换切削速度和进给速度，自动开/关切削液，数控车床自动转位换刀。操作者的任务是装卸工件、换刀、操作按键、监视加工过程等。

（3）加工精度高、质量稳定

现代数控机床装备有 CNC 数控装置和新型伺服系统,具有很高的控制精度,普遍达到 $1\mu m$,高精度数控机床可达到 $0.2\mu m$。数控机床的进给伺服系统采用闭环或半闭环控制,对反向间隙和丝杠螺距误差以及刀具磨损进行补偿,因而数控机床能达到较高的加工精度。对中小型数控机床,定位精度普遍可达到 $0.03mm$,重复定位精度可达到 $0.01mm$。数控机床的传动系统和机床结构都具有很高的刚度和稳定性,制造精度也比普通机床高。当数控机床有 3~5 轴联动功能时,可加工各种复杂曲面,并能获得较高精度。由于按照数控程序自动加工,避免了人为的操作误差,因而同一批加工零件的尺寸一致性好,加工质量稳定。

(4)生产效率较高

零件加工时间由机动时间和辅助时间组成,数控机床的机动时间和辅助时间比普通机床明显减少。数控机床主轴转速范围和进给速度范围比普通机床大,主轴转速范围通常为 10~6000r/min,高速切削加工时可达 15000r/min,进给速度范围上限可达为 10~12m/min,高速切削加工进给速度甚至超过 30m/min,快速移动速度超过 30~60m/min。主运动和进给运动一般为无级变速,每道工序都能选用最有利的切削用量,空行程时间明显减少。数控机床的主轴电动机和进给驱动电动机的驱动能力比同规格的普通机床大,机床的结构刚度高,有的数控机床能进行强力切削,有效地减少机动时间。

(5)具有刀具寿命管理功能

构成 FMC 和 FMS 的数控机床具有刀具寿命管理功能,可对每把刀的切削时间进行统计,当达到给定的刀具耐用度时,自动换下磨损刀具,并换上备用刀具。

(6)具有通信功能

现代数控机床一般都具有通信接口,可以实现上层计算机与 CNC 之间的通信,也可以实现几台 CNC 之间的数据通信,同时还可以直接对几台 CNC 进行控制。通信功能是实现 DNC、FMC、FMS 的必备条件。

二、加工中心简介

加工中心通常是指镗铣加工中心,主要用于加工箱体及壳体类零件,工艺范围广。加工中心具有刀具库及自动换刀机构、回转工作台、交换工作台等,有的加工中心还具有交换式主轴头或卧-立式主轴。加工中心目前已成为一类广泛应用的自动化加工设备,它们可作为单机使用,也可作为 FMC、FMS 中的单元加工设备。加工中心有立式和卧式两种基本形式,前者适合于平面类件的单面加工,后者特别适合于大型箱体零件的多面加工。

1. 加工中心的概念和特点

加工中心是一种备有刀库并能按预定程序自动更换刀具,对工件进行多工序加工的高效数控机床。加工中心与普通数控机床的主要区别在于它能在一台机床上完成多台机床上才能完成的工作。

现代加工中心有以下特征:

第一,加工中心是在数控机床的基础上增加自动换刀装置,使工件在一次装夹后,可以自动地、连续地完成对工件表面的多工步加工,工序高度集中。

第二,加工中心一般带有自动分度回转工作台或可自动转角度的主轴箱,从而使工件一次装夹后,自动完成多个表面或多个角度位置的多工序加工。

第三,加工中心能自动改变机床的主轴转速、进给量和刀具相对工件的运动轨迹及其他辅助功能。

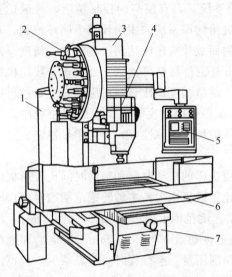

图 3-26　立式镗铣加工中心的组成

1—数控柜；2—刀库和换刀机构；3—立柱；

4—主轴箱；5—操作面板；6—工作

台装置；7—床身

第四，加工中心如果带有交换工作台，工件在工作位置的工作台上进行加工的同时，另外的工件可在装卸位置的工作台上进行装卸，不必停止加工。

由于加工中心的上述特征，故可以大大减少工件装夹、调整和测量时间，使加工中心的切削时间利用率高于普通机床的 3~4 倍，大大提高了生产率；同时避免工件多次定位所产生的累积误差，提高了加工精度。

2. 加工中心的组成

加工中心问世以来，世界各国出现了各种类型的加工中心，它的主要组成部分如图 3-26 所示。

（1）基础部件

基础部件是加工中心的基础结构，由床身、立柱和工作台等组成。它用来承受加工中心的静载荷以及在加工时产生的切削负载，必须具有足够高的静态和动态刚度，通常是加工中心中体积和质量最大的部件。

（2）主轴部件

主轴部件由主轴箱、主轴电动机、主轴和主轴轴承等零件组成。主轴的启停等动作和转速均由数控系统控制，并且通过装在主轴上的刀具进行切削。主轴部件是切削加工的功率输出部件，是影响加工中心性能的关键部件。

（3）数控系统

加工中心的数控部分由 CNC 装置、可编程序控制器、伺服驱动装置以及电动机等部分组成，是加工中心执行顺序控制动作和控制加工过程的中心。

（4）自动换刀系统

自动换刀系统由刀库、机械手等部件组成。当需要换刀时，数控系统发出指令，由机械手（或其他装置）将刀具从刀库中取出并装入主轴孔。刀库有盘式、转塔式和链式等多种形式，如图 3-27 所示，容量从几把到几百把不等。机械手根据刀库和主轴的相对位置及结构不同有单臂、双臂和轨道等形式。有的加工中心不用机械手而直接利用主轴或刀库的移动实现换刀。

（5）辅助装置

辅助装置包括润滑、冷却、排屑、防护、液压、气动和检测系统等部分。这些装置虽然不直接参与切削运动，但对于加工中心的加工效率、加工精度和可靠性起着保障作用，也是加工中心中不可缺少的部分。

（6）自动托盘交换系统

有的加工中心为进一步缩短非切削时间，配有两个自动交换工件的托盘，一个安装在工作台上进行工件加工，另一个则位于工作台外进行工件装卸。当一个工件完成加工后，两个托盘位置自动交换，进行下一个工件的加工，这样可以减少辅助时间，提高加工效率。

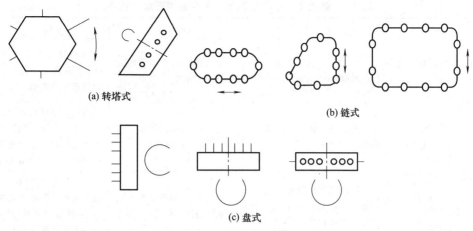

(a) 转塔式　　(b) 链式　　(c) 盘式

图 3-27　加工中心刀库的基本类型

3. 加工中心的分类

根据加工中心的结构和功能，有以下几种分类方式：

（1）按工艺用途分

① 铣镗加工中心。它是在镗、铣床基础上发展起来的，机械加工行业应用最多的一类加工设备。其加工范围主要是铣削、钻削和镗削，适用于箱体、壳体以及各类复杂零件特殊曲线和曲面轮廓的多工序加工，适用于多品种小批量加工。

② 车削加工中心。它是在车床的基础上发展起来的，以车削为主，主体是数控车床，机床上配备有转塔式刀库或由换刀机械手和链式刀库组成的刀库。其数控系统多为 2～3 轴伺服控制，即 X、Z、C 轴，部分高性能车削中心配备有铣削动力头。

③ 钻削加工中心。钻削加工中心的加工以钻削为主，刀库形式以转塔头为多。它适用于中小零件的钻孔、扩孔、铰孔、攻螺纹等多工序加工。

（2）按主轴特征分

① 卧式加工中心。卧式加工中心是指主轴轴线水平设置的加工中心。它一般具有 3～5 个运动坐标，常见的是三个直线运动坐标轴（X、Y、Z）加一个回转运动坐标轴（回转工作台，B 轴）。在 4 个运动轴分配上，4 个相对运动既可以分配给刀具，也可以分配给工件，或者由工件和刀具共同来完成。从目前机床结构看，回转轴一般都由工作台的回转来完成，所以机床的布局主要在 3 个移动轴的分配上。按 3 轴运动实现方式和 3 个运动的分配，卧式加工中心的结构形式主要有 4 个。其移动轴的主要结构形式及特点见表 3-1。它能够在工件一次装夹后完成除安装面和顶面以外的其余四个面的镗、铣、钻、攻螺纹等加工，最适合加工箱体类工件。

卧式加工中心有多种形式，如固定立柱式和固定工作台式，如图 3-28 所示。固定立柱式的卧式加工中心的立柱不动，主轴箱在立柱上做上下移动，而工作台可在水平面上做两个坐标移动；固定工作台式的卧式加工中心的三个坐标运动都由立柱和主轴箱移动来实现，安装工件的工作台是固定不动的（不做直线运动）。

与立式加工中心相比，卧式加工中心结构复杂，占地面积大，质量大，价格高。

② 立式加工中心。立式加工中心是指主轴轴线与工作台垂直设置的加工中心，其结构多为固定立柱式。工作台为十字滑台，适合加工盘类零件。一般具有三个直线运动坐标，并

表 3-1 卧式加工中心移动轴的主要结构形式及特点

三个移动轴		典型产品	应用范围	优缺点
工作台固定、三轴移动均由刀具一侧完成		哈挺公司卧式加工中心 HMC700HPD	加工具有复杂型面的大型、重型壳体件	运动部件质量大、惯性力大，不适合用于过高的进给速度和加速度加工
三轴移动用刀具、工件分别完成	工作台 Z 向移动，立柱托板 X 向移动	迪西公司精密卧式加工中心 DHP80	适合中、小型卧式加工精密机床采用的结构形式	刀具切削处位置位移变化相对较小，移动部件质量小，而且工作台的 Z 轴移动还可以保证 Z 坐标的最大行程
	工作台 X 向移动，立柱托板 Z 向移动	北京机床所精密机电有限公司的 U2000 系列精密卧式加工中心	适合中、小型卧式加工机床采用的结构形式	运动部件的质量虽大，但较恒定，因为刀具质量相对较小，改变刀具时，对运动部件重量变化影响不大
	立柱固定，主轴 X 向移动	德国爱克赛罗公司 XHC241	中、小型卧式加工机床多采用的结构形式	结构的特点是高速，轴快移速度高，且运动精度高

可在工作台上安置一个水平轴的数控转台来加工螺旋线类零件。立式加工中心能完成铣削、镗削、钻削、攻螺纹等工序。立式加工中心最少是三轴二联动，一般可实现三轴三联动，有的可进行五轴、六轴控制。立式加工中心立柱高度是有限的，对箱体类工件加工范围小，这是立式加工中心的缺点。但立式加工中心工件装夹、定位方便；刀具运动轨迹易观察，调试程序检查测量方便，可及时发现问题；切削液能直接到达刀具和加工表面；3 个坐标轴与笛卡尔坐标轴吻合，感觉直观与图样视角一致，切屑易排除和掉落，避免划伤已加工表面。立式加工中心的结构简单、占地面积小、价格低，配备各种附件后，可满足大部分工件的加工，如图 3-29 所示。

图 3-28 卧式加工中心

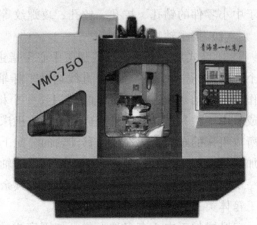

图 3-29 立式加工中心

大型的龙门式加工中心如图 3-30 所示，主轴多为垂直设置，尤其适用于大型或形状复杂的工件。航空、航天工业及大型汽轮机上的某些零件的加工都需要用多坐标龙门式加工中心。

③ 立卧两用加工中心。某些加工中心具有立式和卧式加工中心的功能，工件一次装夹后能完成除安装底面外所有侧面和顶面等五个面的加工，也称五面加工中心（五面加工中心将六面体作为主要加工对象，在一次装夹的情况下就可以自动完成除了底面以外的五个面的

加工，包括铣、镗、钻、攻、铰，必要时的车、磨等多工序连续加工）、万能加工中心或复合加工中心。

常见的五面加工中心有两种形式：一种是主轴可以旋转90°，既可以像立式加工中心那样工作，也可以像卧式加工中心那样工作；另一种是主轴不改方向，而工作台可以带着工件旋转90°，完成对工件五个表面的加工。

五面加工中心的加工方式可以使工件的形位误差降到最低，省去了二次装

图 3-30　大型的龙门式加工中心

夹的工装，从而提高了效率，降低了加工成本。但由于五面加工中心存在着结构复杂、造价高、占地面积大的缺点，所以在使用上不如其他类型的加工中心普遍。如图 3-31 所示为五面加工中心坐标系统示意图。图中 X、Y、Z 表示加工中心的三个直线运动，B、C 分别表示绕 Y 轴与 Z 轴的旋转运动。

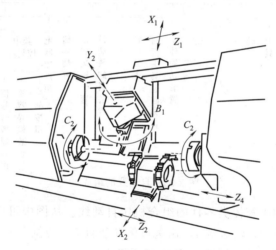

图 3-31　五面加工中心坐标系统示意图

第六节　机械加工自动化生产线

机械加工自动化生产线（简称自动线）是一组用运输机构联系起来的由多台自动机床（或工位）、工件存放装置以及统一自动控制装置等组成的自动加工机器系统。在自动线的工作过程中，工件以一定的生产节拍，按照工艺顺序自动地经过各个工位，不需要工人直接参与操作，自动地完成预定的加工内容。

一、自动线的特征

自动线能减轻工人的劳动强度，并大大地提高劳动生产率，减少设备布置面积，缩短生产周期，缩减辅助运输工具，减少非生产性的工作量，建立严格的工作节奏，保证产品质量，加速流动资金的周转和降低产品成本。自动线的加工对象通常是固定不变的，或在较小

的范围内变化，而且在改变加工品种时要花费许多时间进行人工调整，初始投资较多，因此只适用于大批量的生产场合。

自动线是在流水线的基础上发展起来的，具有较高的自动化程度和统一的自动控制系统，并具有比流水线更为严格的生产节奏等。在自动线的工作过程中，工件以一定的生产节拍，按照工艺顺序自动地经过各个工位，在不需工人直接参与的情况下，自行完成预定的工艺过程，最后成为合乎设计要求的制品。

二、自动线的组成

自动线通常由工艺设备、质量检查装置、控制和监视系统、检测系统以及各种辅助设备等所组成。根据工件的具体情况、工艺要求、工艺过程、生产率要求和自动化程度等因素，自动线的结构及其复杂程度常常有很大的差别。但是其基本部分大致是相同的，如图 3-32 所示。

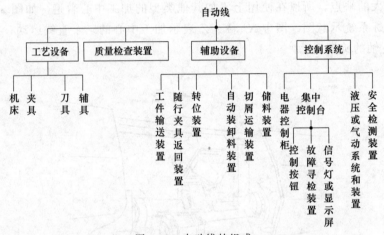

图 3-32　自动线的组成

图 3-33 为常见的加工箱体类零件的组合机床自动线。从图中可以看出，该自动线主要由三台组合机床 1、2 和 3，输送带 4，输送带传动装置 5，转位台 6，转位鼓轮 7，夹具 8，液压站 10，操纵台 11 以及切屑运输装置 9 等所组成。

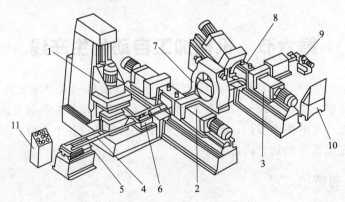

图 3-33　组合机床自动线

1～3—组合机床；4—输送带；5—输送带传动装置；6—转位台；7—转位鼓轮；
8—夹具；9—切屑运输装置；10—液压站；11—操纵台

三、自动线的类型

自动线的类型可从以下三方面分类。

1. 按工件外形和切削加工过程中工件运动状态分类

（1）旋转体工件加工自动线

这类自动线由自动化通用机床、自动化改装的通用机床或专用机床组成，用来加工轴、盘及环类工件。在切削加工过程中工件旋转。完成的典型工艺是：车外圆、车内孔、车槽、车螺纹、磨外圆、磨内孔、磨端面、磨槽等。

（2）箱体、杂类工件加工自动线

这类自动线由组合机床或专用机床组成。在切削过程中工件固定不动，可以对工件进行多刀、多轴、多面加工。完成的典型工艺是：钻孔、扩孔、铰孔、镗孔、铣平面、铣槽、车端面、套车短外圆、加工内外螺纹以及径向切槽等。随着技术的发展，车削、磨削、拉削、仿形加工、珩磨、研磨等工序也纳入了组合机床自动线。

2. 按所用的工艺设备类型分类

（1）通用机床自动线

这类自动线多数是在流水线基础上，利用现有的通用机床进行自动化改装后连成的。其建线周期短、制造成本低、收效快，一般多用来加工盘类、环类、轴、套、齿轮等中小尺寸、较简单的工件。

（2）专用机床自动线

这类自动线所采用的工艺设备以专用自动机床为主。由于专用自动机床是针对某一种（或某一组）产品零件的某一工序而设计制造的，因而建线费用较高。这类自动线主要针对结构比较稳定、生产纲领比较大的产品。

（3）组合机床自动线

用组合机床连成的自动线，在大批量生产中日益得到普遍的应用。由于组合机床本身具有一系列优点，特别是与一般专用机床相比，其设计周期短，制造成本低，而且已经在生产中积累了较丰富的实践经验，因此组合机床自动线能收到较好的使用效果和经济效益。这类自动线在目前大多用于箱体、杂类工件的钻、扩、铰、镗、攻螺纹和铣削等工序。

3. 按设备连接方式分类

（1）刚性连接的自动线

在这类自动线中没有储料装置，机床按照工艺顺序依次排列，工件由输送装置从一个工位传送到下一工位，直到加工完毕。工件的加工和输送过程具有严格的节奏性，当一个工位出现故障时，会引起全线停车。因此，这种自动线采用的机床和辅助设备都要具有良好的稳定性和可靠性。

（2）柔性连接的自动线

在这类自动线中设有必要的储料装置，可以在每台机床之间，也可以相隔若干工位设置储料装置，储备一定数量的工件，当一台机床（或一段）因故障停车时，其上下工位（或工段）的机床在一定时间内可以继续工作。

四、自动线的控制系统

自动线为了按严格的工艺顺序自动完成加工过程，除了各台机床按照各自的工序内容自动地完成加工循环以外，还需要有输送、排屑、储料、转位等辅助设备和装置配合并协调地工作，这些自动机床和辅助设备依靠控制系统连成一个有机的整体，以完成预定的连续的自动工作循环。自动线的可靠性在很大程度上取决于控制系统的完善程度和可靠性。

自动线的控制系统可分为三种基本类型：行程控制系统、集中控制系统和混合控制系统。

行程控制系统没有统一发出信号的主令控制装置，每一运动部件或机构在完成预定的动作后发出执行信号，启动下一个（或一组）运动部件或机构，如此连续下去直到完成自动线的工作循环。由于控制信号一般是利用触点式或无触点式行程开关，在执行机构完成预定的行程量或到达预定位置后发出的，因而称为行程控制系统。行程控制系统实现起来比较简单，电气控制元件的通用性强，成本较低。在自动循环过程中，前一动作没有完成，后一动作就得不到启动信号，因而控制系统本身具有一定的互锁性。但是，当顺序动作的部件或机构较多时，行程控制系统不利于缩短自动线的工作节拍；同时，控制线路电气元件增多，接线和安装会变得复杂。

集中控制系统由统一的主令控制器发出各运动部件和机构顺序工作的控制信号。一般主令控制器的结构原理是在连续或间歇回转的分配轴上安装若干凸轮，按调整好的顺序依次作用在行程开关或液压（或气动）阀上；或在分配圆盘上安装电刷，依次接通电触点以发出控制信号。分配轴每转动一周，自动线就完成一个工作循环。集中控制系统是按预定的时间间隔发出控制信号的，所以也称为"时间控制系统"。集中控制系统电气线路简单，所用控制元件较少，但其没有行程控制系统那样严格的联锁性，后一机构按一定时间得到启动信号，与前一机构是否已完成了预定的工作无关，可靠性较差。集中控制系统适用于比较简单的自动线，在要求互锁的环节上，应设置必要的联锁保护机构。

混合控制系统综合了行程控制系统和集中控制系统的优点，根据自动线的具体情况，将某些要求联锁的部件或机构用行程控制，以保证安全可靠，其余无联锁关系的动作则按时间控制，以简化控制系统。混合控制系统大多在通用机床自动线和专用（非组合）机床自动线中应用。

第七节 柔性制造单元

一、概述

随着对产品多样化、降低制造成本、缩短制造周期和适时生产等需要的日趋迫切，以及以数控机床为基础的自动化技术的快速发展，1967年Molins公司研制出了第一个柔性制造系统（Flexible Manufacturing System，简称FMS）。FMS的产生标志着传统的机械制造行业进入了一个发展变革的新时代，自其诞生以来就显示出强大的生命力。它克服了传统的刚性自动线只适用于大量生产的局限性，表现出了对多品种、中小批量生产制造自动化的适应能力。在以后的几十年中，FMS逐步从实验阶段进入商品化阶段，并广泛应用于制造业的各个领域，成为企业提高产品竞争力的重要手段。FMS是一种在批量加工条件下具有高柔性和高自动化程度的制造系统。它之所以获得迅猛发展，是因为它综合了高效率、高质量及高柔性的特点，解决了长期以来中小批量和中大批量、多品种产品生产自动化的技术难题。在FMS诞生八年之后，出现了柔性制造单元（Flexible Manufacturing Cell，简称FMC），它是 FMS 向大型化、自动化工厂发展时的另一个发展方向——向廉价化、小型化发展的产物。尽管 FMC 可以作为组成 FMS 的基本单元，但由于 FMC 本身具备了 FMS 绝大部分的特性和功能，因此 FMC 可以看作独立的最小规模的 FMS。

柔性制造单元通常由 1~3 台数控加工设备、工业机器人、工件交换系统以及物料运输存储设备构成。它具有独立的自动加工功能，一般具有工件自动传送和监控管理功能，以适应于加工多品种、中小批量产品的生产，是实现柔性化和自动化的理想手段。由于 FMC 的投资比 FMS 小，技术上容易实现，因此它是一种常见的加工系统。

二、柔性制造单元的组成形式

通常 FMC 有两种组成形式：托盘交换式和工业机器人搬运式。

托盘交换式 FMC 主要以托盘交换系统为特征，一般具有 5 个以上的托盘，组成环形回转式托盘库，如图 3-34 所示。托盘支承在环形导轨上，由内侧的环链拖曳而回转，链轮由电动机驱动。托盘的选择和定位，由可编程控制器（PLC）进行控制，借助终端开关、光电编码器来实现托盘的定位检测。这种托盘交换系统具有存储、运送、检测、工件和刀具的归类以及切削状态监视等功能。该系统中托盘的交换由设在环形交换导轨中的液压或电动推拉机构来实现。这种交换首先指的是在加工中心上加工的托盘与托盘系统中备用托盘的交换。如果在托盘系统的另一端再设置一个托具工作站，则这种托盘系统可以通过托具工作站与其他系统发生联系，若干个 FMC 通过这种方式可以组成一条 FMS 线。目前，这种柔性系统正向高柔性、体积小、便于操作的方向发展。

对于回转体零件，通常采用工业机器人搬运的 FMC 形式，如图 3-35 所示。搬运机器人 3 在车削中心和缓冲储料装置（毛坯台 4、成品台 5）之间进行工件的自动交换。工件毛坯及成品到仓库的运输由自动导向小车 6 完成。由于工业机器人的抓取力和抓取尺寸范围的限制，工业机器人搬运式 FMC 主要适用于小件或回转体零件。

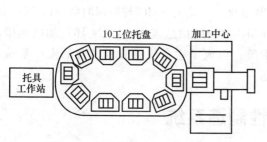

图 3-34　托盘交换式 FMC 示意图

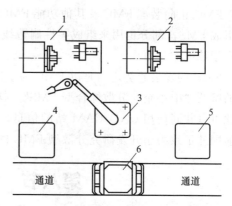

图 3-35　工业机器人搬运式 FMC 示意图
1,2—车削中心；3—搬运机器人；4—毛坯台；
5—成品台；6—自动导向小车

FMC 属于无人化自动加工单元，因此一般都具有较完善的自动检测和自动监控功能，如刀尖位置的检测、尺寸自动补偿、切削状态监控、自适应控制、切屑处理以及自动清洗等功能，其中切削状态的监控主要包括刀具折断或磨损、工件安装错误的监控或定位不准确、超负荷及热变形等工况的监控。当检测出这些不正常的工况时，FMC 便自动报警或停机。

三、柔性制造单元的特点和应用

柔性制造单元具有如下特点：

（1）柔性

柔性制造单元的柔性是指加工对象、工艺过程、工序内容的自动调整性能。加工对象的可调整性即产品的柔性，FMC 能加工尺寸不同、结构和材料亦有差异的"零件族"的所有工件；工艺过程的可调整性包括对同一种工件可改变其工序顺序或采用不同的工序顺序；工序内容的可调整性包括同一工件在同一台加工中心上可采用的加工工步、装夹方式和工步顺序、切削用量的可调整性。

（2）自动化

柔性制造单元使用数控机床进行加工，采用自动输送装置实现工件的自动运输和自动装卸，由计算机对工件的加工和输送进行控制，实现了制造过程的自动化。

（3）加工精度和效率高，质量稳定

柔性制造单元由数控设备构成，所以其具备数控设备的效率高、加工质量稳定和精度高的特点。

（4）同 FMS 相比，FMC 的加工零件更具有针对性

柔性制造单元虽然具有柔性的特点，但由于受其设备数量的限制，设备种类比较少，所以一个柔性制造单元不可能同时具备加工主体结构不同的各类零件的能力。柔性制造单元一般针对某一类零件设计，能够满足该成组零件的加工要求，如轴类零件柔性加工单元和箱体类零件柔性加工单元。柔性制造单元一般用于中小企业成批生产中。

四、柔性制造单元的发展趋势

FMC 正向装配 FMC 及其他功能 FMC 方向发展，为适应组成系统的需要，FMC 不但用来组成 FMS，部分也用来组成柔性制造线，并将从中小批量柔性自动化生产领域向大批量生产领域扩散应用。

FMC 的发展趋势之一是以 FMC 为基础的网络化。它是由 FMC 与局部网络（LAN）组成的所谓"中小企业分散综合型 FMS"。这些 FMC 之间的信息流用"LAN 环"加以连接，因此可以共同使用 CAD/CAM 站的信息、技术等，构成了物和信息有机结合的生产系统。目前国外正致力于开发研究分散型 FMC 的课题。

第八节　柔性制造系统

20 世纪 60 年代以来，随着生活水平的提高，用户对产品的需求向着多样化、新颖化方向发展，传统的适用于大批量生产的自动线生产方式已不能满足企业的要求，企业必须寻找新的生产技术以适应多品种、中小批量的市场需求。同时，计算机技术的产生和发展，CAD/CAM、计算机数控、计算机网络等新技术新概念的出现以及自动控制理论、生产管理科学的发展也为新生产技术的产生奠定了技术基础。在这种情况下，柔性制造技术应运而生。

柔性制造系统作为一种新的制造技术，在零件加工业以及与加工和装配相关的领域都得

到了广泛的应用。

一、柔性制造系统的定义和组成

柔性制造系统（FMS）是在计算机统一控制下，由自动装卸与输送系统将若干台数控机床或加工中心连接起来构成的一种适合于多品种、中小批量生产的先进制造系统。图 3-36 是一个典型的柔性制造系统示意图。

由上述定义可以看出，FMS 主要由三个子系统组成：

（1）加工系统

加工系统是 FMS 的主体部分，主要用于完成零件的加工。加工系统一般由两台以上的数控机床、加工中心以及其他的加工设备构成，包括清洗设备、检验设备、动平衡设备和其他特种加工设备等。加工系统的性能直接影响着 FMS 的性能，加工系统在 FMS 中是耗资最多的部分。

（2）物流系统

该系统包括运送工件、刀具、夹具、切屑及冷却润滑液等加工过程中所需"物流"的搬运装置、存储装置和装卸与交换装置。搬运装置有传送带、轨道小车、无轨小车、搬运机器人、上下料托盘等；存储装置主要由设置在搬运线始端或末端的自动仓库和设在搬运线内的缓冲站构成，用以存放毛坯、半成品或成品；装卸与交换装置负责 FMS 中物料在不同设备或不同工位之间的交换或装卸，常见的装卸与交换装置有托盘交换器、换刀机械手、堆垛机等。

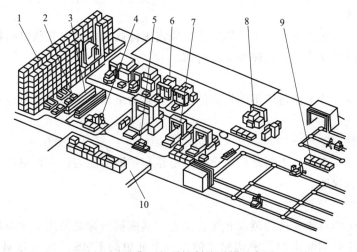

图 3-36　典型的柔性制造系统示意图

1—自动化仓库；2—仓库进出站；3—托盘交换站；4—检验机器人；5—自动导向小车；
6,7—加工中心；8—磨床；9—装配站；10—计算机控制室

（3）控制和管理系统

FMS 的控制与管理系统实质是实现 FMS 加工过程、物料流动过程的控制、协调、调度、监测和管理的信息流系统，由计算机、工业控制机、可编程序控制器、通信网络、数据库和相应的控制与管理软件构成，是 FMS 的神经中枢，也是各子系统之间的联系纽带。

二、系统柔性的概念

柔性的概念可以表现在两个方面：一是指系统适应外部环境变化的能力，可采用系统所

能满足新产品要求的程度来衡量；二是指系统适应内部变化的能力，可采用在有干扰（如各种机器故障）的情况下系统的生产率与无干扰情况下的生产率期望之比来衡量。

FMS 与传统的单一品种自动生产线（相对而言，可称之为刚性自动生产线，如由机械式、液压式自动机床或组合机床等构成的自动生产线）的不同之处主要在于它具有柔性。一般认为，柔性在 FMS 中占有相当重要的位置，一个理想的 FMS 应具备多方面的柔性。

（1）设备柔性

指系统中的加工设备具有适应加工对象变化的能力。其衡量指标是当加工对象的类、族、品种变化时，加工设备所需刀、夹、辅具的准备和更换时间，硬、软件的交换与调整时间，加工程序的准备与调校时间等。

（2）工艺柔性

指系统能以多种方法加工某一族工件的能力。工艺柔性也称加工柔性或混流柔性，其衡量指标是系统不采用成批生产方式而同时加工的工件品种数。

（3）产品柔性

指系统能够经济而迅速地转换到生产一族新产品的能力。产品柔性也称反应柔性。衡量产品柔性的指标是系统从加工一族工件转向加工另一族工件时所需的时间。

（4）工序柔性

指系统改变每种工件加工工序先后顺序的能力。其衡量指标是系统以实时方式进行工艺决策和现场调度的水平。

（5）运行柔性

指系统处理其局部故障，并维持继续生产原定工件族的能力。其衡量指标是系统发生故障时生产率的下降程度或处理故障所需的时间。

（6）批量柔性

指系统在成本核算上能适应不同批量的能力。其衡量指标是系统保持经济效益的最小运行批量。

（7）扩展柔性

指系统能根据生产需要方便地模块化进行组建和扩展的能力。其衡量指标是系统可扩展的规模大小和难易程度。

（8）生产柔性

指系统适应生产对象变换的范围和综合能力。其衡量指标是前述 7 项柔性的总和。

上述各种柔性是相互影响、密切相关的，一个理想的 FMS 系统应该具备所有的柔性。柔性制造系统的柔性体现在运行时间上，可用下式评价，即

$$F = \frac{t_w}{t_w + t_p}$$

式中，F 为系统柔性；t_w 为系统工作时间，min；t_p 为系统调整时间（min），$t_p = \sum\limits_{i=1}^{n} t_{pi}$，其中 t_{pi} 是第 i 次调整时间（min），n 是在一个较长的运行时期内调整的总次数。

从功能上说，一个柔性制造系统柔性越强，其加工能力和适应性就越强。但过度的柔性会大大地增加投资，造成浪费。所以在确定系统的柔性前，必须对系统的加工对象（包括产品变动范围、加工对象规格、材料、精度要求范围等）作科学的分析，确定适当的柔性。

三、柔性制造系统的特点和应用

柔性制造系统的主要优点表现在：

（1）设备利用率高

由于采用计算机对生产进行调度，一旦有机床空闲，计算机便分配给该机床加工任务。在典型情况下，采用柔性制造系统中的一组机床所获得的生产量是单机作业环境下同等数量机床生产量的 3 倍。

（2）减少生产周期

由于零件集中在加工中心上加工，减少了机床数和零件的装卡次数。采用计算机进行有效的调度也减少了周转的时间。

（3）具有维持生产的能力

当柔性制造系统中的一台或多台机床出现故障时，计算机可以绕过出现故障的机床，使生产得以继续。

（4）生产具有柔性

可以响应生产变化的需求，当市场需求或设计发生变化时，在 FMS 的设计能力内，不需要系统硬件结构的变化，系统具有制造不同产品的柔性。并且，对于临时需要的备用零件可以随时混合生产，而不影响 FMS 的正常生产。

（5）产品质量高

FMS 减少了卡具和机床的数量，并且卡具与机床匹配得当，从而保证了零件的一致性和产品的质量。同时自动检测设备和自动补偿装置可以及时发现质量问题，并采取相应的有效措施，保证了产品的质量。

（6）加工成本低

FMS 的生产批量在相当大的范围内变化，其生产成本是最低的。它除了一次性投资费用较高外，其他各项指标均优于常规的生产方案。

柔性制造系统的主要缺点是：①系统投资大，投资回收期长；②系统结构复杂，对操作人员的要求高；③复杂的结构使得系统的可靠性降低。

柔性制造技术是一种适用于多品种、中小批量生产的自动化技术。从原则上讲，FMS 可以用来加工各种各样的产品，不局限于机械加工和机械行业，而且随着技术的发展，应用的范围会愈来愈广。下面从产品类型、零件类型、材料以及年产量对 FMS 的使用范围作简要分析。

目前 FMS 主要用于生产机床、重型机械、汽车、飞机和工业产品等。从加工零件的类型来看，大约 70% 的 FMS 用于箱体类的非回转体的加工，而只有 30% 左右的 FMS 用于回转体的加工，其主要原因在于非回转体零件在加工平面的同时，往往可以完成钻、镗、扩、铰、铣和螺纹加工，而且比回转体容易装载和输送，容易获得所需的加工精度。

由于 FMS 要实现某一水平的"无人化"生产，于是，切屑处理就是一个很大的问题。所以大约有一半的系统是加工切屑处理比较容易的铸铁件，其次是钢件和铝件，加工这三种材料的 FMS 占总数的 85%～90%。通常在同一系统内加工零件的材料种类都比较单一，如果加工零件材料的种类过多，会对系统在刀具的更换和各种切削参数的选择方面提出更高的要求，使系统变得复杂。

一般在制造系统中，要提高生产效率，其柔性就要下降，两者是矛盾的。如图 3-37 所示，该图表示了 FMS 在各种加工方式中所处的地位。从图 3-37 中可见，FMS 加工零件的品种数为 4～100 种，实际情况现已扩大到 3～200 种之间。

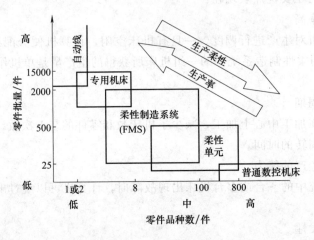

图 3-37　FMS 的适应范围

FMS 的年产量一般为 200～2500 件，属于中等批量生产。对大批量生产的产品就目前的柔性制造技术水平来看，还不适宜于使用柔性制造系统。

第九节　自动线的辅助设备

在自动化制造过程中，为了提高自动线的生产效率和零件的加工质量，除了采用高柔性、高精度及高可靠性的加工设备和先进的制造工艺外，零件的运储、翻转、清洗、去毛刺及切屑和切削液的处理也是不可缺少的工序。零件在检验、存储和装配前必须要清洗及去毛刺；切屑必须随时被排除、运走并回收利用；切削液的回收、净化和再利用，可以减少污染，保护工作环境。有些自动化制造系统（Automatic Manufacturing System，AMS）集成有清洗站和去毛刺设备，实现清洗及去毛刺自动化。

一、清洗站

清洗站有许多种类、规格和结构，但是一般按其工作是否连续分为间歇式（批处理式）和连续通过式（流水线式）。批处理式清洗站用于清洗质量和体积较大的零件，属中小批量清洗，流水线式清洗站用于零件通过量大的场合。

批处理式清洗站有倾斜封闭式清洗站、工件摇摆式清洗站和机器人式清洗站。机器人式清洗站是用机器人操作喷头，工件固定不动。有些大型批处理式清洗站内部有悬挂式环形有轨车，工件托盘安放在环形有轨车上，绕环形轨道做闭环运行。流水线式清洗站用辊子传送带运送工件；零件从清洗站的一端送入，在通过清洗站的过程中被清洗，在清洗站的另一端送出；再通过传送带与托盘交接机构相连接，进入零件装卸区。

有些 AMS 不使用专门的清洗设备，切削加工结束后，在机床加工区用高压切削液冲洗工件、夹具，用压缩空气通过主轴孔吹去残留的切削液。这种方法节省清洗站的投资、零件搬运和等待时间，但零件清洗占用机床切削加工时间。

二、去毛刺设备

以前去毛刺一直是由手工进行的，是重复的、繁重的体力劳动。最近几年出现了多种去毛刺的新方法，可以减轻人的体力劳动，实现去毛刺自动化。最常用的方法有：机械法、振动法、喷射法、热能法、电化学法等。

1. 机械法去毛刺

机械法去毛刺包括在 AMS 中使用工业机器人，机器人手持钢丝刷、砂轮或油石打磨毛刺。打磨工具安放在工具存储架上，根据不同零件和去毛刺的需要，机器人可自动更换打磨工具。

在很多情况下，通用机器人不是理想的去毛刺设备，因为机器人关节臂的刚度和精度不够，而且许多零件要求对其不同的部位采用不同的去毛刺方法。

机械去毛刺常用的工具有砂带、金属丝刷、塑料刷、尼龙纤维刷、砂轮、油石等。

2. 振动法去毛刺

振动法去毛刺适用于清除小型回转体或棱体零件的毛刺。零件分批装入一个筒状的大容器罐内，用陶瓷卵石作为介质，卵石大小因零件类型、尺寸和材料而异。盛有零件的容器罐快速往复振动，在陶瓷介质中搅拌零件，去毛刺和氧化皮。振动强烈程度可以改变，猛烈地搅拌用于恶劣型毛刺，柔缓地搅拌用于精密零件的打磨和研磨。

振动去毛刺法包括：回转滚筒法、振动滚筒法、离心滚筒法、涡流滚筒法、旋磨滚筒法、往复槽式法、磨料流动槽式法、摇动滚筒法、液压振动滚筒法、磨料流去毛刺法、电流变液去毛刺法、磁流变液去毛刺法、磁力去毛刺法等。这些方法原理上也属于机械法去毛刺的范畴。

3. 喷射法去毛刺

喷射法去毛刺是利用一定的压力和速度将去毛刺介质喷向零件，以达到除毛刺的效果。喷射法去毛刺包括：水平喷射去毛刺、喷丸去毛刺、抛丸去毛刺、气动磨料流去毛刺、液体珩磨去毛刺、浆液喷射去毛刺、低温喷射去毛刺等。严格地讲，喷射法去毛刺也属于机械去毛刺的范畴。

4. 热能法去毛刺

热能法去毛刺是用高温除毛刺和飞边。将需去毛刺的零件放在坚固的密封室内，然后送入一定份量的、经充分混合的、具有一定压力的氢气和氧气，经火花塞点火后，混合气体瞬时爆炸，放出大量的热，瞬时温度高达 3300℃ 以上，毛刺或飞边燃烧成火焰，立刻被氧化并转化为粉末，前后经历时间 25～30s，然后用溶剂清洗零件。

热能法去毛刺的优点是能极好地除去零件所有表面上的多余材料，即使是不易触及的内部凹入部位和孔相贯部位也不例外。热能法去毛刺适用零件范围宽，包括各种黑色金属和有色金属。

5. 电化学法去毛刺

电化学法去毛刺是通过电化学反应将工件上的材料溶解到电解液中，对工件去毛刺或成形。与工件型腔形状相同的电极工具作为负极，工件作为正极，直流电流通过电解液。电极工具进入工件时，工件材料超前电极工具被溶解。通过调节电流来控制去毛刺和倒棱，材料去除率与电流大小有关。

电化学法去毛刺的过程慢，优点是电极工具不接触工件，无磨损，去毛刺过程中不产生热量，因此不引起工件热变形和机械变形。因而，高硬度材料非常适合用电化学法。

三、工件输送装置

工件输送装置是自动线中最重要的辅助设备，它将被加工工件从一个工位传送到下一个工位，为保证自动线按生产节拍连续地工作提供条件，并从结构上把自动线的各台自动机床联系成为一个整体。

工件输送装置的形式与自动线工艺设备的类型和布局、被加工工件的结构和尺寸特性以及自动线工艺过程的特性等因素有关，因而其结构形式也是多样的。在加工某些小型旋转体零件（例如盘状、环状零件，圆柱滚子，活塞销，齿轮等）的自动线中，常采用输料槽作为基本输送装置。输料槽有利用工件自重输送和强制输送两种形式。自重输送的输料槽又称滚道，不需要其他动力源和特殊装置，因而结构简单。对于小型旋转体工件，大多采用以自重滚送的办法实现自动输送。对于体积较大和形状复杂的零件，可以采用各种输送机械进行强制输送。

四、自动线上的夹具

自动线上所采用的夹具，可归纳为两种类型，即固定式夹具与随行式夹具。固定式夹具即附属于每一加工工位，不随工件输送而移动的夹具，固定安装于机床的某一部件上，或安装于专用的夹具底座上。这类夹具亦分为两种类型：一种是用于钻、镗、铣、攻螺纹等加工的夹具，在加工过程中固定不动；另一种是工件和夹具在加工时尚需做旋转运动。前者多用于箱体、壳体、盖、板等类型的零件加工或组合机床自动线中，后者多用于旋转体零件的车、磨、齿形加工等自动线中。

随行式夹具为随工件一起输送的夹具，适用于缺少可靠的输送基面、在组合机床自动线上较难用输送带直接输送的工件。此外，对于有色金属工件，如果在自动线中直接输送时其基面容易磨损，也须采用随行夹具。

五、转位装置

在加工过程中，工件有时需要翻转或转位以改换加工面。在通用机床或专用机床自动线中加工中、小型工件时，其翻转或转位常常在输送过程或自动上料过程中完成。在组合机床自动线中，则需设置专用的转位装置。这种装置可用于工件的转位，也可以用于随行夹具的转位。

六、储料装置

为了使自动线能在各工序的节拍不平衡的情况下连续工作较长的时间，或者在某台机床更换调整刀具或发生故障而停歇时，保证其他机床仍能正常工作，必须在自动线中设置必要的储料装置，以保持工序间（或工段间）具有一定的工件储备量。

储料装置通常可以布置在自动线的各个分段之间，也有布置在每台机床之间的。对于加工某些小型工件或加工周期较长的工件的自动线，工序间的储备量常建立在连接工序的输送设备（例如输料槽、提升机构及输送带）上。根据被加工工件的形状大小、输送方式及要求的储备量的大小不同，储料装置的结构形式也不相同。

七、排屑装置

在切削加工自动线中，切屑源源不断地从工件上流出，如不及时排除，就会堵塞工作空间，使工作条件恶化，影响加工质量，甚至使自动线不能连续地工作。因此将切屑从加工地点排除，并将它收集起来运离自动线外，是一个不容忽视的问题。

第十节　长叉轴自动化加工生产线实例

万向传动轴在前转向驱动桥中的应用保证了轮式拖拉机能够在行驶过程中同时实现转向和传递转矩的功能，是转向驱动桥不可或缺的组成部分。万向传动轴主要由长叉轴、十字轴、双联叉、短叉轴等构成，如图 3-38 所示。下面以万向传动轴的主要零件长叉轴为例简要介绍长叉轴自动化加工生产线。该生产线完成长叉轴淬火后的加工工序，其中包括磨外圆、钻孔、镗孔、切槽及平端面等。

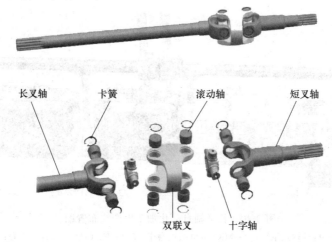

图 3-38　万向传动轴及传动轴结构

一、长叉轴加工工艺

图 3-39 为长叉轴的零件图（图中未标注形位公差要求），材料可选用 42CrMo，一般对花键部分与轴承安装轴颈处采用中频感应淬火。在大批量生产中，淬火完成后一般分三道工序用数控设备对其完成加工。第一道工序：在数控磨床上采用顶尖将工件夹紧磨 $\phi 35^{+0.018}_{-0.002}$ 与 $\phi 40$ 外圆。第二道工序：在立式加工中心上完成 $\phi 32^{+0.033}_{+0.017}$ 孔的钻孔与镗孔加工。第三道工序：在立式加工中心上完成 $\phi 33.70^{+0.25}_{0}$ 沟槽的加工及平两侧端面，保证尺寸 $106^{+0.50}_{0}$。

根据加工工艺特点，第一道工序可采用外圆磨削机床，第二道与第三道工序可采用带刀库的加工中心。

二、长叉轴加工生产线

图 3-40 为长叉轴自动化加工生产线布置图。该生产线包括链板输送系统、桁架机械手

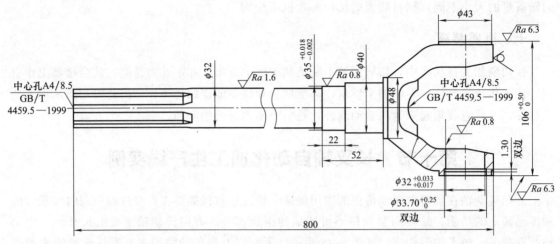

图 3-39 长叉轴零件图

系统及加工设备三大部分。

图 3-40 长叉轴自动化加工生产线布置图

1—链板输送系统；2—MKS1620 数控磨床；3,4—F500/50 立式加工中心；

5,6—桁架机械手；7—桁架

链板输送系统用于将工件不断地输送到桁架下方，为桁架机械手提供物料，同时在输送系统上设置物料探测传感器，以保证加工过程的正常进行。在链板输送系统起始端需要人工将长叉轴放到输送板上方进行定位，可采用 V 形块、定位平板及定位销进行定位，如图 3-41 所示。

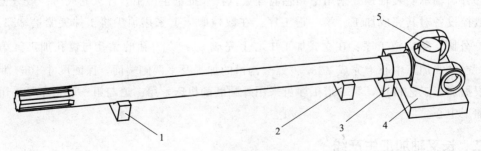

图 3-41 长叉轴定位示意图

1~3—V 形块；4—定位平板；5—定位销

　　桁架机械手系统的作用是将链板输送系统上面的待加工长叉轴抓取后根据工艺要求沿桁架输送到相应加工机床及将加工过的工件输送到下一工位进行加工或下料。这里需要注意的是采用了两台桁架机械手，其目的是提高效率，如桁架机械手 5 与 6 同时运行到链板输送系统上方，机械手 6 将待加工工件抓起，两台机械手同时运动到 MKS1620 磨床上方，此时可以采用桁架机械手 5 将已磨削完成工件取下，而机械手 6 则可将取来待磨削长叉轴安装到磨床上进行加工。

　　加工设备的作用是完成长叉轴上相应的加工工艺内容。在加工设备的选择上，考虑到加工批量较大，全部选用自动化程度较高的数控机床。在轴承安装处外圆的磨削（第一道工序）上，采用高速端面外圆磨床，同时为了适应大批量生产的要求，需配备主动式测量仪，在加工的同时完成自动测量，保证加工工件尺寸的一致性；在第二道工序与第三道工序的加工上，由于要采用多把刀具完成加工，因此在设备的选择上考虑采用加工中心，实现工件的一次装夹，多刀多面加工。综合以上要求，最终确定数控高速端面外圆磨床 MKS1620 加工第一道工序，第二道与第三道工序采用 HYUNDAI F500/50 立式加工中心来完成。

复习思考题

3-1　自动化加工设备分为哪几类？各有何特点？

3-2　自动化加工有哪些辅助设备？

3-3　什么是自动化加工设备的布局形式？其布局形式有哪几种？

3-4　柔性制造系统有哪几种布置原则？

3-5　自动化加工设备有什么特殊要求？是如何实现的？

3-6　影响加工精度的因素有哪些？

3-7　实现单机自动化的方法有哪些？

3-8　试述数控机床的特点及其构成。

3-9　试述加工中心的特点、构成及分类。

3-10　试述自动化生产线的定义、特征、类型及组成。

3-11　什么是 FMC 和 FMS？各有何特点？

3-12　试述 FMS 的硬件构成。

3-13　试述去毛刺方法及其相应方法的应用范围。

3-14　试分析刚性自动化生产线和柔性制造系统的异同。

第四章

物料供输自动化

在自动化制造系统中，伴随着制造过程的进行，贯穿着各种物料的流动。物流系统是机械制造系统的重要组成部分，它将制造系统中的物料（如毛坯、半成品、成品、工夹具等）及时准确地送到指定加工位置、仓库或装卸站。物流系统的自动化是当前制造企业追求的目标，现代物流系统是在全面信息集成和高度自动化环境下，以制造工艺过程的知识为依据，高效、合理地利用全部储运装置将物料准时、准确和保质地运送到位。

第一节　物流系统的组成及分类

在制造业中，原材料从入厂，经过冷热加工、装配、检验、油漆及包装等各个生产环节，到产品出厂，机床作业时间仅占 5％，工件处于等待和传输状态的时间占 95％。其中物料传输与存储费用占整个产品加工费用的 30％～40％，因此对物流系统的优化有助于降低生产成本、压缩库存、加快资金周转、提高综合经济效益。

一、物流系统及其功用

物流是物料的流动过程。物流按其物料性质不同，可分为工件流、工具流和配套流三种。其中工件流由原材料、半成品、成品构成；工具流由刀具、夹具构成；配套流由托盘、辅助材料、备件等构成。在制造系统中，各种物料的流动贯穿于整个制造过程。

在自动化制造系统中，物流系统是指工件流、工具流和配套流的移动与存储，它主要完成物料的存储、输送、装卸、管理等功能。

① 存储功能。在制造系统中，有许多工件处于等待状态，即不处在加工和处理状态，它主要完成物料的存储和缓存。

② 输送功能。完成工件在各工位之间的传输，满足工件加工工艺过程和处理顺序的要求。

③ 装卸功能。实现加工设备及辅助设备上下料的自动化，以提高劳动生产率。

④ 管理功能。物料在输送过程中是不断变化的，因此需对物料进行有效的识别和管理。

二、物流系统的组成和分类

物流供输系统的组成及分类如图 4-1 所示。

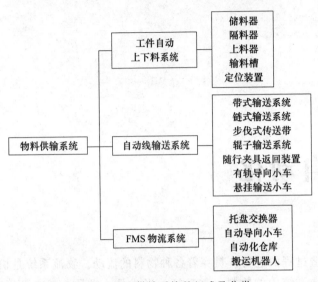

① 工件自动上下料系统。完成刚性自动化生产线中机床的自动上下料任务及物料的存储与输送；由储料器、隔料器、上料器、输料槽、定向定位装置等组成。

② 自动线输送系统。完成自动线上物料输送任务，由各种连续输送机、悬挂输送系统、有轨导向小车及随行夹具返回装置等组成。

③ FMS 物流系统。完成 FMS 物料的传输，由托盘交换器、自动导向小车、搬运机器人、自动化仓库等组成。

图 4-1　物流供输系统的组成及分类

三、物流系统应满足的要求

① 应实现可靠、无损伤和快速的物料流动；
② 应具有一定的柔性，即灵活性、可变性和可重组性；
③ 实现"零库存"生产目标；
④ 采用有效的计算机管理，提高物流系统的效率，减少建设投资；
⑤ 物流系统应具有可扩展性、人性化和智能化。

第二节　工件自动上下料系统

一、概述

自动化生产线中的工件自动上下料系统由自动供料装置、装卸站、工件传送系统和机床工件交换装置等部分组成。按原材料或毛坯形式的不同，自动供料装置一般可分为卷料供料装置、棒料供料装置和件料供料装置三大类。前两类自动供料装置多属于冲压机床和专用自动机床的专用部件。件料自动供料装置，一般可以分为料仓式供料装置和料斗式供料装置两种形式。装卸站是不同自动化生产线之间的桥梁和接口，实现自动化生产线上物料的输入和输出功能。工件传送系统实现自动线内部不同工位之间或不同工位与装卸站之间工件的传输与交换功能，其基本形式有链式输送系统、辊式输送系统、带式输送系统。机床工件交换装置主要指各种上下料机械手及机床自动供料装置，其作用是将输料道来的工件通过上料机械手安装于加工设备上，加工完毕后，通过下料机械手取下，放置在输料槽上输送到下一个工位。

二、自动供料装置

自动供料装置一般由储料器、输料槽、定向定位装置和上料器组成。储料器储存一定数量的工件，根据加工设备的需求自动输出工件，经输料槽和定向定位装置传送到指定位置，再由上料器将工件送入机床加工位置。储料器一般设计成料仓式或料斗式。料仓式储料器需人工将工件按一定方向摆放在仓内，料斗式储料器只需将工件倒入料斗，由料斗自动完成定向。料仓或料斗一般储存小型工件，对于较大的工件可采用机械手或机器人来完成供料过程。

对供料装置的基本要求是：

① 供料时间应尽可能少，以缩短辅助时间和提高生产率；

② 供料装置结构尽可能简单，供料稳定可靠；

③ 供料时避免大的冲击，防止供料装置损伤工件；

④ 供料装置要有一定的适用范围，以适应不同类型、不同尺寸的工件要求；

⑤ 满足一些工件的特殊要求。

1. 料仓

料仓的作用是储存工件。根据工件的形状特征、储存量的大小以及与上料机构的配合方式的不同，料仓具有不同的结构形式。由于工件的重量和形状尺寸变化较大，料仓结构设计没有固定模式，一般我们把料仓分成自重式和外力作用式两种结构，如图 4-2 所示。图 4-2（a）和（b）是工件自重式料仓，它结构简单，应用广泛。图 4-2（a）将料仓设计成螺旋式，可在不加大外形尺寸的条件下多容纳工件，同时增大工件下滑的摩擦力，减小冲击；图 4-2（b）将料仓设计成料斗式，它设计简单，但料仓中的工件容易形成拱形面而阻塞出料口，一般应设计拱形消除机构。图 4-2（c）～（h）为外力作用式料仓。图 4-2（c）为重锤垂直压送式料仓，它适合易与仓壁黏附的小零件；图 4-2（d）为重锤水平压送式料仓；图 4-2（e）为扭力弹簧压送工件的料仓；图 4-2（f）为利用工件与平带间的摩擦力供料的料仓；图 4-2（g）为链条传送工件的料仓，链条可连续或间歇传动；图 4-2（h）为利用同步齿形带传送的料仓。

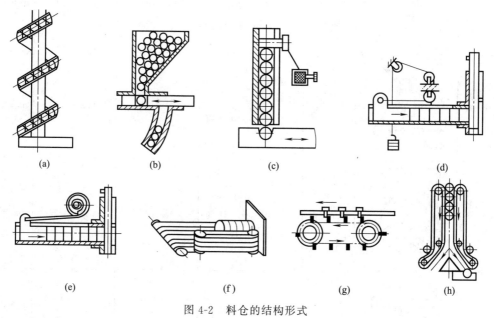

(a)　　　　(b)　　　　(c)　　　　(d)

(e)　　　　(f)　　　　(g)　　　　(h)

图 4-2　料仓的结构形式

2. 拱形消除机构

拱形消除机构一般采用仓壁振动器。仓壁振动器使仓壁产生局部、高频微振动，破坏工件间的摩擦力和工件与仓壁间的摩擦力，从而保证工件连续地由料仓中排出。振动器振动频率一般为 1000～3000 次/min。当料仓中物料搭拱处的仓壁振幅达到 0.3mm 时，即可达到破拱效果。在料仓中安装搅拌器也可消除拱形堵塞。

3. 料斗装置和自动定向方法

料斗上料装置带有定向机构，工件在料斗中自动完成定向。但并不是所有工件在送出料斗之前都能完成定向的。这些没有定向的工件在料斗出口处被分离，返回料斗重新定向，或由二次定向机构再次定向。因此料斗的供料率会发生变化。为了保证正常生产，应使料斗的平均供料率大于机床的生产率。表 4-1 给出了几种典型的料斗机构及其自动定向方法，其结构设计主要依据工件特征（如几何形状、尺寸、重心位置等），选择合适的定向方式，然后确定料斗的形式。常用的工件自动定向方法分为机械式定向方法和振动式定向方法，相应的料斗装置为机械传动式料斗装置和振动式料斗装置。

表 4-1 典型料斗机构及其自动定向方法

机构名称	简图	定向方式	适用工件/mm l—长度；d—直径；h—厚度；t—壁厚；b—宽度	技术特性 最大供料率 Q/(件/min)	定向机构最高速度 v/(m/s)	上料系数 K
1. 往复单推板式料斗		缝隙定向	$d=4\sim12,l<120$ 的带肩小轴，螺钉，铆钉 $d<15,l<50$ 的光轴 $h=3\sim15,d<40$ 的盘类 M20 以下的螺母	$40\sim60$	$0.3\sim0.5$	$0.3\sim0.5$
2. 往复管式料斗		管子定向	$d<15,l=(1.1\sim1.25)d$ 的短轴及套 $d>20$ 的球	$80\sim100$	$0.2\sim0.4$	$0.4\sim0.6$
3. 往复半管式料斗		管子定向	$d<3,\dfrac{l}{d}>5$ 的杆类 $0.8<\dfrac{l}{d}<1.4$ 的短轴	$80\sim100$	$0.2\sim0.5$	$0.3\sim0.5$
4. 回转转盘销子式料斗		销子定向	$d=8\sim20,l<90$ $t>0.3,\dfrac{l}{d}>1$ 的套及管状工件	$60\sim70$	$0.15\sim0.25$	$0.3\sim0.5$
5. 回转摩擦盘式料斗		型孔定向	$d<30,\dfrac{h}{d}<1$ 盘类、环类 $d<30,l<30$ 的轴	$100\sim1000$	$0.5\sim1$	$0.2\sim0.6$

（1）机械传动式料斗装置

料斗式上料装置具有自动定向机构，能实现装料过程完全自动化。机械传动料斗装置的定向方法有抓取法、槽隙定向法、型孔选取法和重心偏移法等。

抓取法定向利用运动的定向机构抓取工件的某些表面，如孔、槽等，使之从成堆的杂乱工件中分离出来，并定向排列。图 4-3 所示的带式料斗，适用于碗状、盖状和环状零件的自动定向。装有销子 4 的链带 1 在连续运动时，堆在料斗 3 中的工件被销子 4 挂住，依次送入输送槽 5，当槽 5 中料满时，销子 4 仍带工件挤入槽 5，槽上弯曲部分的弹簧盖门 6 被打开，多余的工件落入外料箱。

用槽隙法定向的料斗装置中，利用专用的定向机构搅动工件，使工件在不停的运动中落入沟槽或缝隙实现定向。定向机构可以做直线往复运动、摆动运动或回转运动。

用型孔选取法定向的料斗装置中，利用定向机构上一定形状和尺寸的孔对工件进行筛选，只有位置和截面适应于型孔的工件才能落入孔中而获得定向。这种定向机构大多做连续的回转运动。表 4-1 中序号 3 所示的是往复半管式料斗的机构原理，常用于短轴和细杆类工件的自动上料。

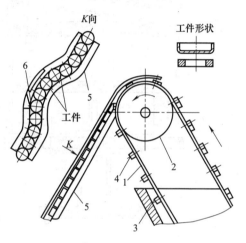

图 4-3 带式料斗
1—链带；2—链轮；3—料斗；4—销子；
5—输送槽；6—弹簧盖门

用重心偏移法定向的料斗装置适用于在轴线方向重心偏移的工件，使重端倒向一个方向。

（2）振动式料斗装置

振动式料斗装置的工作原理是借助于电磁力-弹簧系统产生的微小振动，依靠惯性力和摩擦力的综合作用驱使工件向前运动，并在运动中自动定向。

这种料斗装置的优点是：

① 送料和定向过程中没有机械搅拌、撞击，因而工作平稳。

② 结构简单。

③ 送料速度可以较方便地调节，振动送料的过程可以同时用于工件的输送和提升。

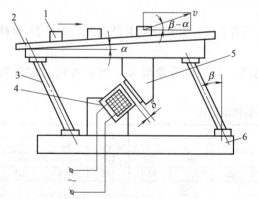

图 4-4 振动送料的工作原理
1—工件；2—滑道；3—板簧；
4—线圈；5—衔铁；6—底座

这种料斗在使用中的缺点和局限性是：

① 工作时噪声大，对尺寸较大的工件不适用。

② 当工件表面有油污或料道上有灰尘、切屑时，将显著影响送料速度和工作效果。

图 4-4 是振动送料的工作原理示意图。滑道 2 用板簧 3 支承在底座 6 上，电磁铁的铁芯和线圈 4 固定在底座 6 上，衔铁 5 固定在滑道 2 的底部，滑道 2 与水平面呈很小角度 α（$1°\sim6°$），板簧 3 与铅垂面成 β（$10°\sim25°$）角。当以工频交流电通入线圈后，在电流从零到最大的 1/4 周期内，吸力增大，滑道被吸向左；而当电流从最大

逐渐回零时，吸力减少至零，滑道在板簧作用下向右运动。由此滑道不断产生往复运动，在工件的惯性力和摩擦力作用下，处于滑道上的工件 1 便产生自左向右、由低向高的运动。

实际应用的多数是圆盘式振动料斗。料槽做成螺旋形，往复振动变成扭转振动。图 4-5 所示为圆盘式振动料斗。与直槽式上料原理一样，工件受到扭振作用，沿螺旋槽一步步向上运动，直到顶部出料口。振动料斗的技术数据见表 4-2。

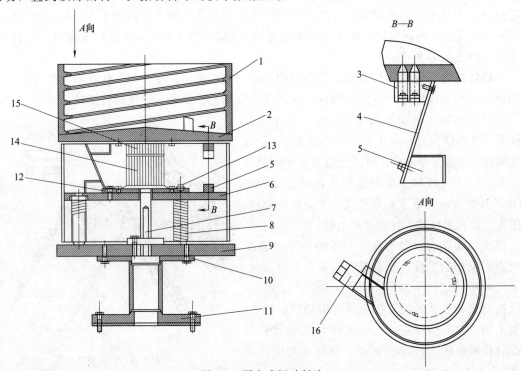

图 4-5 圆盘式振动料斗

1—料盘；2—盘底；3,5—连接块；4—板弹簧；6—底盘；7—导向杆；8—螺旋弹簧；

9,10,12—支承盘；11—底座；13—螺钉；14—铁芯和线圈；15—衔铁；16—出料槽

振动料斗的定向方法，一般是根据工件的形状特征和定向要求，在螺旋料槽的最上一圈处，安装一些剔除件，或将某段料槽开出缺口、槽形及斜面，将不符合定向要求的工件剔除。

圆盘式振动料斗应尽量做得轻巧些。一般用铸铝制成整体式结构，再车出螺旋料道。对于大中型料斗也可用铸钢板拼焊而成。

圆盘类振动料斗的主要结构参数是螺旋料道的升角 α、升距 t、中径 D_m、外径 D 和料盘盘底的中凸角 θ。

① 螺旋槽升角 α。α 越小，工件平均速度越高，但滑道圈数增多。当 α 大到一定极限时，工件将不能向上滑移，一般取 $\alpha = 1° \sim 6°$。

表 4-2 振动料斗的技术数据

工件最大长度/mm	4	10	16	20	25	30	40	60	70
工件最大质量/kg	0.05	0.3	0.7	2.0	5.0	10	15	30	60
料斗直径/mm	60	100	160	200	250	315	400	500	630
总体高度/mm	110	190	205	320	330	410	440	640	665
电压/V	220								
电流/A	0.087	0.22	0.22	0.44	0.44	1.09	1.09	2.73	2.73
功率/W	20	50	50	100	100	250	250	600	600
工件最大移动速度/(m/min)	0.5	1.0	2.0	3.0	4.0	5.0	6.0	8.0	10
振动料斗质量/kg	1.1	2.8	3.8	10.5	20.5	51.5	71.5	102	122

② 螺旋槽升距 t。t 不宜过大，因为 t 大，升角 α 将增大。当升角一定时，t 大时料斗直径增大。一般情况下 t 的大小以不让两个重叠工件通过为宜，取

$$t = 1.6h + s$$

式中　h——工件在料道上的高度，mm；

　　　s——料道板的厚度，mm。

③ 螺旋料道中径 D_m 和外径 D。中径 D_m 取决于升角 α 和升距 t。

$$D_m = \frac{t}{\pi\tan\alpha}$$

$$D = D_m + b + 2e$$

式中　b——滑道宽度，mm；

　　　e——料道壁厚，mm。

对细长的工件按下式修正加大料斗直径：

$$D \geqslant (7 \sim 10)l$$

式中　l——工件的长度，mm。

④ 料盘盘底的中凸角 θ。盘底应做成锥形，以使工件易滑入螺旋料槽中。一般取：$\theta = 170° \sim 176°$。

4. 输料槽

根据工件的输送方式（靠自重或强制输送）和工件的形状，输料槽有许多结构形式，见表 4-3。一般靠工件自重输送的自流式输料槽结构简单，但可靠性较差；半自流式或强制运动式输料槽可靠性高。

表 4-3　输料槽主要类型

名　称	简　图	特　点	使用范围
自流式输料槽 1. 料道式输料槽	滑动　滚动	输料槽安装倾角大于摩擦角，工件靠自重输送	轴类、盘类、环类工件
2. 轨道式输料槽		输料槽安装倾角大于摩擦角，工件靠自重输送	带肩杆状工件
3. 蛇形输料槽		工件靠自重输送，输料槽落差大时可起缓冲作用	轴类、盘类、球类工件
半自流式输料槽 4. 抖动式输料槽		输料槽安装倾角小于摩擦角，工件靠输料槽作横向抖动输送	轴类、盘类、板类工件
5. 双辊式输料槽		辊子倾角小于摩擦角，辊子转动，工件滑动输送	板类、带肩杆状、锥形滚柱等工件

续表

名　称		简　图	特　点	使用范围
强制运动式输料槽	6.螺旋管式输料槽		利用管壁螺旋槽送料	球形工件
	7.摩擦轮式输料槽		利用纤维质辊子转动推动工件移动	轴类、盘类、环类工件

5. 工件的二次定向机构

有些外形复杂的工件，不可能在料斗内一次定向完成，因此需在料斗外的输料槽中进行二次定向。常用的二次定向机构如图 4-6 所示。图 4-6（a）适用于重心偏置的工件，工件向前送料的过程中，只有工件较重端朝下落入输料槽。图 4-6（b）适用于一端开口的套类工件，只有开口向左的工件，利用钩子的作用，工件改变方向落入输料槽，开口向右的工件推开钩子返回料斗。图 4-6（c）适用于重心偏置的盘类工件，工件向前运动经过缺口时，如果重心偏向缺口一侧，则翻转落入料斗；如果重心偏向无缺口一侧，工件继续在输料槽内向前运动。图 4-6（d）适用于带轴肩类工件，工件在运动过程中自动定向成大端向上的位置。

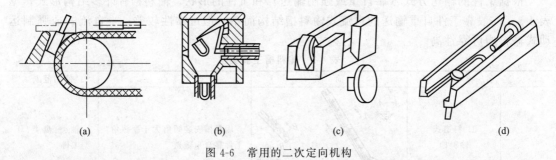

图 4-6　常用的二次定向机构

6. 上料机构与隔料器

上料机构的作用是将料仓或料斗经输料槽来的工件，送到机床上预定的位置或夹具中去。上料机构一般由送料器和上料杆组成。

（1）上料机构

根据送料器的运动特性，可分为直线往复式、摆动式、回转式或连续式等几种。

① 直线往复式送料器（图 4-7）。它带有 V 形手部，工件落入手部后，弹簧板夹着工件送至机床夹具中。送料器返回时，当工件处于送料器上表面与 V 形手部交角处斜面时，由于重力作用，工件落入 V 形手部，同时推开弹簧板，使弹簧板夹持住工件。送料器上表面兼有隔料作用。

设计这种送料器应注意的问题：

a. 工件支承面应做在送料器体上，而不要做在活动夹板上，否则定位不准确。

b. 活动夹板的转轴应布置在工件中心右侧，以使夹板从工件上滑过时，张开角度较小。

c. 为使工件易从料槽中落入夹持部位，送料器后边应做成斜面（10°～15°），V 形口的交角处应为圆角（$R \geqslant 0.15D$，其中 R 为交角处圆角半径，D 为工件直径），以防被工件卡住。

直线往复送料器机构简单，工作可靠，占用空间小，但送料速度较低。

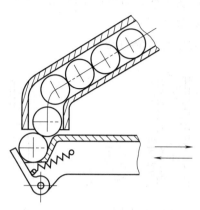

图 4-7 直线往复式送料器

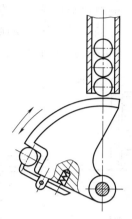

图 4-8 摆动式送料器

② 摆动式送料器。图 4-8 是摆动式送料器，其摇臂上面为工件止动面，兼有隔料作用。摆臂运动可由气压、液压、机械传动。摆动式送料器结构比直线往复式送料器简单，不需要较长滑动时间，送料速度快。

③ 回转式送料器。图 4-9 是滚齿机上用的回转式送料器。当带沟槽的转盘旋转时，槽口顺次经过料仓的开口处，单个工件落入槽口。转盘外圆柱面为工件止动面兼隔料作用。随着转盘的间歇转动，坯料被送到加工工位，加工完的工件被送至下料道。

这种送料器结构复杂，占据空间大，但上料平稳，效率高。

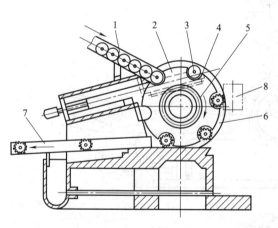

图 4-9　滚齿机用回转式送料器

1—料仓；2—带槽转盘；3—齿坯；4—活塞杆齿条；
5—齿轮；6—底盘；7—下料道；8—滚刀

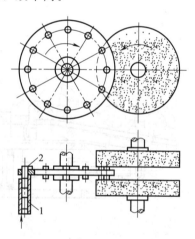

图 4-10　连续回转式送料器

1—输料管；2—工件

④ 连续式送料器。图 4-10 为双端面磨床上采用的连续回转的送料圆盘进行送料的原理图。工件是活塞销、圆柱滚子、挺杆体一类的零件。工件 2 从输料管 1 中依靠重力作用或用上料杆推入送料圆盘的接料孔中，然后被带入砂轮磨削区进行加工。

（2）隔料器

隔料器的作用是用来控制从输料槽（或料仓）进入送料器的工件数量。在比较简单的上料装置中，隔料作用兼由送料器完成。图 4-11 所示为几种隔料器的工作原理图。

图 4-11（a）为利用直线往复式送料器的表面隔料。图 4-11（b）是利用气缸和弹簧传

动的隔料器。隔料销子在弹簧 4 的作用下插入料槽，挡住工件，当气缸 1 使驱动销子 2 插入料槽将第二个件隔位时，其前端顶在挡板 5 上，使隔料销子退出料槽，将第一个工件放行。图 4-11（c）为机械传动的销式隔料器，图 4-11（d）为槽轮式隔料器。

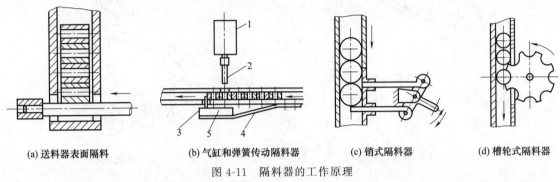

(a) 送料器表面隔料　　　(b) 气缸和弹簧传动隔料器　　　(c) 销式隔料器　　　(d) 槽轮式隔料器

图 4-11　隔料器的工作原理

1—气缸；2—驱动销子；3—隔料销子；4—弹簧；5—挡板

三、机床自动供料典型装置

图 4-12 是螺纹机床自动供料装置，整个供料装置位于机床主轴箱与尾座之间，垂直机床中心线放置。图中所示是完成一次循环的位置，当下一次供料循环开始后，机械手返回

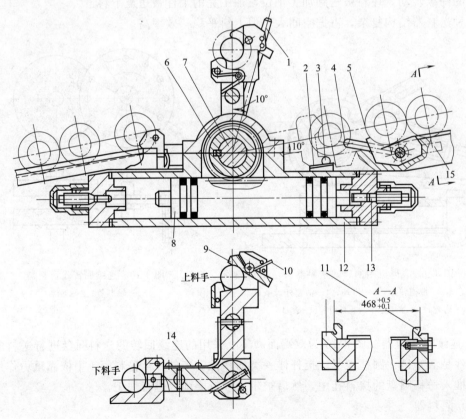

图 4-12　螺纹机床自动供料装置

1—摆杆；2—挡块；3—螺钉；4—碰杆；5—隔料器；6—齿轮；7—摆轴；8—活塞；
9—夹持器；10—扭簧；11—料道；12—液压缸；13—限位销；14—弹簧；15—微动开关

80°，上料机械手碰到挡块 2，螺钉 3 使夹持器 9 张开；此时液压缸活塞未碰到限位销，摆轴 7 继续转动 10°，摆杆 1 压下碰杆 4，隔料器 5 转动 30°，工件滚动进入夹持器中；与此同时，下料机械手转至机床加工位置，加工后的工件落入机床下料机械手夹持器中，摆轴回转 90°，上料机械手将工件送到加工位置，下料机械手把已加工完的工件送入下料料道。微动开关 15 起联锁保护作用，当上料料道无工件或工件在料道中定向不正确时，微动开关发出信号，机床自动停车。

第三节　自动线输送系统

自动化的物料输送系统是物流系统的重要组成部分。在制造系统中，自动线的输送系统起着人与工位、工位与工位、加工与存储、加工与装配之间的衔接作用，同时具备物料的暂存和缓冲功能。运用自动线的输送系统，可以加快物料流动速度，使各工序之间的衔接更加紧密，提高生产效率。

一、带式输送系统

带式输送系统是一种利用连续运动且具有挠性的输送带来输送物料的输送系统。带式输送系统如图 4-13 所示，它主要由输送带 3，驱动装置 7、8、9，传动滚筒 4，托辊 1、6，张紧装置 5 等组成。输送带 3 是一种环形封闭形式，它兼有输送和承载两种功能。传动滚筒 4 依靠摩擦力带动输送带运动，输送带全长靠许多托辊支承，并且由张紧装置拉紧。带式输送系统主要输送散状物料，但也能输送单件质量不大的工件。

1. 输送带

根据输送的物料不同，输送带的材料可采用橡胶带、塑料带、绳芯带、钢网带等，而橡胶带按用途又可分为强力型、普通型、轻型、井巷型、耐热型 5 种。输送带两端可使用机械接头、冷粘接头和硫化接头连接。机械接头强度仅为带体强度的 35%～40%，应用日渐减少。冷粘接头强度可达带体强度的 70% 左右，应用日趋增多。硫化接头强度能达带体强度的 85%～90%，接头寿命最长。输送带的宽度比成件物料宽度大 50～100mm，物料对输送带的比压应小于 5kPa。

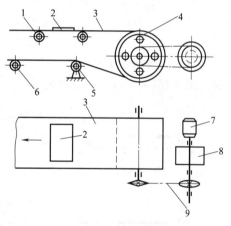

图 4-13　带式输送系统
1—上托辊；2—工件；3—输送带；
4—传动滚筒；5—张紧轮；6—下托辊；
7—电动机；8—减速器；9—传动链条

2. 滚筒及驱动装置

滚筒分传动滚筒及改向滚筒两大类。传动滚筒与驱动装置相连，外表面可以是金属表面，也可包上橡胶层来增加摩擦因数。改向滚筒用来改变输送带的运动方向和增加输送带在传动滚筒上的包角。驱动装置主要由电动机、联轴器、减速器和传动滚筒等组成。输送带通常在有负载下启动，应选择启动力矩大的电动机。减速器一般采用涡轮减速器、行星摆线针轮减速器或圆柱齿轮减速器。将电动机、减速器、传动滚筒作成一体的称为电动滚筒，电动滚筒是一种专为输送带提供动力的部件，如图4-14所示。

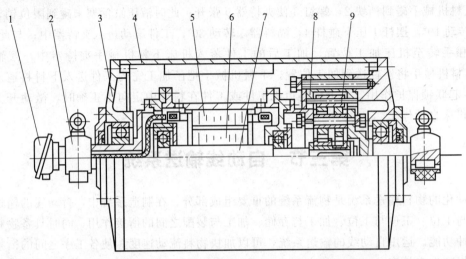

图 4-14　油浸电动机摆线针轮传动电动滚筒

1—接线盒；2—支座；3—端盖；4—筒体；5—电动机定子；6—电动机转子；7—轴；8—针轮；9—摆线轮

电动滚筒主要用作固定式和移动式带式输送机的驱动装置，因电动机和减速机构内置于滚筒内，与传统的电动机、联轴器、减速机置于滚筒外的开式驱动装置相比，具有结构紧凑、运转平稳、噪声低、安装方便等优点，适合在粉尘及潮湿泥泞等各种环境下工作。

3. 托辊

带式输送系统常用于远距离物料输送，为了防止物料重力和输送带自重造成的带下垂，须在输送带下安置许多托辊。托辊的数量依据带长而定，输送大件成件物料时上托辊间距应小于成件物料在输送方向上的尺寸之半；下托辊间距可取上托辊间距的两倍左右。托辊结构应根据输送的物料种类来选择，图 4-15 是常见的几种托辊结构形式。托辊按作用分为承载托辊［图 3-15(a)～(c)］、空载托辊［图 3-15(d)～(f)］、调心托辊［图 3-15(g)～(i)］等。

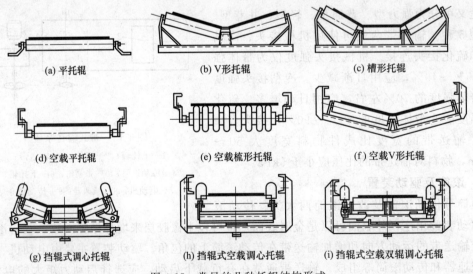

(a) 平托辊　　(b) V形托辊　　(c) 槽形托辊

(d) 空载平托辊　　(e) 空载梳形托辊　　(f) 空载V形托辊

(g) 挡辊式调心托辊　　(h) 挡辊式空载调心托辊　　(i) 挡辊式空载双辊调心托辊

图 4-15　常见的几种托辊结构形式

4. 张紧装置

张紧装置的作用是使输送带产生一定的预张力，避免带在传动滚筒上打滑；同时控制输送带在托辊上的挠度，以减小输送阻力。张紧装置按结构特点分为螺杆式、弹簧螺杆式、坠垂式、绞车式等多种张紧装置。图 4-16 是坠垂式张紧装置，它的张紧滚筒装在一个能在机架上移动的小车上，利用重锤拉紧小车。这种张紧装置可方便地调整张紧力的大小。

二、链式输送系统

链式输送系统由链条、链轮、电动机、减速器、联轴器等组成，如图 4-17 所示。长距离输送的链式输送系统还有张紧装置和链条支撑导轨。链条由驱动链轮牵引，链条下面有导轨，支撑着链节上的套筒辊子。货物直接压在链条上，随着链条的运动而向前移动。

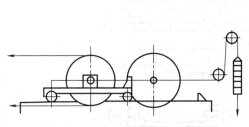

图 4-16　坠垂式张紧装置示意图

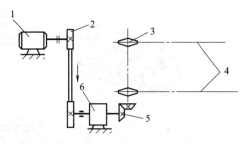

图 4-17　链式输送系统
1—电动机；2—带；3—链轮；
4—链条；5—锥齿轮；6—减速器

输送链条多采用套筒滚子链，如图 4-18 所示。输送链与传动链相比，链条较长，质量大。一般将输送链的节距制成为普通传动链的 2 倍或 3 倍以上，这样可减少铰链个数，减小链条质量，提高输送性能。链轮齿数对输送链性能影响较大，齿数太少会使链条运行平稳性变差，而且冲击、振动、噪声、磨损加大。根据链速度的不同，最小链轮齿数可取 13～21 齿。链轮齿数过多会导致机构庞大，一般最多采用 120 齿。

链式输送系统中，物料一般通过链条上的附件（即特殊链条）带动前进。附件可用链条上的零件扩展而形成（图 4-19），同时还可配置二级附件（如托架、料斗、运载机构等）。用链条和托板组成的链板输送机也是一种广泛使用的连续输送机械。输送链条有多种形式，如图 4-20 所示。

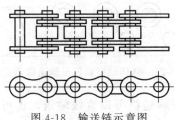

图 4-18　输送链示意图

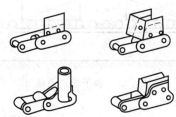

图 4-19　特殊链条示意图

三、辊子输送系统

辊子输送系统是利用辊子的转动来输送工件的输送系统，其结构比较简单。为保证工件在辊子上移动时的稳定性，输送的工件或托盘的底部必须有沿输送方向的连续支承面。一般工件在支承面方向至少应该跨过三个辊子的长度，如图 4-21 所示。

辊子输送系统一般分为无动力辊子输送系统和动力辊子输送系统两类。无动力辊子输送

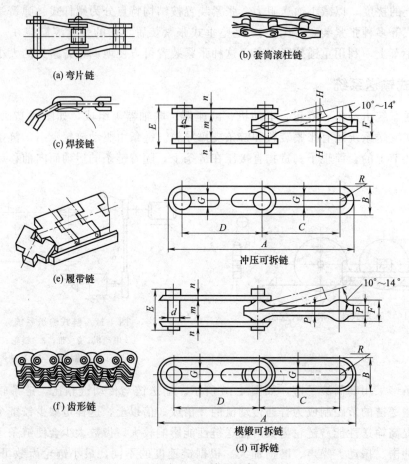

图 4-20　输送链条

系统是依靠工件的自重或人的推力使工件向前输送，自重式则沿输送方向略向下倾斜。动力辊子输送系统是由驱动装置通过齿轮、链轮或带传动使辊子转动，依靠辊子和工件之间的摩擦力实现工件的输送。图 4-22 为采用链条驱动的辊子输送机传动示意图。

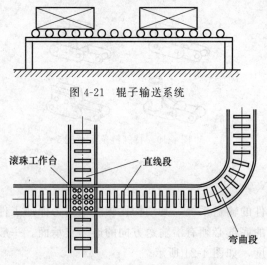

图 4-21　辊子输送系统

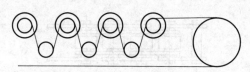

图 4-22　链传动驱动辊子输送机示意图

辊子输送机可以直线输送，也可以用锥形辊子按扇形布置实现输送方向的改变，或采用滚珠工作台实现输送线路的交叉，如图 4-23 所示。

四、步伐式输送机

步伐式输送机是自动线上常用的工件输送装置，有棘爪式、摆杆式等多种形式，适

图 4-23　辊子输送机布置线路

用于加工箱体和杂类零件的组合机床自动线，最常见的是棘爪步伐式输送机。

图 4-24 是棘爪步伐式输送机的动作原理图。在输送带 1 上装有若干个棘爪 2，每一棘爪都可绕销轴 3 转动，棘爪 2 的前端顶在工件 4 的后端，棘爪 2 的下端被挡销 5 挡住。当输送带 1 向前运动时，棘爪 2 就带动工件移动一个步距 t；当输送带 1 回程时，棘爪 2 被工件压下，于是绕销轴 3 回转而将弹簧 6 拉伸，并从工件下面滑过，待退出工件之后，棘爪又复而抬起。

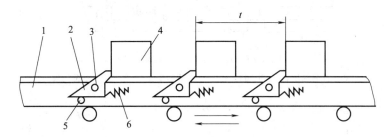

图 4-24　棘爪步伐式输送机动作原理图

1—输送带；2—棘爪；3—销轴；

4—工件；5—挡销；6—弹簧

输送带 1 是支承在滚子 2 上做往复运动的（图 4-25）。支承滚子通常安装在底座上。支承滚子的数量应视输送距离大小而定，一般可每隔 1m 左右安装一个。输送时，工件 3 在两条支承板 5 上滑动，两侧限位板 4 是用来导向的。当工件较宽时，用一条输送带运送工件容易歪斜，这时可用同步动作的两条输送带来推动工件。

如图 4-26 所示，棘爪步伐式输送机由一个首端棘爪 1、若干个中间棘爪 2 和一个末端棘爪 3 装在两条平行的侧板 4 上所组成。由于整个输送带比较长，考虑到制造及装配工艺性，一般都把它做成若干节，然后再用连接板 5 连接起来。输送带中间的棘爪，一般都做成等距离的，但根据实际需要，也可以将某些中间棘爪的间距设计成不等距的。自动线的首端棘爪及末端棘爪，与其相邻棘爪之间的距离，根据实际需要，可以做得比输送步距短一些，但首端棘爪与相邻棘爪的间距至少应可容纳一个工件。棘爪步伐式输送机在输送速度较高时易导致工件的惯

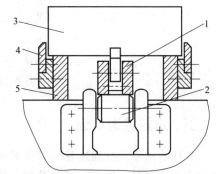

图 4-25　输送带的支承滚子

1—输送带；2—滚子；3—工件；

4—限位板；5—支承板

性滑移，为保证工件终止位置的准确性，运行速度不能太高。此外，由于切屑掉入，偶尔也有棘爪卡死、输送失灵的现象。

为了避免棘爪步伐式输送机的缺点，可采用如图 4-27 所示的摆杆步伐式传送装置，它具有刚性棘爪和限位挡块。输送摆杆 1 在驱动液压缸 5 的推动下向前移动，其上的挡块卡着工件移到下一个工位。输送摆杆 1 在后退运动前，在回转机构 2 的作用下做回转摆动，以便使棘爪和挡块回转到脱开工件的位置，当返回后再转至原来位置，为下一步伐做好准备。这种传送装置可以保证终止位置准确，输送速度较高，常用的输送速度为 20m/min。

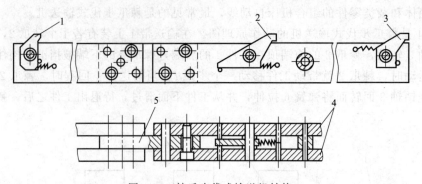

图 4-26 棘爪步伐式输送机结构

1—首端棘爪；2—中间棘爪；3—末端棘爪；4—侧板；5—连接板

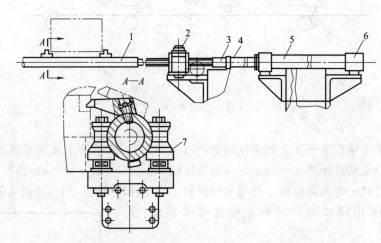

图 4-27 摆杆步伐式传送装置

1—输送摆杆；2—回转机构；3—回转接头；4—活塞杆；
5—驱动液压缸；6—液压缓冲装置；7—支撑辊

五、悬挂输送系统

悬挂输送系统分通用悬挂输送系统和积放式悬挂输送系统两种。悬挂输送机由牵引件、滑架小车、吊具、轨道、张紧装置、驱动装置、转向装置和安全装置等组成。它适用于车间内成件物料的空中输送，优点是节省空间，容易实现整个工艺流程的自动化。

通用悬挂式输送机是一种简单的架空输送机械，它有一条由工字钢一类的型材组成的架空单轨线路（如轨道），如图 4-28 所示。承载滑架上有滚轮，承受货物的重力，沿轨道滚动。吊具 4 挂在滑架小车 2 上，如果货物重量超过滑架小车的承载能力，可以用平衡梁把货物挂到 2 个或 4 个滑架小车上，如图 4-29 所示。滑架小车由链条牵引，由于架空线路一般为空间曲线，要求牵引链条在水平和垂直两个方向上都有很好的挠性。链条可以由链轮驱动，也可以由履带式驱动装置驱动。

积放式悬挂输送系统与通用悬挂输送系统相比有下列不同之处：牵引件与滑架小车无固定连接，两者有各自的运行轨道；有岔道装置，滑架小车可以在有分支的输送线路上运行；设置停止器，滑架小车可在输送线路上的任意位置停车。图 4-30 为积放式悬挂输送系统的滑架小车，其特点是牵引链 5 上的推头 2 与挡块不固定连接，牵引链 5 和滑架小车 1 各自在

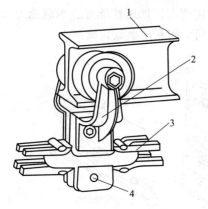

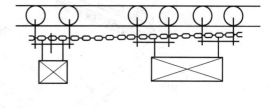

图 4-28　通用悬挂输送系统的滑架小车

1—轨道；2—滑架小车；3—牵引链；4—吊具

图 4-29　多滑架输送示意图

牵引轨道 4 和承重轨道 7 上运行，由于推头 2 与滑架小车可以脱开或结合，滑架小车 1 能从一条输送线上转换到另一条输送线上。滑架小车可以在各种复杂的输送系统上向前运动。

通用悬挂式输送机的转向装置由水平弯轨和支撑牵引链条的光轮、链轮或滚子排组成，如图 4-31 所示。转向装置结构形式的选用应视实际工况而定，一般最直接的方法是在转弯处设置链轮。当输送张力小于链条允许用张力的 60% 时，可用光轮代替链轮；当转弯半径超过 1m 时，采用滚子排作为转向装置。

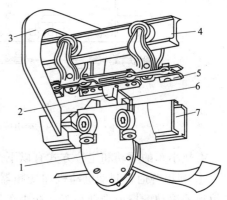

图 4-30　积放式悬挂输送系统的滑架小车

1—滑架小车；2—推头；3—框板；4—牵引轨道；5—牵引链；6—挡块；7—承重轨道

悬挂式输送机适用于车间内成件物料的空中输送，在涂装、电镀等车间应用相当广泛。悬挂式输送机具有节省空间、更容易实现整个工艺流程自动化的特点。

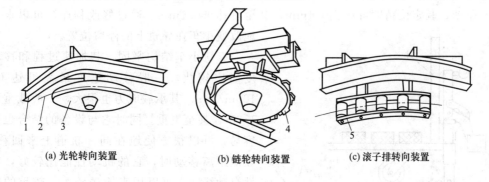

(a) 光轮转向装置　　　　(b) 链轮转向装置　　　　(c) 滚子排转向装置

图 4-31　转向装置

1—水平弯轨；2—牵引链条；3—光轮；4—链轮；5—滚子排

六、有轨导向小车

有轨导向小车（Rail Guided Vehicle，RGV）是依靠铺设在地面上的轨道进行导向并运送工件的输送系统，如图 4-32 所示。RGV 具有移动速度大、加速性能好、承载能力大的优点。其缺点是 RGV 铺设轨道不宜改动，柔性差，车间空间利用率低，噪声大。

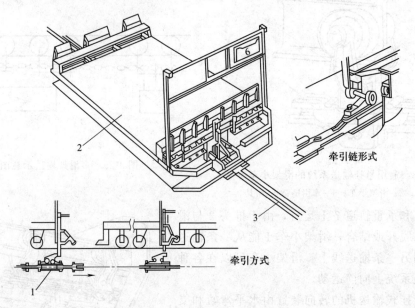

图 4-32　链式牵引的有轨导向小车
1—牵引链条；2—载重小车；3—轨道

有轨小车的驱动和定位方式有以下几种：

① 利用普通带制动电动机加变频器、减速器，通过链轮链条驱动小车的滚轮，靠滚轮与轨道的滚动摩擦力推动小车，在小车规定的停留位置设置减速和停止信号开关，在小车上设置信息开关撞块，根据开关信号使小车驱动电动机减速及制动停车，其定位精度可达±1mm。为了提高小车的定位精度，可以采用定位插销等机械定位机构使小车在规定位置上准确停止。

② 在钢轨的一侧设置齿条，小车的驱动齿轮与之啮合。齿轮由电气伺服系统（或数控系统）驱动，其定位精度可达±0.4mm，甚至可达±0.1mm。通过修改程序，可以很方便地改变小车在导轨上的停留位置。

有轨小车结构坚固，其加速过程和移动速度都比较快，一般移动速度最大可达 60～100m/min。其承载能力也很大，一般载重可达 1～8t，甚至更重。同时它与设备的结合也比较容易，可以很方便地在同一轨道上来回移动，在短距离移动时，它的机动性能比较好，在刚性自动线间也可以用来输送较大、较重的箱体类零件。

一般概念的有轨小车都是指小车在钢轨上行走、由车辆上的电动机驱动。此外，还有一种链索牵引小车，在小车的底盘前后各装一导向销，地面上修好一组固定路线的沟槽，导向

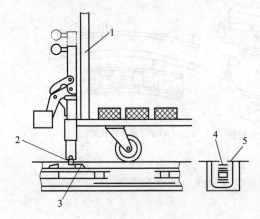

图 4-33　有轨小车结构
1—小车；2—牵引销；3—脱钩；
4—牵引链；5—轨道

销嵌入沟槽内，保证小车行进时沿着沟槽移动，如图 4-33 所示。在小车的前后各装一个牵引销 2 牵引小车 1 移动，牵引销可上下滑动。当牵引销处于下位时，由牵引链 4 带动小车运行，牵引销处于上位时，牵引销脱开牵引链的脱钩 3，小车停止运行。

第四节　柔性物流系统

由数控加工设备、物料运储装置和计算机控制系统等组成的自动化制造系统包括多个柔性制造单元，能根据制造任务或生产环境的变化迅速进行调整，适用于多品种、中小批量生产。

从硬件的形式上看，它由三部分组成：

① 两台以上的数控机床或加工中心以及其他的加工设备，包括测量机、清洗机、动平衡机、各种特种加工设备等。

② 一套能自动装卸的运储系统，包括刀具的运储和工件原材料的运储。具体结构可采用传送机、运输小车、搬运机器人、上下料托盘、交换工作站等。

③ 一套计算机控制系统。

本节对柔性制造系统的组成部分之一，工件原材料的储运形式及其相关设备进行介绍。

一、柔性物流输送形式

物料输送系统是为 FMS 服务的，它决定着 FMS 的布局和运行方式。由于大部分的 FMS 工作站点多，输送线路长，输送的物料种类不同，因此物流系统的整体布局比较复杂。一般可以采用基本回路来组成 FMS 的输送系统，图 4-34 是几种典型的物流输送形式。

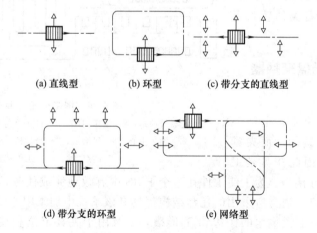

图 4-34　典型的物流输送形式

▥运输工具；↑上下料机构工作方向；——运输工具运动方向；◁—▷有支路移动

1. 直线型输送形式

图 4-35 所示为直线型输送形式，这种形式比较简单，在我国现有的 FMS 中较为常见。它适用于按照规定的顺序从一个工作站到下一个工作站的工件输送，输送设备做直线运动，在输送线两侧布置加工设备和装卸站。直线型输送形式的线内储存量小，常需配合中央仓库及缓冲站。

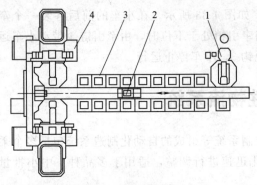

图 4-35   直线型输送形式

1—工件装卸站；2—有轨小车；3—托盘缓
冲站；4—加工中心

2. 环型输送形式

环型输送形式的加工设备、辅助设备等布置在封闭的环形输送线的内外侧，如图 4-34（b）和（d）所示。输送线上可采用各类连续输送机、输送小车、悬挂式输送机等设备。在环形输送线上，还可增加若干条支线，作为储存或改变输送线路之用。故其线内储存量较大，可不设置中央仓库。环型输送形式便于实现随机存取，具有非常好的灵活性，所以应用范围较广。

3. 网络型输送形式

如图 4-36 所示，这种输送形式的输送设备通常采用自动导向小车。自动导向小车的导向线路埋设在地下，输送线路具有很大的柔性，故加工设备敞开性好，物料输送灵活，在中、小批量的产品或新产品试制阶段的 FMS 中应用越来越广。网络型输送形式的线内储存量小，一般需设置中央仓库和托盘自动交换器。

4. 以机器人为中心的输送形式

图 4-37 是以机器人为中心的输送形式。它以搬运机器人为中心，加工设备布置在机器人搬运范围内的圆周上。一般机器人配置了夹持回转类零件的夹持器，因此它适用于加工各类回转类零件的 FMS 中。

二、托盘及托盘交换器

1. 托盘

在柔性物流系统中，工件一般是用夹具定位夹紧的，而夹具被安装在托盘上，因此托盘是工

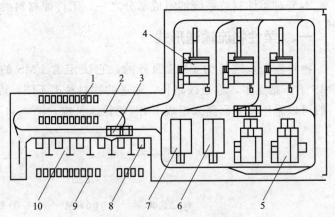

图 4-36   网络型输送形式

1—托盘缓冲站；2—输送回路；3—自动导向小车；4—立式机床；
5—加工中心；6—研磨机；7—测量机；8—刀具装卸站；
9—工件存储站；10—工件装卸站

件与机床之间的硬件接口。为了使工件在整个 FMS 中有效地完成任务，系统中所有的机床和托盘必须统一接口。通常所采用的托盘结构都具有该系统中加工中心工作台的形状，通常为正方形结构，它带有大倒角的棱边和 T 形槽，以及用于夹具定位和夹紧的凸榫。有的物流系统也使用圆形托盘。托盘在夹紧定位前，一般先在锥形（即楔形）定位器上定位，并用空气流把所有定位表面吹干净。

2. 托盘交换器

托盘交换器是 FMS 的加工设备与物料传输系统之间的桥梁和接口。它不仅起连接作用，还可以暂时存储工件，起到防止系统阻塞的缓冲作用。设置托盘交换器可大幅度缩减工件的装卸时间。托盘交换器一般有回转式托盘交换器和往复式托盘交换器两种。

（1）回转式托盘交换器

回转式托盘交换器通常与分度工作台相似，有二位、四位和多位形式。多位的托盘交换器可

以存储若干个工件，所以也称缓冲工作站或托盘库。二位的回转式托盘交换器如图 4-38 所示，其上有两条平行的导轨供托盘移动导向用，托盘的移动和交换器的回转通常由液压驱动。这种托盘交换器有两个工作位置，机床加工完毕后，交换器从机床工作台移出装有工件的托盘，然后旋转 180°，将装有未加工工件的托盘再送到机床的加工位置。

（2）往复式托盘交换器

如图 4-39 所示，它由一个托盘库和一个托盘交换器组成。当机床加工完毕后，工作台横向移动到卸料位置，将装有已加工工件的托盘移至托盘库的空位上，然后工作台横向移动到装料位置，托盘交换器再将待加工的工件移至工作台上。带有托盘库的交换装置允许在机床前形成一个小的工件队列，起到小型中间储料库的作用，以补偿随机或非同步生产的节拍差异。由于设置了托盘交换器，工件的装卸时间大幅度缩减。

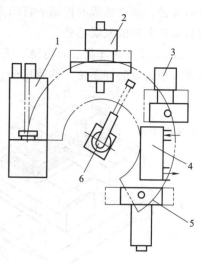

图 4-37　以机器人为中心的输送形式

1—车削中心；2—数控铣床；3—钻床；
4—缓冲站；5—加工中心；6—机器人

三、自动导向小车

自动导向小车（Automated Guide Vehicle，AGV）是一种由蓄电池驱动，装有非接触

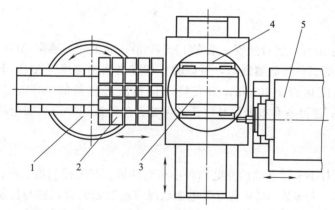

图 4-38　回转式托盘交换器

1—托盘装卸回转工作台；2—托盘；3—托盘紧固装置；4—机床工作台；5—机床

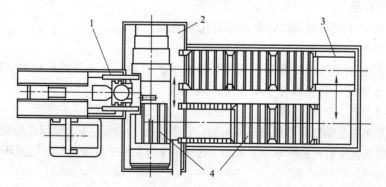

图 4-39　往复式托盘交换器

1—机床；2—移动工作台；3—托盘；4—托盘移动装置

导向装置，在计算机的控制下自动完成运输任务的物料运载工具。AGV 是柔性物流系统中物料运输工具的发展趋势。

AGV 主要由车架、蓄电池、充电装置、电气系统、驱动装置、转向装置、自动认址和精确停位托盘装卸系统、移载机构、安全系统、通信单元和自动导向系统等组成。AGV 的外形如图 4-40 所示。

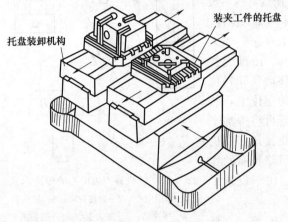

托盘装卸机构

装夹工件的托盘

图 4-40　AGV 外形图

1. 在 FMS 中采用 AGV 的优点

（1）较高的柔性

只要改变一下导向程序，就可以较容易地改变、修正、扩充自动导向小车的移动路线。但如果要改变固定的传送带运输线或 RGV 的轨道就相对要困难一些。

（2）实时监视和控制

由控制计算机实时地对 AGV 进行监视，如果柔性制造系统根据某种需要要求改变进度表或作业计划，则可很方便地重新安排小车路线。此外，还可以为紧急需要服务，也可向计算机报告负载的失效、零件错放等事故。

（3）安全可靠

AGV 能以低速运行，运行速度一般在 10～70m/min 之间。通常 AGV 备有微处理器控制系统，能与本区的其他控制器通信，可以防止相互之间的碰撞。AGV 下面安装了定位装置，可保证定位精度达到 ±30mm，而安装定位精度传感器的 AGV 定位精度可达到 ±3mm。此外，AGV 还可备有报警信号灯、扬声器、急停按钮、防火安全联锁装置，以保证运输的安全。

（4）维护方便

维护工作包括对小车蓄电池的充电和对小车电动机、车上控制器、通信装置、安全报警装置的常规检查等。大多数 AGV 备有蓄电池状况自动报告装置，它与控制主机互联，当蓄电池的储备能量降到需要充电的规定值时，AGV 会自动去充电站充电，一般 AGV 可连续工作 8h 而无须充电。

2. AGV 的分类

按导向方式的不同可将 AGV 分为以下几种类型。

（1）线导小车

线导小车是利用电磁感应制导原理进行导向的。它需在行车路线的地面下埋设环形感应电缆来制导小车运动。目前线导小车在工厂应用最广泛。

（2）光导小车

光导小车是采用光电制导原理进行导向的。它需在行车路线上涂上能反光的荧光线条，小车上的光敏传感器接收反射光来制导小车运动。这样小车线路易于改变，但对地面环境要求高。

（3）遥控小车

遥控小车没有传送信息的电缆，而是以无线电设备传送控制命令和信息。遥控小车的活动范围和行车路线基本上不受限制，比线导、光导小车柔性好。

3. AGV 车轮的布置

图 4-41 是线导 AGV 车轮布置及转向方式的示意图。图 4-41（a）是一种舵轮转向的 AGV，它的前轮既是转向轮又是驱动轮，这种 AGV 一般只能向前运动。图 4-41（b）是一种差速转向的 AGV，它有四个车轮，中间两个是驱动轮，利用两个驱动轮的速度之差实现转向，四个车轮承载能力较大，并可以前后移动。图 4-41（c）是一种独立多轮转向的 AGV，它的四个车轮都兼有转向和驱动作用，故这种 AGV 转向最灵活方便，可沿任意方向运动。

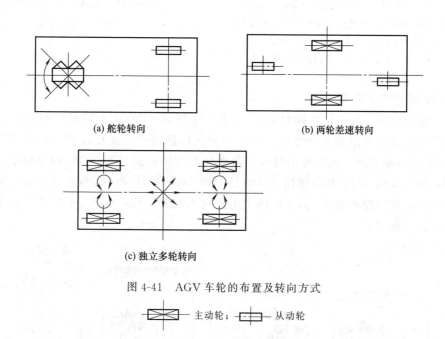

(a) 舵轮转向   (b) 两轮差速转向

(c) 独立多轮转向

图 4-41　AGV 车轮的布置及转向方式

主动轮；　从动轮

4. AGV 自动导向系统

目前，车间的 AGV 自动导向系统以电磁式为主，图 4-42 是舵轮转向 AGV 的自动导向原理图。在小车行车路线的地面开设一条宽 3～10mm、深 20～200mm 的槽，槽内铺设直径为 1mm 的绝缘导线，表面用环氧树脂灌封。导向线提供低频率（<15kHz）、低电压（<40V）、电流 200～400mA 的交流电，在导向线周围形成交变磁场。小车导向轮 8 的两侧装有导向感应线圈 1，随导向轮 8 一起转动。当导向轮 8 偏离导向线 9 或导向线转弯时，由于两个线圈偏离导向线的距离不等，所以线圈中感应电动势也不相等，两个电动势经比较，产生差值电压 Δu。差值电压 Δu 经过交流电压放大器 2、功率放大器 5 两级放大和整流等环节，控制直流导向电动机 6 的旋转方向，从而达到导向的目的。

5. AGV 自动认址与精确停位系统

自动认址与精确停位系统的任务是使小车能将物料准确地送到位。自动认址系统中首先在工位上安置地址信息发送元件，一般直接在导向线两侧埋设认址的感应线圈。图 4-43 所示为 AGV 绝对地址的感应线圈地址码原理图，它是将每个地址进行编码，再将若干线圈以不同方式连接，产生不同方向的磁通，用"0"或"1"表示地址码。上述地址信号由安装在小车上的接收线圈接收，经放大整形送入计数电路或逻辑判别电路，当判断正确后，发出命令使小车减速、停车，或前后微量调整，达到精确停位。

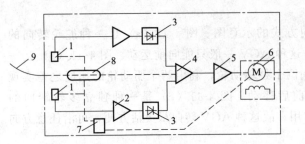

图 4-42　舵轮转向 AGV 的自动导向原理图

1—导向感应线圈；2—交流电压放大器；3—整流器；

4—运算放大器；5—功率放大器；6—直流导向

电动机；7—减速器；8—导向轮；9—导向线

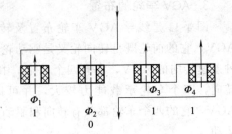

图 4-43　AGV 绝对地址的感应
线圈地址码原理图

6. AGV 的导向控制系统

两轮差速转向的 AGV 导向控制系统如图 4-44 所示。AGV 上对称设置两个导向传感器，它接收地面导向线路的电磁感应信号，两导向传感器信号经比较放大处理后得到反映 AGV 偏差方向的偏差量。此综合信号经一阶微分处理后得到反映 AGV 偏角的量，经二阶微分处理后得到反映 AGV 偏角变化速度的量。将 AGV 的偏差、偏角和偏角变化速度三个量加权放大后，用以控制驱动 AGV 的两个电动机实现差速转向，使 AGV 能实时地消除车体与导向线路的偏离。

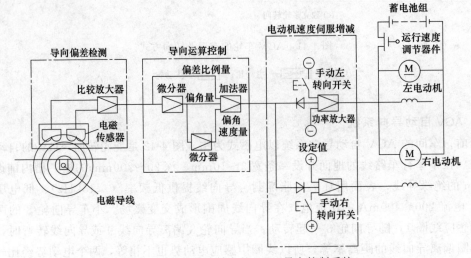

图 4-44　两轮差速转向的 AGV 导向控制系统

7. AGV 的管理

AGV 系统的管理就是为了确保系统的可靠运行，最大限度地提高物料的通过量，使生产效率达到最高水平。它一般包括三方面的内容，即交通管制、车辆调度和系统监控。

（1）交通管制

在多车系统中必须有交通管制才能避免小车之间的相互碰撞。目前应用最广的 AGV 交通管制方式是一种区间控制法。它将导向路线划分为若干个区间。区间控制法的法则是在同一时刻只允许一辆小车位于给定的区间内。

（2）车辆调度

　　车辆调度的目标是使 AGV 系统实现最大的物料通过量。车辆调度需要解决两个问题：一是实现车辆调度的方法；二是车辆调度应遵循的法则。

　　① 实现车辆调度的方法。实现车辆调度的方法按等级可分为车内调度系统、车外招呼系统、遥控终端、中央计算机控制以及组合控制等。在柔性物流系统中，一般由物流工作站计算机调度，使系统处于最高水平的运行调度状态。当系统以最高水平控制运行时，如物流工作站计算机调度失败，则可返回到低一级水平控制。这时，可以恢复到遥控终端控制或车载控制，AGV 系统仍可继续工作。

　　② 车辆调度法则。在多车多工作站的系统中，AGV 遵循何种车辆调度法则，对于FMS 的运行性能和效率有很大的影响。最简单的车辆调度法则是顺序车辆调度法则，它是让 AGV 在导向线路上不停地行驶，依次经过每一个工作站，当经过有负载需要装运的工作站时，AGV 便装上负载继续向前行驶，并把负载输送到它的目的地。这种调度法则不会出现车间闭锁（交通阻塞）现象，但物流系统的柔性及物料通过量都比较低。为了克服上述缺点，柔性物流系统逐步采用一些先进的车辆调度法则。例如，从任务申请角度出发，有最大输送排队长度法则、最少行驶时间法则、最短距离法则、最小剩余输送排队空间法则、先来先服务法则等；从任务分配角度出发，有最近车辆法则、最快车辆法则、最长空闲车辆法则等。柔性物流系统使用何种法则为最好，与物流输送形式、设备布置、工件类型、AGV 数目等多种因素有关，需要通过计算机仿真试验才能确定。

　　（3）系统监控

　　复杂的柔性物流系统自动化程度高、物料输送量大。为了避免系统出现故障或运行速度减慢等问题，需要对 AGV 系统进行监控。目前，AGV 系统监控有三种途径：定位器面板、摄像机与 CRT 彩色图像显示器及中央记录与报告。

四、自动化仓库

　　自动化立体仓库又称为自动存储自动检索系统（AS/RS，Automated Storage/Retrieval System），是一种新型的仓储技术，是物料搬运和仓储科学中的一门综合科学技术工程。在整个 FMS 中，当物流系统线内存储功能很小而要求有较多的存储量时，或者要求无人化生产时，一般都设立自动化中央仓库来解决物料的集中存储问题。柔性物流系统以自动化仓库为中心，依据计算机管理系统的信息，实现毛坯、中央半成品、成品、配套件或工具的自动存储、自动检索、自动输送等功能。中央仓库有多种形式，常见的有平面仓库和立体仓库两种。

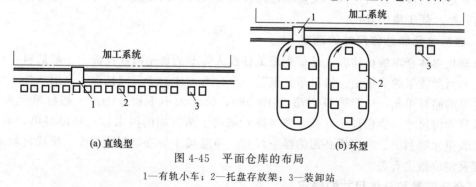

(a) 直线型　　　　　　　　**(b) 环型**

图 4-45　平面仓库的布局

1—有轨小车；2—托盘存放架；3—装卸站

　　平面仓库是一种货架布置在输送平面内的仓库，对于大型的工件，由于提升困难，往往采用平面仓库集中存储。平面仓库是在输送平面内的布局形式，通常有直线型和环型两种，见图 4-45。

　　图 4-45（a）是托盘存放站沿输送线直线排列，由有轨小车完成自动存取和输送。图

4-45（b）是由两台八工位环形储料架组成的平面仓库。环形料架具有环形运动，因而可以任意空位入库储存，或根据控制指令选择工件出库。

立体仓库又称高层货架仓库，如图 4-46 所示。它主要由高层货架、堆垛机、输送小车、控制计算机、状态检测器等构成。有时还要配置信息输入设备，如条形码扫描器。物料需存放在标准的料箱或托盘内，然后由巷道式堆垛机将料箱或托盘送入高层货架的货位上，并利用计算机实现对物料的自动存取和管理。虽然以自动化立体仓库为中心的自动化物流系统耗资巨大，但在实现物料的自动化管理、加速资金周转、保证生产均衡及柔性生产等方面所带来的效益是巨大的，所以自动化立体仓库是目前仓储设施的发展趋势。

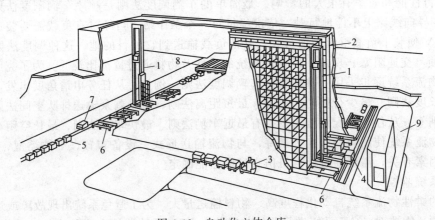

图 4-46　自动化立体仓库

1—堆垛机；2—高层货架；3—场内 AGV；4—场内 RGV；5—中转货位；6—出入库传送滚道；
7—场外 AGV；8—中转货场；9—计算机控制室

1. 自动化立体仓库的总体布局

装有物料的标准料箱或托盘进出高层货架的形式有下面两种：

① 贯通式。贯通式是将物料从巷道一端入库，从另一端出库。这种方式总体布局简单，便于管理和维护，但是物料完成出库、入库过程需经过巷道全长。

② 同端出入式。同端出入式是将物料入库和出库布置在巷道的同一端。这种方式的最大优点是能缩短出、入库时间。尤其是在库存量不大，且采用自由货位存储时，可将物料存放在距巷道出入端较近的货位，缩短搬运路程，提高出、入库效率。另外仓库与作业区的接口只有一个，便于集中管理。

2. 储料单元和总体尺寸的确定

自动化立体仓库的存储方式是首先把工件放入标准的货箱内或托盘上，然后再将货箱或托盘送入高层货架的货格中。储料单元就是一个装有工件的货箱或托盘。高层货架不宜存储过大过重的储料单元，一般质量不超过 1000kg，尺寸大小不超过 1m²。储料单元确定后，就可计算货位尺寸。货位尺寸（长×宽×高）取决于两方面的因素：一是储料单元的大小；二是储料单元顺利出、入库所必需的净空尺寸。净空尺寸与货架制造精度、堆垛机轨道的安装精度及定位精度有关。

3. 仓库容量和总体尺寸的确定

仓库容量 N 是指同一时间内可存储在仓库中的储料单元总数，其大小与制造系统的生产纲领、工艺过程等因素有关，需依据实际情况进行计算。

仓库总体尺寸包括长度 L、宽度 B 和高度 H（单位均为 mm），可按以下公式计算：

$$L = N_L l$$
$$B = N_B b + [B_d + (150 \sim 400)]n$$
$$H = N_H h$$

式中，N_L、N_B、N_H 分别为仓库在长度、宽度、高度方向上的货位数，即 $N = N_L N_B N_H$；l、b、h 分别为单个货位在长、宽、高三个方向上的尺寸，mm；B_d 为堆垛机宽度，mm；n 为巷道数。一般取：$H/L = 0.15 \sim 0.4$；$B/L = 0.4 \sim 1.2$。

在仓库总体尺寸中高度对仓库制造的技术难度和成本影响最大，一般视厂房的高度而定。

4. 高层货架

高层货架是自动化立体仓库的主体。它通常由冷拔型钢、角钢、工字钢焊接而成。一般在设计与制造时，首先要保证货架的强度、刚度和整体稳定性，其次要考虑减轻货架质量、降低钢材消耗，需注意的具体问题如下：

① 货架构件的结构强度；
② 货架整体的焊接强度；
③ 储料单元载荷引起的货位挠度；
④ 货架立柱与桁架的垂直度；
⑤ 支承脚的位置精度和水平度。

5. 巷道式堆垛机

巷道式堆垛机是一种在自动化立体仓库中使用的专用起重机，主要由行走机构、升降机构、装有存取机构的载货台、机架（车身）和电气设备五部分组成，如图 4-47 所示。其作用是在高层货架间的巷道中穿梭运行，将巷道口的储料单元存入，或者相反将货位上的储料单元取出送到巷道口。

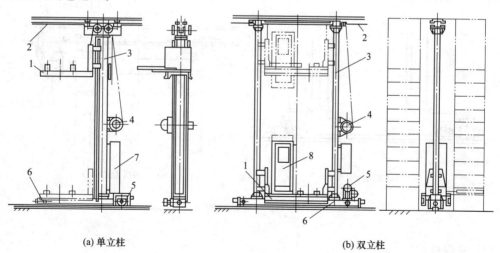

(a) 单立柱   (b) 双立柱

图 4-47 巷道式堆垛机
1—载货台；2—上横梁；3—立柱；4—升降机构；5—行走机构；6—下横梁；7—电气装置；8—司机室

（1）巷道式堆垛机的特点

由于使用场合的限制，巷道式堆垛机在结构和性能方面有以下特点：

① 整机结构高而窄，其宽度一般不超过储料单元的宽度，因此限制了整机布置和机构选型；
② 金属结构件除应满足强度和刚度要求外，还要有较高的制造和安装精度；
③ 采用专门的取料装置，常用多节伸缩货叉或货板机构；

④ 各电气传动机构应同时满足快速、平稳和准确的要求；

⑤ 配备可靠的安全装置，控制系统应具有一系列联锁保护措施。

（2）机架

堆垛机的机架由立柱、上横梁和下横梁组成一个框架，整机结构高而窄。机架可以分为单立柱和双立柱两种类型。双立柱结构的机架由两根立柱和上、下横梁组成一个长方形的框架。这种结构强度和刚性都比较好，适用于起重量较大或起升高度比较高的场合。单立柱式堆垛机机架只有一根立柱和一根下横梁，整机重量比较轻，制造工时和材料消耗少，结构更加紧凑且外形美观。堆垛机运动时，司机的视野比较宽阔，但刚性稍差。载货台与货物对单立柱的偏心作用，以及行走、制动和加减速的水平惯性力的作用对立柱会产生动、静刚度方面的影响。当载货台处于立柱最高位置时挠度和振幅达到最大值，这在设计时需加以校核计算。堆垛机的机架沿天轨运行，为防止框架倾倒，上梁上装有导引轮。

（3）行走机构

行走机构由电动机、联轴器、制动器、减速器和行走轮组成。按行走机构所在的位置的不同可分为地面行走式和上部行走式，如图 4-48 所示。其中，地面行走式使用最广泛，这种方式一般用两个或四个承重轮，沿敷设在地面上的轨道运行，在堆垛机顶部有两组水平轮沿天轨（在堆垛机上方辅助其运行的轨道）导向。如果堆垛机车轮与金属结构通过垂直小轴铰接，堆垛机就可以走弯道，从一个巷道转移到另一个巷道去工作。上部行走式同地面行走式类似，它用四或八个车轮在悬挂于屋架下弦的工字钢下翼缘上行走，也可以用四个车轮沿巷道两侧货架顶部的两根轨道行走。两种形式在下部都装有水平导轮沿货架下部的水平导轨导行。行走机构的工作速度依据巷道长度和物料出入库频率而定，正常工作速度控制在50～100m/min，最高可达到 180m/min，为了保证停止精度，应有一挡 4～6m/min 的低速。

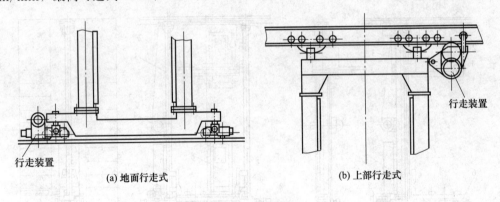

（a）地面行走式　　　　（b）上部行走式

图 4-48　行走机构

（4）升降机构

巷道式堆垛机的起升机构由电动机、制动器、减速机、卷筒或链轮以及柔性件（常用的柔性件有钢丝绳和起重链等）组成，如图 4-49 所示。卷扬机用钢丝绳牵引载荷台做升降运动。除了一般的齿轮减速机外，由于需要较大的减速比，因而也经常见到使用蜗轮蜗杆减速机和行星齿轮减速机的。在堆垛机上，为了尽量使起升机构尺寸紧凑，常使用带制动器的电机。起升机构的工作速度一般为 12～30m/min，最高可达 48m/min。不管选用多大的工作速度，都备有低速挡，主要用于平稳停准和取放货物时的"微升降"作业。在堆垛机的起重、行走和伸叉（叉取货物）三种驱动中，起重的功率最大。

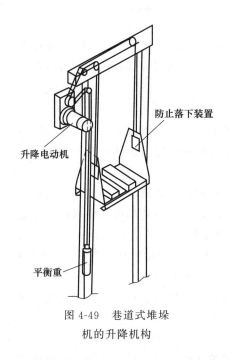

图 4-49 巷道式堆垛
机的升降机构

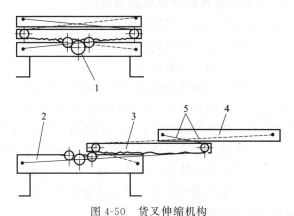

图 4-50 货叉伸缩机构

1—驱动齿轮；2—固定叉；3—中间叉；4—前叉；5—驱动链条

（5）载货台及货叉伸缩机构

载货台是货物单元的承载装置，沿立柱导轨上升和下降，它上面装有货叉伸缩机构、司机室、起升机构动滑轮、限速防坠落装置等。

货叉伸缩机构是堆垛机取放物料装置，它由前叉、中间叉、固定叉、驱动齿轮等组成，如图 4-50 所示。固定叉安装在载货台上，中间叉可在齿轮-齿条的驱动下，从固定叉的中点向左或向右移动，移动的距离大约是中间叉长度的一半；前叉在链条或钢丝绳的驱动下，可从中间叉的中点向左或向右伸出。货叉伸缩机构的工作速度一般在 15m/min，最高可达 30m/min。

（6）电气设备

主要包括电力拖动、控制、检测和安全保护。在电力拖动方面，目前常用的是交流变频调速，从而满足堆垛机高速运行、换速平稳、低速停准的要求。对堆垛机的控制一般采用可编程控制器、单片机和计算机等。检测系统必须具有堆垛机自动认址、货位虚实探测以及货箱位置检查等功能。

（7）安全保护装置

巷道堆垛机在又高又窄的巷道内高速运行，起升高度大，为了保证人身及设备的安全，堆垛机必须配备有完善的硬件及软件的安全保护装置，电气控制上采取一系列联锁和保护措施。除了一般起重机常备的安全保护（如各机构的终端限位和缓冲、电机过热和过电流保护、控制电路的零位保护等）外，还应根据实际需要，增设各种保护。主要的安全保护装置如下：

① 堆垛机在行走、载货台升降和货叉伸缩终端处都设有机械和电气限位装置。

② 货物检测。载货台上设有货物超高、超长和超宽检测装置。在货物进入载货台时，当检测到货物超过设定高度、长度或宽度时，堆垛机便停止运行并报警。

③ 载货台上还设有检测货叉是否回位、货叉上有无货物和货位中有无货物的装置。入库时，必须检测货位中有无货物，以避免发生事故。

④ 断电保护。如载货台升降过程中忽然断电，则通过提升电机制动使载货台停在当前

位置，不会掉落下来。

⑤ 载货台断链保护。提升链条通过压簧与载货台相连，当链条由于长时间使用或意外原因忽然断裂时，弹簧弹开链条，检测装置检测到链条时，便驱动相应装置使载货台停在当前位置，不至于掉下来，同时整个堆垛机停止运行。

6. 自动化仓库的计算机控制系统

自动化仓库的含意是指仓库管理自动化和出入库的作业自动化，因此要求自动化仓库的计算机控制系统应具备信息的输入及预处理、物料的自动存取和仓库自动化管理等功能。

（1）信息的输入及预处理

信息的输入及预处理包括对物料条形码的识别，认址检测器、货格状态检测器的信息输入以及这些信息的预处理。在货箱或零件的适当部位贴有条形码，当货箱或零件通过入库运输机滚道时，用条形码扫描器自动扫描条形码，将货箱或零件的有关信息自动录入计算机中。认址检测器一般采用脉冲调制式光源的光电传感器。为了提高可靠性，可采用二路组合，向控制机发出的认址信号以三取二的方式准确判断后，再控制堆垛机停车、正反向和点动等动作。货格状态检测器可采用光电检测方法，利用货箱或零件表面对光的反射作用，探测货格内有无货箱或零件。

（2）物料的自动存取

物料的自动存取包括货箱或零件的入库、搬运和出库等工作。当物料入库时，货箱或零件的地址条形码自动输入到计算机内，因而计算机可方便地控制堆垛机的行走机构和升降机构移动，到达对应的货格地址后，堆垛机停止移动，把物料送入该货格内。当要从仓库中取出物料时，首先输入物料的条形码，由计算机检索出物料的地址，再驱动堆垛机进行认址移动，到达指定地址的货格取出物料，并送出仓库。

（3）仓库自动化管理

仓库自动化管理包括对仓库的物资管理、账目管理、货位管理及信息管理等内容。入库时将货箱或零件"合理分配"到各个巷道作业区，以提高入库速度；出库时，能按"先进先出"的原则，或其他排队原则出库。同时，还要定期或不定期地打印各种报表。当系统出现故障时，还可以通过总控制台的操作按钮进行运行中的"动态改账及信息修正"，并判断出发生故障的巷道，暂停该巷道的出、入库作业。

第五节　物料输送系统应用实例

在机械制造自动化生产过程中，物料输送系统起着不同机床、不同工位之间物料输送的桥梁和纽带作用。根据所输送物料形式不同，可采用不同的物料输送系统，下面以实例对物料输送系统进行简要的介绍。

一、机械手与平带输送相结合物料输送系统

在搪瓷制品（如搪瓷缸、搪瓷盆等）加工过程中，其加工工艺首先是采用冲压的方法冲压出圆形薄板毛坯料，再通过拉伸将平板毛坯料拉伸成搪瓷缸或搪瓷盆的形状，再辅以其他手柄焊接、端口热处理、沾浆及烧花等工艺，制成成品后进行包装。这里的物料输送系统如图4-51所示，是指从冲压出的圆形薄板毛坯料开始到冲压拉伸的中间环节，其中包括机械手取放物料、输送带输送物料、物料纠位装置及机械手将物料放入压力机模具等过程。

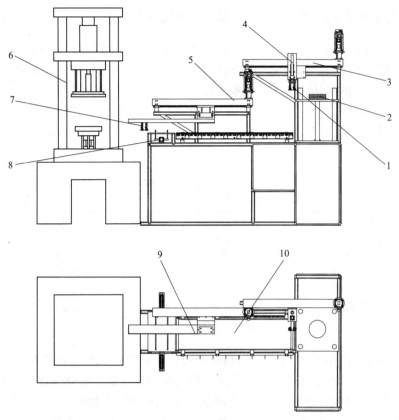

图 4-51　机械手与平带输送相结合物料输送系统

1,7—负压吸盘；2—圆形毛坯；3,5—导轨；4,9—上料
机械手；6—压力机；8—纠位装置；10—平带输送系统

　　机械手与平带输送相结合物料输送系统由输送系统支架、上料机械手、平带输送系统、纠位装置及拉伸压力机等构成。工作中，首先将冲压出的圆形毛坯料叠放在毛坯料支架上，上料机械手 4 水平移至毛坯料上方，气缸推动负压吸盘向下将圆形毛坯吸起。在毛坯料拉伸过程中，如果出现两片甚至多片毛坯料叠加在一起的情况，则会造成模具的损坏。为了克服此种情况的发生，在上料机械手 4 的负压吸盘与气缸间增加力传感器，根据重量来检测取出的是单件毛坯还是多件毛坯，如果是单件毛坯则说明取料正确，上料机械手 4 向平带输送系统方向运动，到位后将毛坯料释放；如果是多片叠加在一起，则上料机械手 4 向相反侧移动，将取到的问题物料剔除出生产线。落到平带输送系统上的毛坯料，经过输送带输送到纠位装置处，经过纠位后停到固定位置，上料机械手 9 的负压吸盘在上料机械手 9 的作用下将毛坯料吸住经左移放入压力机模具中进行拉伸，完成该道工序工作。相应三维图如图 4-52 所示。

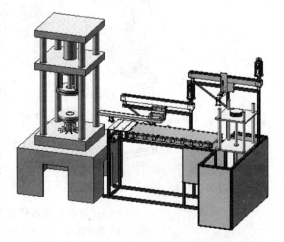

图 4-52　机械手平带物料输送系统三维图

二、采用振动盘的滚针自动送料及双端面磨削系统

在十字轴总成中采用滚针轴承来降低万向传动轴传递动力过程中，双联叉与十字轴、叉轴与十字轴之间的摩擦力。滚针作为滚针轴承的主要零件，不仅精度要求高，而且用量较大。因此，实现滚针的自动化加工具有重要意义。

滚针工件图如图 4-53 所示。在滚针加工过程中，为了保证滚针的长度尺寸公差，需要双端面磨削工序。下面以滚针双端面磨削工序的自动上料、磨端面及下料工序为例进行介绍。

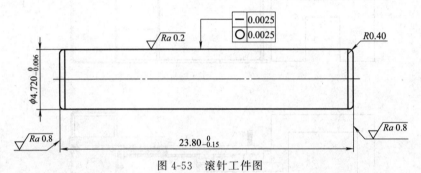

图 4-53　滚针工件图

图 4-54 为采用振动盘的滚针自动送料及双端面磨削系统，主要包括振动料盘、滚针输送管、送料圆盘、双端面磨床等。待加工滚针倒入振动料盘后，振动料盘以一定频率的振动将滚针按序沿着振动盘边缘料道输入到滚针输送管，在后面滚针的推动下，最前面的滚针进入送料圆盘的接料孔中，随着送料圆盘的连续回转将滚针带入砂轮磨削区进行磨削。磨削完成后的工件随回转圆盘进入落料区，通过压缩空气喷嘴将加工完成后的工件从回转圆盘吹出落入下料管道下料。

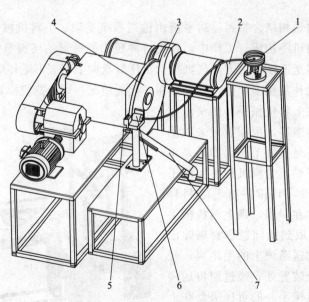

图 4-54　滚针自动送料及双端面磨削系统示意图
1—振动料盘；2—滚针输送管；3—双端面磨床；
4—回转圆盘；5—吹料喷嘴；6—上料器；7—输料道

复习思考题

4-1　试述物流输送系统的功能。

4-2　试述物流输送系统的组成和分类。

4-3　试述料仓与料斗的区别，并举例说明料斗的定向方法。

4-4　试述自动线输送系统的类型及应用场合。

4-5　什么是积放式悬挂输送系统，它与通用悬挂输送系统有何不同？

4-6　托盘交换器有哪几种类型？各有何特点？

4-7　什么是 RGV 与 AGV？它们各有何特点？

4-8　什么是自动化仓库？分为哪两类？各有何特点？

4-9　什么是巷道式堆垛起重机？有何特点？

第五章

自动化加工刀具

随着机械制造自动化技术的高速发展，过去单纯的刀具生产已不能满足数控机床（CNC）、加工中心（MC）、柔性制造单元（FMC）和柔性制造系统（FMS）等加工的要求，自动化加工刀具的范围已扩展到包括刀具管理、刀具识别和监测在内的现代刀具技术，有效地提高了整个自动化加工过程的生产效率。

第一节　自动化刀具的类型及选用

一、自动化刀具的特点

为了适应自动化加工机床连续性生产、使用刀具数量多、生产率高、加工质量稳定等特点，所用刀具除应满足一般刀具所具备的条件外，还应尽量满足以下要求：

（1）刀具切削性能稳定，具有高的耐用度和可靠性

自动化加工的基本前提就是刀具应有高的可靠性，加工中不会发生意外的损坏。刀具的性能一定要稳定可靠，同一批刀具的切削性能和刀具寿命不得有较大差异。

为了提高生产效率，现在的数控机床向着高速度、高刚性和大功率发展。如中等规格的加工中心，其主轴最高转速一般为 3000～5000r/min，有的高达 10000r/min。因此现代刀具必须有承受高速切削和较大进给量的性能，而且要有较高的刀具寿命，以减少换刀次数和调整时间。对于数控镗铣床，应尽量采用高效铣刀和可转位刀具等先进刀具。采用的高速钢刀具尽量用整体磨制后再经涂层的刀具，以保证刀具刀具寿命高，又稳定可靠。目前数控机床上涂层硬质合金刀具、陶瓷刀具和超硬刀具等高性能材料的刀具不断出现，并在最佳切削速度下工作，充分发挥了数控机床的效能。

（2）断（卷）屑和排屑方便可靠

自动化机床的加工往往是在封闭的环境里进行的，其加工过程一般不需要人工干预，所以可靠的断屑和排屑，对保证加工质量及设备安全意义重大，因此要求所用刀具应能可靠地断（卷）屑，便于实现自动排屑。

（3）刀具能实现快速更换，调整方便

自动化机床使用的刀具种类较多，所用的刀具数量从几十把到上百把。为了尽量减少装卸和调整刀具所需的辅助时间，要求采用可调整刀具，在线外预调好刀具尺寸，并采用各种

快换刀架和刀夹，以保证准确而迅速地实现换刀，减少换刀的时间损失，某些情况下还要适应自动换刀的需要（如加工中心）。

（4）刀具应具有较高的精度

为适应自动化加工的精度和快速自动更换刀具的要求，刀具及其装夹机构也必须具有很高的精度，能保证在机床上的安装精度（通常在 0.005mm 以内）和重复定位精度。例如镗铣类加工中心使用的刀具锥柄精度选用 ISO AT$_4$ 级精度。数控车床使用的可转位刀片一般为 M 级精度，其刀体加工精度也要相应提高。如果数控车床是圆盘形或圆锥形刀架，要求刀具不经过尺寸预调直接装上使用时，则应选用精密级可转位车刀，其所配用的刀片应有 G 级精度，或者选用精化刀具，以保证高要求的刀尖位置精度。对于数控机床用的整体刀具也具有高精度的要求。例如有些立铣刀的径向尺寸精度高达 0.005mm，以满足精密零件的加工要求。

（5）实现刀具的标准化、系列化和通用化

这样不仅便于刀具的制造，降低刀具的费用，也有利于减少刀具及辅助工具的品种和规格，便于管理和实现自动化换刀，从而降低生产成本和提高生产效率。特别是一些具有柔性制造系统（FMS）的现代制造车间，通常建立有 FMS 刀具管理系统，负责刀具的运输、存储和管理，适时地向加工单元提供所需的刀具，监控管理刀具的使用等，这也需要以刀具的标准化、系列化和通用化为基础，实现对刀具的集中监控和管理。

（6）设置加工及刀具工作状态的监控及检测装置

为保证刀具在正常的切削条件下稳定可靠地进行加工，避免意外事故（如孔内切屑堵塞等）损坏刀具，造成零件报废，甚至损坏机床，应设置加工过程及刀具工作状态的监控与自动检测装置，即按刀具的过载保护及破损检测要求，设置刀具的破损信号显示及报警装置。

二、自动化刀具的类型及选用

自动化刀具通常分为标准刀具和专用刀具两大类。在以自动生产线为代表的刚性自动化生产中，应尽可能提高刀具的专用化程度，以取得最佳的总体效益；而在以数控机床、加工中心为主体构成的柔性自动化加工系统中，为了提高加工的适应性，同时考虑到加工设备的刀库容量有限，应尽量减少使用专用刀具，而选用通用标准刀具、刀具标准组合件或模块式刀具。

自动化常用的刀具种类有：可转位车刀、高速钢麻花钻、机夹扁钻、扩孔钻、铰刀、镗刀、立铣刀、面铣刀、丝锥和各种复合刀具等。刀具的选用与其使用条件、工件材料与尺寸、断屑情况及刀具和刀片的生产供应等许多因素有关。此外，刀具的结构形式有时对工艺方案的拟订也起着决定性的影响，因此必须慎重对待，综合考虑。

1. 刚性自动化刀具及辅具

组合机床及其自动线是大批量生产中常用的刚性自动化设备，属于专门化的生产形式，所用刀具的专门化程度高，其工具系统相对简单。在刚性自动化系统中，根据工艺要求与加工精度的不同，常用的刀具有一般刀具、复合刀具和特殊刀具等。在选择刀具时应注意以下问题：

① 优先选取各种标准刀具。

② 为了工序集中或加工精度的需要，可以采用复合刀具。例如用装有几把镗刀的镗杆镗削同轴孔等。

③ 要根据加工材料的特点合理选择刀具结构，以保证刀具耐用度。

④ 镗刀和铰刀的选用原则：

a. 在进行孔的精加工时，大多数情况下镗和铰的工艺均可采用。但因铰刀的直径不宜做得过大，故铰孔一般用于加工 100mm 以下的孔。

b. 在多工位的回转工作台和鼓轮机床上，宜采用铰削工艺。因为这种机床在加工时易产生振动，若采用镗削有时会影响加工孔的圆度误差和表面质量。

为了在组合机床及其自动线上实现切削刀具的快换和实现一些较特殊的工艺内容，采用了各种标准的和专用的辅具。常用的标准辅具有各种浮动卡头、快换卡头和接杆等。

① 卡头。在组合机床上，一般孔的位置精度通常由夹具保证。为了避免圆周位置与夹具导套不同轴而使刀杆"别劲"以致影响加工，常采用浮动卡头连接主轴与刀杆；为了实现切削刀具的快换，常采用快换卡头来连接主轴与刀杆。

图 5-1 所示为一种利用弹性变形来夹紧圆柱刀柄的快换卡头。当外套做顺时针方向转动时，它就向右移动，通过一组斜放的滚针，迫使弹性套变形，以夹紧刀杆。这种卡头同轴度高，紧固可靠，使用方便。

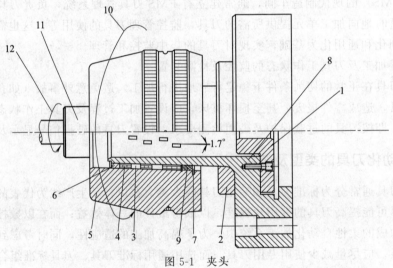

图 5-1　夹头

1—弹簧套；2—止动环；3—滚针；4—保持架；5—夹紧套；6—挡圈；

7—弹性挡圈；8—限位法兰；9—防尘圈；10—拧紧方向；11—刀杆；12—切削方向

② 接杆。为了在主轴上装刀具，还可以采用可以调节尺寸的接杆（也称延伸轴）。

图 5-2 所示为用钢球夹紧的快换攻螺纹接杆。接杆 1 用三个钢球 3 压紧丝锥尾柄，推动

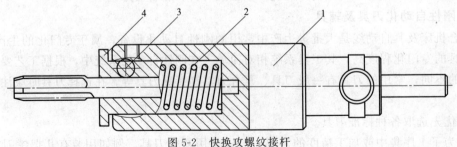

图 5-2　快换攻螺纹接杆

1—接杆；2—弹簧；3—钢球；4—套

套 4，压缩弹簧 2，即可取下丝锥，钢球从螺孔中放入，嵌在套 4 的圆周上。

专用辅具是为了完成一些特殊的加工内容而设计的，常见的有孔内切槽、端面或止口加工、切内锥面、镗球孔等。这些辅具的共同点是都需要刀具的斜向或横向进给，其一般原理是：利用钻镗头在工作进给中，使辅具的一部分顶在夹具或工件上，不再向前进给，而与辅具的另一部分产生相对运动，通过一定的转换机构，将动力滑台的纵向进给运动转换成刀具的横向或斜向运动。图 5-3 所示为采用较简单的斜面传动的切槽刀杆。工作原理为：滑台向前工作进给，当切槽刀到达预定的轴向位置时，螺母 2 顶在夹具导套端面上，使刀杆 3 不再向前，而刀杆 4 继续向前，迫使刀杆 3 在刀杆 4 的斜孔中做相对横向平移，切槽刀横向进给切槽。当切到一定深度后，滑台快退，压缩弹簧 1 使刀杆 3 先横向退刀，退出工件后，刀杆 4 和刀杆 3 一起快退。

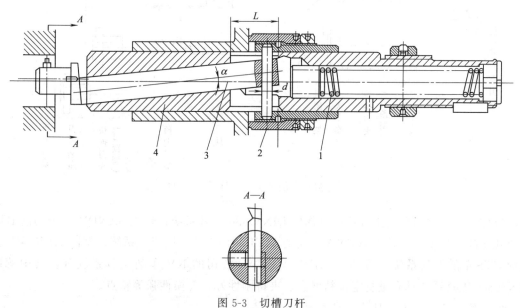

图 5-3 切槽刀杆
1—弹簧；2—螺母；3,4—刀杆

2. 数控机床和柔性自动化加工用的工具系统

这里的工具系统是指用来连接机床主轴与刀具的辅具的总称。

以数控机床、加工中心为主体所构成的柔性自动化加工系统，因要适应随机变换加工零件的要求，所用刀具数量多，且要求换刀迅速准确，所以在各种加工中心上还应实现自动换刀。为此，需要采用标准化、系列化、通用化程度较高的刀具和辅具（含刀柄、刀夹、接杆和接套等）。目前在数控加工中已广泛采用各种可转位刀具。不少国家或公司都针对数控镗铣加工和数控车削加工等分别制订出标准化和系列化的工具系统，已逐步形成了较为完善的数控车削加工用的工具系统和数控镗铣加工用的工具系统。随着数控机床的发展，目前也出现了可同时适应数控车削和数控镗铣加工的工具系统。在生产中可根据具体情况按标准刀具目录和标准工具系统合理配置所需的刀具和辅具，供加工系统使用。

（1）数控车削加工用的工具系统

数控车削加工用的工具系统的构成与结构，与机床刀架的型式、刀具类型以及刀具系统是否需要动力驱动等因素有关。数控车床类机床常采用立式或卧式转塔刀架作为刀库，刀库容量为 4～8 把刀具，一般按加工工艺顺序布置，并实现自动换刀。其特点是结构简单、换刀快速，一次换刀仅需 1～2s，对相似性较高的零件加工一般可不换刀。当加工不同种类零件时，需要重新换装刀具或整体交换转塔刀架。图 5-4 为数控车削加工用工具系统的组成。它由机床刀架（如转塔刀架）、刀夹基座、可预调的快换刀夹、预调刀夹和刀具等几部分组成。

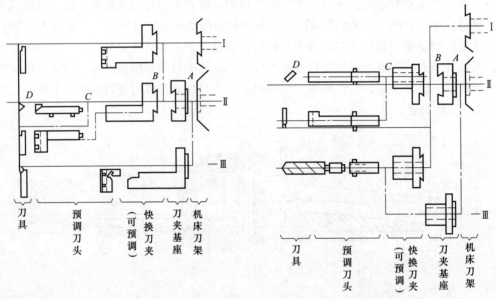

图 5-4　数控车削加工用工具系统的组成

目前比较典型的车削工具系统有德国 DIN69880 工具系统；瑞士 SANDVIK 公司的 BTS 模块式车削工具系统；日本 WIDIA 公司的 MULTIFLEN 车削工具系统；德国 HERTEL 公司的 FTS 车削工具系统以及美国 KENAMETAL 公司的 KV 车削工具系统等。其中德国 DIN69880 工具系统具有重复定位精度高、夹持刚性好、互换性强等特点。

（2）数控镗铣加工刀具的工具系统

数控镗铣加工刀具的工具系统一般由工具柄部、刀具装夹部分和刀具组成。

工具柄部是指工具系统与机床连接的部分。刀柄的标准分为直柄和锥柄两大类。目前，镗铣类数控机床及加工中心多采用 7：24 的工具圆锥柄，如图 5-5 所示。这类锥柄不自锁，换刀比较方便，比直柄有较高的定心精度与刚度，但为了达到较高的换刀精度，柄部应有较

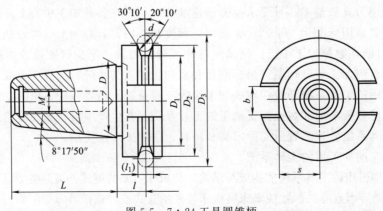

图 5-5　7：24 工具圆锥柄

高的制造精度。生产实践及研究试验表明，对于现代化加工（特别是高精度、高速度加工）及自动换刀要求，7：24 的工具圆锥柄存在许多不足：轴向定位精度差，刚度不够，高速旋转时会导致主轴孔扩张，所需拉紧力大，换刀时间长等。为此，德国 DIN 标准中提出了"自动换刀空心柄"标准，图 5-6 是这种刀柄在机床主轴内的安装情况。

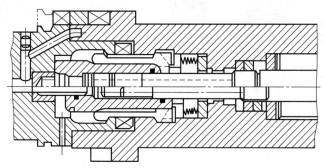

图 5-6　自动换刀刀柄在机床主轴内的安装情况

镗铣类工具系统可分为整体式与模块式结构两大类：

① 整体式结构镗铣类工具系统。这种工具系统的柄部与夹持刀具的工作部分连成一体，不同品种和规格的工作部分都必须带有与机床主轴相连接的柄部，致使工具的规格、品种繁多，给生产、使用和管理都带来不便，我国的 TSG82 工具系统就属于这种类型。TSG82 工具系统是一个连接镗铣类数控机床（含加工中心）的主轴与刀具之间的辅具系统，它包含多种接杆和刀柄，也有少量刀具（如镗刀头），具有结构简单、使用方便、装卸灵活、调换迅速等特点。

② 模块式工具系统。20 世纪 80 年代以来，为了解决整体式工具系统规格品种繁多的问题，一些国家或公司相继开发了多种多样的模块式工具系统。这种工具系统把工具的柄部和工作部分分开，制成各种系列化的模块，然后用不同规格的中间模块组装成不同用途、不同规格的模块式工具，从而方便了制造、使用和管理，减少了用户的工具储备。

图 5-7 是数控镗铣床上用的模块式工具系统的结构示意图。图（a）为与机床相连的工具锥柄，其中带夹持 V 形槽的适用于加工中心机床，可供机械手快速装卸锥柄用；图（b）、（c）为中间接杆，它有多种尺寸，以保证工具各部分具有所需的轴向长度和直径尺寸；图（d）、（e）为用于装夹镗刀的中间接杆，内有微调镗刀尺寸的装置；图（f）为另一种接杆，它的一端可连接不同规格直径的粗、精刀头或面铣刀、弹簧夹头、圆柱形直柄刀具和螺纹切头等，另一端可直接与锥柄或其他中间接杆相连接。利用这些模块组成的刀具可以实现通孔加工 [图 5-8（a）]；粗镗-半精镗-精镗孔有倒角 [图 5-8（b）]；镗阶梯孔 [图 5-8（c）]；镗同轴孔及倒角 [图 5-8（d）]；以及钻-镗不同孔等的组合加工 [图 5-8（e）]。

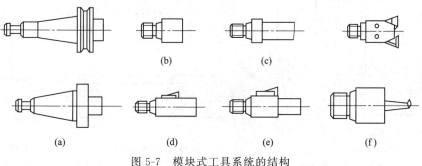

(b)　　　　　　(c)

(a)　　　　(d)　　　　(e)　　　　(f)

图 5-7　模块式工具系统的结构

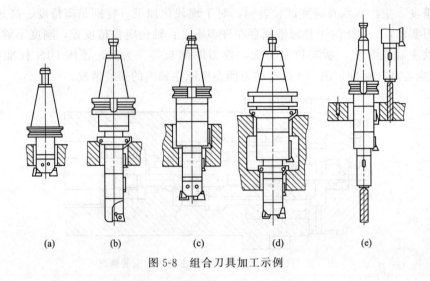

图 5-8　组合刀具加工示例

三、刀具的快换及调整

为了减少更换和调整刀具所需的辅助时间，可以采用各种刀具快换及调整装置，在线外预调好刀具尺寸，准确而迅速地实现机床上的换刀。

实现快速更换刀具的基本方法有：①更换刀片；②更换刀具；③更换刀夹。

1. 更换刀片

目前在自动化加工中广泛采用各种硬质合金刀具进行切削，刀具磨损后，只要将刀片转过一个角度即可继续使用；整个刀片磨损后，可换上同一型号的新刀片。这种方法简便迅速，不需要线外或线内（机床内）对刀调整。换刀精度取决于刀片的精度等级和定位精度。但当机床的工作空间较小时，刀片的拆装及支承面的清理不太方便。图 5-9 为一种机夹可转位车刀的结构示意图。

2. 更换刀具

从刀夹上取下磨钝了的刀具，再将已在线外调整好的刀具装上即可。这种方法比较方便、迅速，换刀精度高，可使用普通级可转位刀片，也不受机床敞开空间大小的限制。但对刀杆的精度要求较高，并需增加预调装置及预调工作量。图 5-10 是一种可调整轴向定位尺

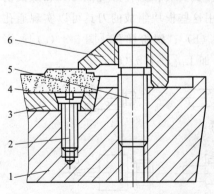

图 5-9　机夹可转位车刀结构示意图

1—刀杆；2—沉头螺钉；3—刀垫；
4—刀片；5—压紧螺钉；6—压紧块

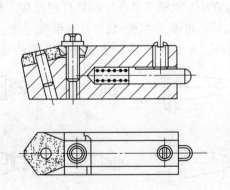
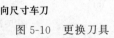
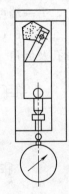

(a) 可调轴向尺寸车刀　　　(b) 线外对刀装置

图 5-10　更换刀具

寸的车刀及其线外对刀装置。

3. 更换刀夹

更换刀具时整个刀夹一起卸下调换，在线外将已磨好的刀具固定在刀夹上进行预调。这种方法能获得较高的换刀精度，一个刀夹可装上几把刀具，缩短了换刀时间，并可实现机械手自动换刀。但需要一套复杂的预调装置，刀夹笨重，手工换刀不方便。图 5-11 是这种换刀方法的实例。

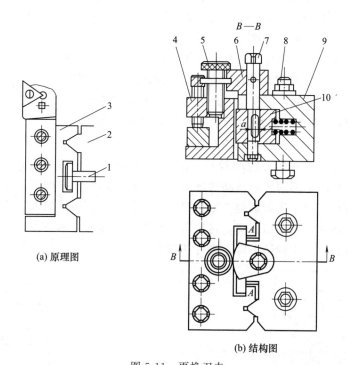

(a) 原理图

(b) 结构图

图 5-11 更换刀夹

1—压块；2—刀座；3—刀夹；4—快换刀夹；5—定位螺钉；
6—定位块；7—偏心轴；8—定位夹紧螺栓；9—刀夹体；10—T 形压块

第二节 自动化刀具的换刀装置

在零件的机械加工过程中，为了缩短辅助加工时间，提高机床的加工效率和加工质量，出现了各种各样的刀库和自动换刀装置。集成了刀库和自动换刀装置的数控机床称为加工中心，它预先将各种类型和尺寸的刀具存储在刀库中。加工时，机床根据数控加工指令自动选择所需要的刀具并装进主轴，或刀架自动转位换刀，使工件在一次装夹下完成多工序加工。

一、自动换刀装置

数控机床的自动换刀系统中，实现刀库与机床主轴之间传递和装卸刀具的装置称为刀具交换装置。在旧式数控机床上多采用转塔头自动换刀装置，这是一种较简单的换刀装置；在较复杂的数控机床上，刀具的交换方式通常采用由刀库与机床主轴的相对运动实现刀具交换和采用机械手交换刀具两类。刀具的交换方式及其具体结构对机床的生产率和工作可靠性有着直接的影响。

1. 转塔头自动换刀装置

若干根主轴安装在一个可以转动的转塔头上，每根主轴对应装有一根可以旋转的刀具。根据加工要求可以依次将装有所需刀具的主轴转到加工位置，实现自动换刀，同时接通主运动。因此这种换刀方式又称为更换主轴换刀，转塔头实际上就是一个刀库。图 5-12 所示为水平转轴式转塔头换刀装置，其转塔头绕水平轴转位，具有 8 个主轴，可装 8 把刀具，刀具的配置根据零件工艺要求而定。只有处于最下端的主轴才能与主传动接通并转动而进行加工。该工序完毕后，转塔头按穿孔带的指令转过一个或几个位置，实现自动换刀，转入下一工序。这是一种较简单的换刀装置。

这种自动换刀装置的刀库与主轴合为一体，机床结构较为简单，且由于省去了刀具在刀库与主轴间的交换等一系列复杂的操作过程，从而缩短了换刀时间，并提高了换刀的可靠性。还有带刀库和机械手的，更复杂的是更换主轴箱或更换刀库的加工中心。

2. 利用刀库与机床主轴的相对运动实现刀具交换的装置

在换刀时此装置必须首先将用过的刀具送回刀库，然后再从刀库中取出新刀具，这两个动作不可能同时进行，因此换刀时间较长。图 5-13 所示是利用刀库进行自动换刀的机床。换刀是通过刀库和机床主轴的相对运动实现的。根据指令，当前一把刀具加工终了离开工件后，工作台快速右移→刀库随着移至主轴位置→主轴箱下移，用过的刀具插入刀库空位中→主轴箱上升，刀库转位→主轴箱下降，转位后将所需刀具插入主轴→主轴箱上升→工作台快速左移，刀库随着复位→主轴箱下降，进行切削加工。

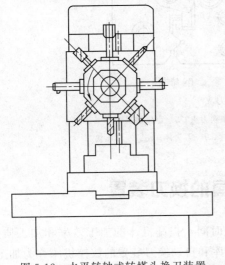

图 5-12　水平转轴式转塔头换刀装置

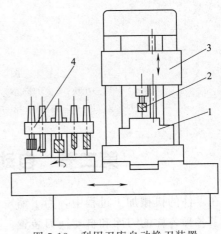

图 5-13　利用刀库自动换刀装置
1—工件；2—刀具；3—主轴箱；4—刀库

3. 利用机械手实现刀具交换的装置

采用机械手进行刀具交换的方式应用得最为广泛，这是因为机械手换刀有很大的灵活性，而且可以减少换刀时间。在各种类型的机械手中，双臂机械手使用得最为广泛。在刀库远离机床主轴的换刀装置中，除了机械手外，还要有中间搬运装置。

二、刀库

刀库是自动换刀系统中最主要的装置之一，其功能是储存各种加工工序所需的刀具，并按程序指令，快速、准确地将刀库中的空刀位和待用刀具送到预定位置，以便接收主轴换下的刀具和便于刀具交换装置进行换刀，它的容量、布局以及具体结构对数控机床的总体布局和性能有很大影响。

1. 刀库类型

加工中心上常用的机床刀库类型有盘式刀库、链式刀库和格子式刀库等，如图 5-14 所示。

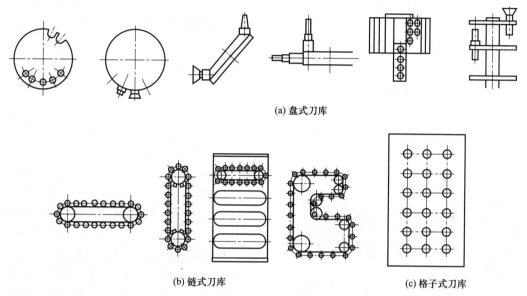

(a) 盘式刀库

(b) 链式刀库

(c) 格子式刀库

图 5-14　刀库

　　盘式刀库应用较广，刀具轴线与盘轴线平行、垂直或成锐角。这种刀库结构简单紧凑，但刀具单环排列、空间利用率低，大容量刀库的外径较大，转动惯量大，选刀运动时间长。因此，这种形式的刀库容量一般不宜超过 32 把刀具，常用于一些小型加工中心。

　　链式刀库容量较大，当采用多环链式刀库时，刀库外形较紧凑，占用空间较小，适用于大容量的刀库。增加存储刀具数量时，只需增加链条长度，而不增加链轮直径，链轮的圆周速度不变，所以刀库的转动惯量增加不多。这种刀库多用于一些国外进口的大型加工中心。

　　格子式刀库容量较大，结构紧凑，空间利用率高，但布局不灵活，通常将刀库安放于工作台上。

2. 刀具选择方式

　　根据数控系统的选择指令，从刀库中将各工序所需的刀具转换到取刀位置，称为自动选刀。自动选刀方式有两种：

　　（1）顺序选刀方式

　　采用这种方法时，刀具在刀库中的位置是严格按照零件加工工艺所规定的刀具使用顺序依次排列的，加工时按加工顺序选刀。采用这种选择方式时，驱动控制较为简单，工作可靠，不需要识刀装置。这种选刀方式的缺点是加工不同的工件时必须重新排列刀库中的刀具顺序，使刀具数量增加。因此，这种换刀选择方式不适合于多品种小批量生产。

　　（2）任意选择方式

　　这种方式根据程序指令的要求任意选择所需要的刀具，刀具在刀库中可以不按加工顺序而任意存放，利用控制系统来识别、记忆所有的刀具和刀座。自动选刀时，刀库旋转，自动识刀装置根据程序指令来选择所需要的刀具，当识刀装置所对应的刀具与程序指令所要求的刀具一致时，刀库停止转动，等待换刀。该方法的优点是刀具可以放在刀库中的任意位置，选刀灵活方便，提高了自动换刀装置的灵活性和通用性。因此，这种换刀选择方式适合于多品种小批量生产。

3. 编码方式

柔性自动化加工系统在换刀过程中，必须保证准确无误地自动选择加工所需要的刀具。为了提高系统的柔性和适应多品种小批量的随机生产而采用任意选刀方式的系统中，应为换刀系统配备刀具的编码和自动识别系统。

任意选刀方式需预先将刀库中的每把刀具进行编码，使之具有可识别的代码。其编码方式有刀具编码、刀套编码和编码附件等方式。

（1）刀具编码

这种编码方式就是在每一把刀具的尾部用编码环编上该刀具的号码。选刀时，根据程序所发出的刀号指令，选择所需的刀具。由于每把刀具都有自己的确定代码，所以无论将刀具放入刀库的哪个刀座中都不会影响正确选刀，这样刀库中的刀具可以在不同的工序中重复使用，用过的刀具也不一定放回原刀座中，避免了因为刀具存放在刀库中的顺序差错而造成的事故，也缩短了换刀时间，简化了自动换刀系统的控制。附有刀号编码环的标准刀柄如图5-15所示。每把刀具的后部都装有刀号编码环，编码环由几个厚度相等、直径

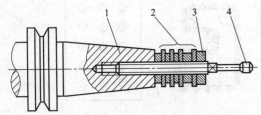

图5-15 附有刀号编码环的标准刀柄
1—刀柄；2—编码环；3—锁紧螺母；4—拉杆

不等的大小环组成，由锁紧螺母紧固在刀具后部。大环凸出，用以表示二进制数"1"，小环凹下，用以表示二进制数"0"，如果编码环总数为6，则最多可以为64把刀具编码。

（2）刀套编码

这种编码方式对每个刀套都进行编码，同时刀具也编号，并将刀具放到与其号码相符的刀套中。换刀时刀库旋转，使各个刀套依次经过识刀器，直至找到指定的刀套，刀库便停止旋转。由于这种编码方式取消了刀柄中的编码环，使刀柄结构大为简化。因此，识刀器的结构不受刀柄尺寸的限制，而且可以放在较适当的位置。但是这种编码方式在自动换刀过程中必须将用过的刀具放回原来的刀套中，增加了换刀动作。与顺序选择刀具的方式相比，刀套编码的突出优点是刀具在加工过程中可以重复使用。图5-16所示为圆盘形刀库的刀套编码识别装置。在圆盘的圆周上均分布若干个刀套，其外侧边缘上装有相应的刀套编码块，在刀库的下方装有固定不动的刀套识别装置。刀套编码的识别原理与刀具编码的识别原理完全相同。

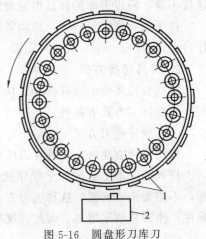

图5-16 圆盘形刀库刀套编码识别装置
1—刀套编码块；2—刀套识别装置

（3）编码附件方式

编码附件方式可分为编码钥匙、编码卡片、编码杆和编码盘等，其中应用最多的是编码钥匙。这种方式是

先给各刀具都系上一把表示该刀具代码的编码钥匙，当把各刀具存放到刀库的刀套中时，将编码钥匙插进刀套旁边的钥匙孔中。这样就把钥匙的代码转记到刀套中，给刀套编上了号码，识别装置可以通过识别钥匙上的号码来选取该钥匙旁边刀套中的刀具。

编码钥匙的形状如图 5-17（a）所示。图中除导向凸起外，共有 16 个凹凸，可以有 $2^{16}-1=65535$ 种凹凸组合来区别 65535 把刀具。

图 5-17（b）为编码钥匙孔的剖面图，钥匙沿着水平方向的钥匙缝插入钥匙孔座，然后顺时针方向旋转 $90°$，处于钥匙凸起处 6 的第一弹簧接触片 5 被撑起，表示代码"1"，处于钥匙凹处 2 的第二弹簧接触片 7 保持原状，表示代码"0"。由于钥匙上每个凸凹部分的旁边均有相应的炭刷 4 或 1，故可将钥匙各个凹凸部分识别出来，即识别出相应的刀具。

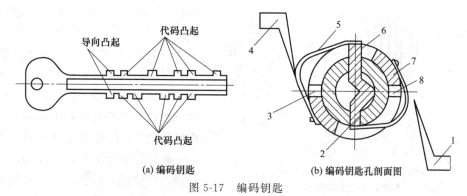

(a) 编码钥匙　　　　　　(b) 编码钥匙孔剖面图

图 5-17　编码钥匙

1,4—炭刷；2—钥匙凹处；3,8—钥匙孔座；5,7—弹簧接触片；6—钥匙凸起处

这种编码方式称为临时性编码，因为从刀套中取出刀具时，刀套中的编码钥匙也取出，刀套中原来的编码随之消失。因此，这种方式具有更大的灵活性。但钥匙编码方式与刀套编码方式一样，都要求刀具必须对号入座，必须将用过的刀具放回原来的刀套中，这是它的主要缺点。

此外，还有采用条形码编码方式的，此方法的刀具编码与刀具的预调工作相结合。预调时，即对刀具进行编码，并通过与预调装置相连的打印机打印出条形码，由操作者贴在刀具规定位置上，选刀时，用条形码阅读器进行精确的刀具识别。此法的编码作业简单，但有装错的可能性。另外，在较差的环境中，条形码容易从刀具上脱落。

4. 识刀装置

识刀装置的作用是将刀具的代码从编码装置上读取下来。目前识刀方式共有两种：

（1）接触式识刀装置

接触式识刀装置应用较广，特别适应于空间位置较小的编码，其识别原理如图 5-18 所示。如前所述，装在刀柄 1 上的编码环，大直径表示二进制的"1"，小直径表示二进制的"0"，在刀库附近固定一刀具识别装置 2，从中伸出几个触针 3，触针数量与刀柄上的编码环对应。每个触针与一个继电器相连，当编码环是大直径时与触针接触，继电器通电，其二进制码为"1"。当编码环为小直径时与触针不接

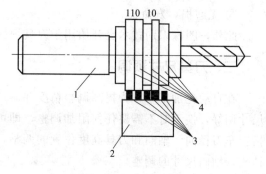

图 5-18　刀具编码识别原理

1—刀柄；2—刀具识别装置；3—触针；4—编码环

触，继电器不通电，其二进制码为"0"。当各继电器读出的二进制码与所需刀具的二进制码一致时，由控制装置发出信号，使刀库停转，等待换刀。

接触式刀具识别装置结构简单，但由于触针有磨损，故寿命较短，可靠性较差，且难以快速选刀。

（2）非接触式识刀装置

非接触式识刀装置没有机械直接接触，因而无磨损、无噪声、寿命长、反应速度快，适应于高速、换刀频繁的工作场合。常用的有磁性识别和光电识别两种方法。

① 磁性识别法。磁性识别法是利用磁性材料和非磁性材料磁感应强弱不同，通过感应线圈读取代码。编码环的直径相等，分别由导磁材料（如低碳钢）和非导磁材料（如黄铜、塑料等）制成，规定前者二进制码为"1"，后者二进制码为"0"。图 5-19 所示为一种用于刀具编码的磁性识别装置。图中刀柄 3 上装有非导磁材料编码环 4 和导磁材料编码环 2，与编码环相对应的有一组检测线圈组成的非接触式识别装置 1。在检测线圈 6 的一次线圈 7 中输入交流电压时，如编码环为导磁材料，则磁感应较强，在二次线圈 5 中产生较大的感应电压，否则，感应电压小，根据感应电压的大小即可识别刀具。

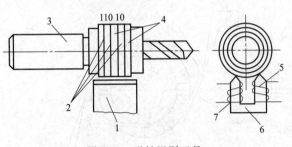

图 5-19　磁性识别刀具

1—非接触式识别装置；2—导磁材料编码环；
3—刀柄；4—非导磁材料编码环；5—二次线圈；
6—检测线圈；7——次线圈

② 光电识别法。光电识别法是利用光导纤维良好的光导特性，采用多束光导纤维来构成阅读头。其基本原理是：用紧挨在一起的两束光纤来阅读二进制码的一位时，其中一束光纤将光源投射到能反光或不能反光（被涂黑）的金属表面上，另一束光纤将反射光送至光电转换元件转换成电信号，以判断正对着这两束光纤的金属表面有无反射光。一般规定有反射光为"1"，无反射光为"0"。所以，若在刀具的某个磨光部位按二进制规律涂黑或不涂黑，即可给刀具编码。

非接触式识刀装置与接触式识刀装置相比有如下优点：

① 无撞击现象，因此无噪声。

② 可用于高速识刀。

③ 无磨损，寿命长。

此外，图像识别技术也开始用于刀具识别。

三、刀具尺寸预调

在自动化加工中，为提高调整精度并避免造成太多的停车时间损失，大多在线外将刀具尺寸调好，换刀时不需要任何附加调整，即可保证加工出合格的工件尺寸。一般尺寸预调包括：车刀径向、轴向和刀具高度位置的调整，镗刀径向尺寸的调整以及铣刀与棒状刀具（如钻头）轴向尺寸的调整。

图 5-20 所示为一种可预调长度的车刀，在专门的对刀器上对刀。对刀时，先把车刀中的定长杆 3 压入刀杆内并紧固，使车刀长度稍小于要求值。将车刀置于对刀器（图 5-21）中

并定好位，使车刀底面和一个侧面与相应对刀器上的两个基面紧密贴合，并使刀尖接触对刀器，松开定长杆，使其在弹簧压力下，自然弹出顶在对刀器的挡壁上，达到要求预调的尺寸，最后拧紧紧固螺钉 4。在对刀过程中，应压紧刀杆，使其承受三个分力组成的合力 F_r，以保证很好地定位。

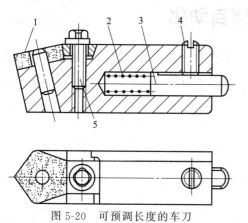

图 5-20　可预调长度的车刀

1—刀片；2—弹簧；3—定长杆；4—紧固螺钉；5—夹紧装置

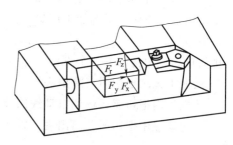

图 5-21　对刀器

现有各种不同结构的刀具尺寸预调装置。图 5-22 为国产 DDGⅡ型光学调刀仪。它主要用于镗、铣刀的尺寸预调。图 5-23（a）所示的微调镗刀的刀尖半径 R 和长度 L 的调整方法如下：将镗刀杆插入调刀仪主轴 2 孔内，启动锁紧开关将刀杆锁紧。用右边手轮沿水平方向左右移动主轴位置。上、下、左、右移动光屏，用光屏的十字线对准刀尖，微调主轴，在光屏上找到刀尖的最高点。应注意，此时刀尖的成像应最为清晰。读数时，使光屏的一条十字线对准游标 0 点，十字线中心瞄准刀尖的最高点 [图 5-23（b）]。刀尖半径尺寸 R 用光学读数头读出，转动读数头上部的滚花手轮，使刻尺的某条刻线成像于光学读数头的双狭线正中，即可从读数头中读出尺寸 R 的数值。读数头的最小格值为 0.005mm。刀尖的长度尺寸

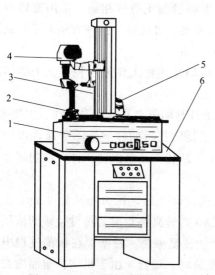

图 5-22　DDGⅡ型光学调刀仪

1—底座；2—主轴；3—立柱；4—投影
瞄准器；5—光学读数头；6—机座

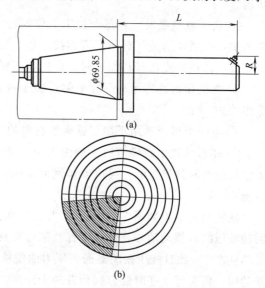

(a)

(b)

图 5-23　微调镗刀及尺寸预调

L 可从装在立柱 3 上的标尺和游标读出，游标最小格值为 0.02mm。该仪器还可以用光屏座的刻度和游标预调刀尖角度，其最小格值为 10′。应当指出，在自动化加工系统中，调刀仪和计算机相连，检测出调刀的尺寸，直接存入计算机，便于随时调用。

第三节　排屑自动化

在切削加工自动线中，切屑源源不断地从工件上流出，如不及时排除，就会堵塞工作空间，使工作条件恶化，影响加工质量，甚至使自动线不能连续地工作。因此，自动排屑是不容忽视的问题。

排屑自动化包括以下三个方面：

① 从加工区域把切屑清除出去。

② 从机床内把切屑运输到自动线以外。

③ 从切削液中把切屑分离出去，以使切削液继续回收使用。

一、切屑的排除方法

从加工区域清除切屑的方法取决于切屑的形状、工件的安装方式、工件的材质及采用的工艺等因素。一般有以下几种方法：

① 靠重力或刀具回转离心力将切屑甩出。这种方法主要用于卧式孔加工和垂直平面加工。为了便于排屑，在夹具、中间底座上要创造一些切屑顺利排出的条件。如加工部位要敞开，夹具和中间底座上平面尽量做成较大的斜坡并开洞，要避免能造成堆积切屑的死角等。

② 用大流量切削液冲洗加工部位。

③ 采用压缩空气吹屑。用这种方法对已加工表面或夹具定位基面进行清理，如不通孔在攻螺纹前用压缩空气喷嘴清理残留在孔中的积屑，以及在工件装夹前对定位基面进行吹屑。

④ 负压真空吸屑。在每个加工工位附近安装真空吸管与主吸管相通，采用旋转容积式鼓风机，鼓风机的进气口与管道相接，排气端设主分离器、过滤器。这种方法对于干式磨削工序以及铸铁等脆性材料加工时形成的粉末状切屑最适用。

⑤ 在机床的适当运动部件上附设刷子或刮板，周期性地将工作地点积存下来的切屑清除出去。

⑥ 电磁吸屑。适用于加工铁磁性材料的工件，工件与随行夹具通过自动线后需要退磁。

⑦ 在自动线中安排清屑、清洗工位。例如，为了将钻孔后的碎屑清除干净，以免下道工序攻螺纹时丝锥折断，可以安排倒屑工位，即将工件翻转，甚至振动工件，使切屑落入排屑槽中。

翻转倒屑装置如图 5-24 所示。当随行夹具被送进支臂 9 后，压力油从轴 2 的 a 孔进入回转液压缸，推动动片 5 带着支臂及随行夹具回转180°，转到终点时，振臂 4 碰到液压振荡器的柱塞 7，此时液压振荡器通入压力油使柱塞 7 产生往复振荡。柱塞 7 在振荡过程中向右移动时，将振臂 4 逆时针方向顶开一个角度，向左复位时，振臂 4 由于机构自重而撞在固定挡块 6 上。如此往复振动，将切屑倒尽。振荡器用时间继电器控制，经过一定时间后，压力油从 b 孔进入液压缸，将支臂连同工件、随行夹具转回原位。

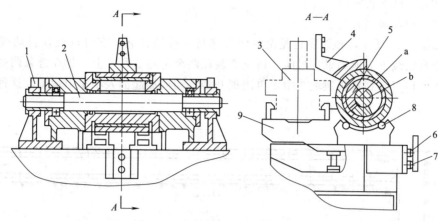

图 5-24 翻转倒屑装置图

1—原位开关及振荡控制开关；2—轴；3—随行夹具；4—振臂；
5—动片；6—挡块；7—柱塞；8—辅助滚动支承；9—支臂

二、切屑搬运装置

具有集中冷却系统的自动线往往采用集中输屑。集中输屑装置一般设在底座下的地沟中，也可以贯穿各工位的中间底座。

自动线中常用的切屑搬运装置有平带输屑装置、刮板输屑装置、螺旋输屑装置及大流量切削液冲刷输屑装置。

（1）平带输屑装置

如图 5-25 所示，在自动线的纵向，用宽型平带 1 贯穿机床中部的下方，平带张紧在鼓形轮之间，切屑落在平带上后，被带到容屑地坑 3 中定期清除。这种装置只适用于在铸铁工件上进行孔加工工序，当加工钢件或铣削铸铁件时，切屑会无规律飞溅，落在两层平带之间被带到滚轮处引起故障，故不宜采用，也不能在湿式加工条件下使用。在机械加工设备中这

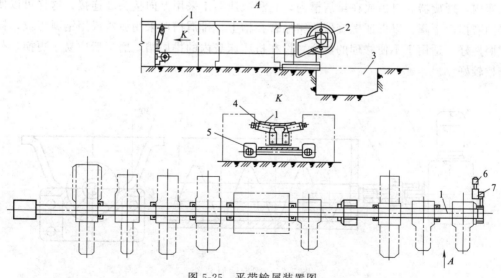

图 5-25 平带输屑装置图

1—平带；2—主动轮；3—容屑地坑；4—上支承滚子；5—下支承滚子；6—电动机；7—减速器

种排屑装置已不再使用。

（2）刮板输屑装置

如图 5-26 所示，该装置也是沿纵向贯穿自动线铺设的，它可以设在自动线机床中间底座内或自动线下方地沟里。封闭式链条 2 装在两个链轮 5 和 6 上，焊在链条两侧的刮板 1 将地沟中的切屑刮到容屑地坑 7 中，再用提升器将切屑提起倒入小车中运走。这种装置不适用于加工钢件时产生的带状切屑。

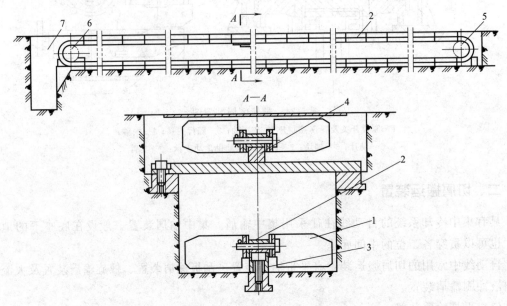

图 5-26 刮板输屑装置图

1—刮板；2—封闭式链条；3—支承；4—上支承；5，6—链轮；7—容屑地坑

（3）螺旋输屑装置

如图 5-27 所示，这种输屑装置适用于各种切屑，特别是钢屑。它设置在自动线机床中间底座内，螺旋器 3 自由放在排屑槽内，它和减速器 1 采用万向接头 2 连接，这样可以使螺旋器随磨损面下降，以保证螺旋器紧密贴合在槽上。排屑槽可采用铸铁或用钢料焊成，铸铁槽耐磨性好，适用于不便修理的场合。设在机床床身内的排屑槽，磨损后应易于更换，一般用钢槽较好。

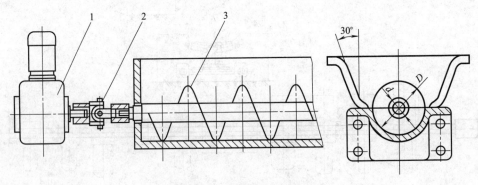

图 5-27 螺旋输屑装置

1—减速器；2—万向接头；3—螺旋器

（4）大流量切削液冲刷输屑装置

这种排屑方式采用大流量的切削液，将加工产生的切屑从机床—加工区冲落到纵向贯穿自动线的下方地沟中。地沟按一定的距离设有多个大流量的切削液喷嘴，将切屑冲向地沟另一端的切削液池中。通过切削液和切屑的分离装置，将切屑提升到切屑箱中，切削液重复使用。采用这种排屑方式需要建立较大的切削液站，需要增加切削液切屑分离装置。另外，在机床的防护结构上要考虑安全防护，以防止切削液飞溅。该系统适用于不很长的单条自动线，也适用于多条自动线及单台机床组成的加工车间；适用于铝合金等轻金属的切屑处理，也适用于钢及铸铁等材质的工件的切屑处理。

三、切削液处理系统

从切削液中分离切屑，保证切削液发挥应有的功能，不论是对单机独立冷却润滑，还是多机集中冷却润滑，都包括沉淀和分离。

经过切削区工作过的切削液，将其中携带的切屑、磨屑、砂粒、灰尘、杂质进行沉淀、分离，使再次供给切削区的切削液保持必要的清洁度，这是切削液正常使用的最起码的要求。

（1）沉淀箱和分离器

沉淀箱是最简单、最常用的方法之一。在沉淀箱中放置至少两块隔离板，如图 5-28 所示。脏切削液绕过隔离板，就会使杂质沉淀在箱底。这种沉淀方法适用于切屑大、密度大的杂质分离。图 5-29 所示的带刮板链传送带式沉淀箱可用于水基切削液集中冷却处理场合，适用于铸铁件磨削磨粒的沉淀分离。

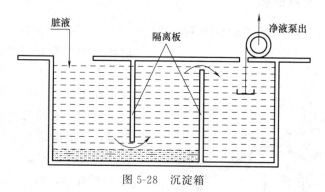

图 5-28 沉淀箱

为了强化沉淀、分离效果，在沉淀箱上可附加多种类型的分离器，如图 5-29 所示的细管分离装置。

此外，还有涡旋分离器、磁性分离器、漂浮分离器、离心式分离器、静电式分离器等。其中，涡旋分离器的分离方式必须先将液体中的大块带状切屑清除后，再用涡旋分离器将切

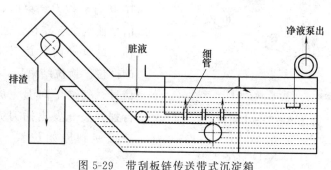

图 5-29 带刮板链传送带式沉淀箱

削液和切屑进一步分离。

（2）过滤装置

以过滤介质对切削液微小颗粒进行过滤，是精加工保证表面质量的重要环节。过滤介质一般分两类：一类是经久耐用、循环使用的，如钢丝、不锈钢丝编织的网，以及尼龙合成纤维编织网和耐用的纺织布等。这一类滤网网眼堵塞后可以清洗重复使用。另一类是一次性的过滤纸、毛毡和纱布。这两类过滤介质的过滤精度一般在 $6\sim20\mu m$ 范围内。若要提高过滤精度，就要在上述过滤介质上涂层，涂层物为硅藻土、活性土，最高过滤精度可达 $1\sim2\mu m$。

过滤装置一般分重力过滤、真空过滤和加压过滤三种形式。重力过滤靠液体本身重量渗透介质，一般需要较大的过滤面积，用于水基切削液集中处理，但不适用于油基切削液。真空过滤（也称负压过滤）应在过滤介质下面设置真空度，靠真空吸引，加快过滤过程，适用于油基切削液及大流量水基切削液集中过滤，过滤精度达 $10\sim15\mu m$，但过滤介质消耗大，占地面积大。加压过滤，是在封闭循环系统中通过泵加压，使切削液通过过滤介质进行过滤。滤网太脏时，可反向通过压缩空气或清洁的切削液反冲、清洗。滤网可为尼龙网、纸质滤芯、陶瓷滤芯、金属丝网滤芯等。

第四节　刀具自动化应用实例

一、加工中心换刀机械手

图 5-30 是用于加工中心换刀的机械手，它采用气压驱动，结构简单、动作可靠，是目前加工中心最常用的换刀装置。图中手爪 7 固定在手臂主轴 2 的端部，圆盘 14 固定在主轴 2 的中部，齿轮 10、15 空套在主轴上。当换刀开始时，气缸 4 向左运动，推动齿轮 15 逆时针转动，此时气缸 1 在上位，圆盘 14 的端面销插在齿轮 15 的槽孔内，齿轮 15 带动主轴 2 转动，使手爪 7 达到抓刀位置，同时行程开关 17 发出抓刀结束和拔刀开始的信号。然后气缸 1 向下推动手臂主轴 2 拔刀，圆盘 14 随之下移与齿轮 15 脱开，和齿轮 10 接合。拔刀结束时，行程开关 8 发出信号使气缸 6 左移，通过齿轮 10 带动主轴 2 继续逆时针旋转 180°，实现手爪 7 的换位。换位结束后，行程开关 12 发出信号，气缸 1 向上完成插刀动作，最后行程开关 9 发出插刀完毕信号后，所有装置回到原始位置，等待下一个换刀指令。

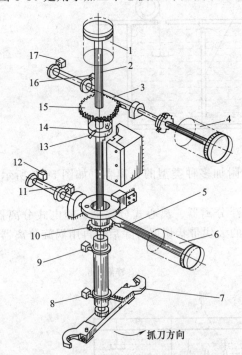

图 5-30　加工中心的换刀机械手

1,4,6—气缸；2—手臂主轴；3,5—轴；7—手爪；8,9,11,12,16,17—行程开关；10,15—齿轮；13—柱销；14—圆盘

二、切屑及切削液处理装置

长期以来，切削液在切削加工中起着不可缺少的作用，但它也对环境造成了一定的污染。为了减少它的不良影响，一方面可采用干切削或准干切削等先进加工方法来减少切削液的使用量，另一方面要加强对它的净化处理，以便进行回收利用，减少切削液的排放量。下面介绍两种典型的处理装置。

1. 带刮板式排屑装置的处理装置

如图 5-31 所示，切屑和切削液一起沿斜槽 2 进入沉淀池的接收室，大部分切屑向下沉落，顺着挡板 6 落到刮板式排屑装置 1 上，随即将切屑排出池外。切削液流入室 7，再通过两层网状隔板 5 进入室 8，这是已经净化的切削液，然后即可由泵 3 通过吸管 4 送入压力管路，以供再次使用。这种方法适用于用切削液冲洗切屑而在自动线上不使用任何排屑装置的场合。

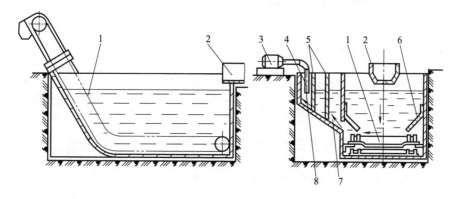

图 5-31　带刮板式排屑装置的处理装置
1—排屑装置；2—斜槽；3—泵；4—吸管；5—隔板；6—挡板；7,8—液室

2. 负压式纸带过滤装置

如图 5-32 所示，含杂质的切削液流经污液入口 8 注入过滤箱 7，在重力作用下经过滤纸漏入栅板底下的负压室 6，而悬浮的污物则截留在纸带上。启动液压泵 1，将大部分净化切

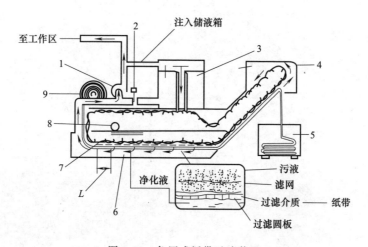

图 5-32　负压式纸带过滤装置
1—液压泵；2—阀；3—储液箱；4—传动装置；5—集渣箱；6—负压室；7—过滤箱；8—污液入口；9—过滤纸

削液抽送至工作区，小部分输入储液箱。当净液抽出后，负压室 6 内的液压下降，开始产生真空，从而可提高过滤能力与效率。待纸带上的屑渣聚积到一定厚度时，形成滤饼，此时过滤能力下降，即使在负压作用下过滤下来的液体仍渐渐少于抽出的液体，致使负压室 6 内的液面不断下降，负压增大，待负压大至一定数值时压力传感器就发出信号，打开储液箱下面的阀，由储液箱放液进入负压室。当注满负压室时，装有刮板的传动装置 4 开始启动，带动过滤纸 9 移动一段距离 L（200～400mm），使新的过滤纸工作，过滤速度增大，储液箱下面的阀关闭，进入正常过滤状态，继续下一个负压过滤循环。这种装置不需要专门的真空泵就能形成负压，是一种较好的切削液过滤净化装置。

复习思考题

5-1 试述自动化刀具的特点。

5-2 试述自动化刀具的类型及选用原则。

5-3 试述刚性自动化加工刀具的辅具及其工作原理。

5-4 刀具快换与调整的基本方法有哪些?

5-5 什么是刀具交换装置?刀具自动交换装置有哪几类?

5-6 刀库的功能是什么?刀库有哪些类型?

5-7 加工中心的自动选刀方式有哪两种?有何特点与区别?

5-8 试述刀具编码的原理及刀具识别方法。

5-9 从加工区域清除切屑的方法有哪些?

5-10 试述切屑搬运装置的类型及特点。

5-11 简要说明过滤装置有哪几种形式。

第六章

检测过程自动化

在自动化制造系统中，从工件的加工过程到工件在加工系统中的运输和存储都是以自动化的方式进行的，因此为了保证产品的加工质量和系统的正常运行，需要对加工过程和系统运行状态进行检测与监控。

加工过程中产品质量的自动检测与监控的主要任务在于预防产生废品、减少辅助时间、加速加工过程、提高机床的使用效率和劳动生产率。它不仅可以直接检测加工对象本身，也可以检验生产工具、机床和生产过程中某些参数的变化来间接检测和控制产品的加工质量，还能根据检测结果，主动地控制机床的加工过程，使之适应加工条件的变化，防止废品产生。

第一节　自动检测方法及测量元件

一、检测自动化的目的和意义

制造过程检测自动化是利用各种自动化检测装置，自动地检测被测量对象的有关参数，不断提供各种有价值的信息和数据（包括被测对象的尺寸、形状、缺陷、加工条件和设备运行状况等）。自动化检测不仅用于被加工零件的质量检查和质量控制，还能自动监控工艺过程，以确保设备的正常运行。随着计算机应用技术的发展，自动化检测的范畴已从单纯对被加工零件几何参数的检测，扩展到对整个生产过程的质量控制，从对工艺过程的监控扩展到实现最佳条件的适应控制生产。因此，自动化检测不仅是质量管理系统的技术基础，也是自动化加工系统不可缺少的组成部分。在先进制造技术中，它还可以更好地为产品质量体系提供技术支持。

实现检测自动化可以消除人为的误差因素，使检测结果稳定，可信度高。由于采用先进的测量仪器，提高了检测精度，还可以实现实时动态测量；同时，依据测量结果，容易实现对加工过程积极有效的质量控制，从而保证产品质量。此外，采用加工过程中的自动测量，可以使检测过程与加工过程重合，减少了大量辅助时间，提高了生产率，也大大减轻了工人的劳动强度。

值得注意的是，尽管已有众多自动化程度较高的自动检测方式可供选择，但并不意味着任何情况都一定要采用。重要的是根据实际需要，以质量、效率、成本的最优结合来考虑是否采用和采用何种自动检测手段，从而取得最好的技术经济效益。

二、自动检测的特征信号

在现代制造系统中，产品质量的控制已不再停留在传统的检测被加工零件的尺寸精度和粗糙度等几何量的单一的直接测量方式，而是扩大至检测和监控影响产品加工质量的机械设备和加工系统的运行状态，间接地、多方面地来保证产品的质量要求和系统运行的可靠性。

机械设备和加工系统的状态变化，必然会在其运行过程中的某些物理量和几何量上得到反映。例如切削过程中刀具的磨损，会引起切削力、切削力矩、振动等特征量的变化。因此，在采用自动检测和监控方法时，根据加工系统和设备的具体条件，正确选择被测的特征信号是很重要的。

可供选择的检测特征信号较多，因此，选择时必须遵循的准则有：

① 信号能否准确可靠地反映被测对象和工况的实际状态。

② 信号能否便于实时和在线检测。

③ 检测设备的通用性和经济性。

在加工系统中常用于产品质量自动检测和控制的特征信号有：

1. 尺寸和位移

这是最常用作检测信号的几何量。尺寸精度是直接评价加工件质量的依据，只要有条件，都应尽量直接检测工件尺寸。但是，在实时和在线条件下，直接测量工件尺寸往往有困难，因此可对影响工件加工尺寸的机床运动部件（如刀架、溜板或工作台等）的位移量进行检测，以保证获得要求的工件尺寸精度。

2. 力和力矩

力和力矩是机械加工过程中最重要的物理量，它们直接反映加工系统中的工况变化，如切削力、主轴转矩等都反映刀具的磨损状态，并间接反映工件的加工质量。但这类特征信号在加工过程中直接计量较困难，通常必须通过测量元件或传感器转换成电信号。

3. 振动

这是加工系统中又一种常见的特征信号，它涉及众多的机床及有关设备的工况和加工质量的动态信息，例如刀具的磨损状态、机床运动部件的工作状态等。振动信号便于检测和处理，能得出较精确的测量结果。

4. 温度

在许多机械加工过程中，随着摩擦和磨损的发生和发展，均会随之而出现温度的变化，因此，温度也常作为特征信号被检测和监控。因为过高的温度会导致机械系统的变形而降低加工精度。此外，在磨削加工时，如果磨削区温度过高，就会烧伤工件的磨削表面，降低工件的表面质量。

5. 电流、电压和电磁强度等电信号

由于电信号是人们最熟悉和最便于检测的物理量，特别是在其他物理参数较难直接测量（如主轴转矩）时，就常转换成电信号进行间接检测。因此，在机械加工系统中，检测电信号来控制系统工况以保证加工产品质量是用得最普遍的方法。

6. 光信号

随着激光技术、红外技术以及视觉技术的发展和应用，光信号也已经作为特征量用于加

工系统的实时检测和监控，例如检测工件表面粗糙度、形状和尺寸精度等。

7. 声音

声信号也是一种常见的物理量，它是由弹性介质的振动而引起的。因此，它和振动信号一样可以从一个侧面来反映加工系统的运行情况。

以上所列均为机械加工系统自动检测和监控时常用的系统特征信号。为了保证加工系统的正常运行和产品的高质量，就需要根据实际生产条件和经济条件，正确选取需要进行检测的特征信号和测试设备，或者若干信号的组合检测。

三、自动检测方法与测量元件

在需要检测的特征参数或信号确定以后或同时，必须选择测量方法和测量元件或传感器。

1. 自动检测方法

自动检测方法可有下列几种分类方式。

（1）直接测量与间接测量

直接测量是直接从测量仪表的读数获取被测量值的方法，直接测量所得值直接反映被测对象的被测参数（如工件的尺寸大小及其误差）。在某些情况下，由于测量对象的结构特点或测量条件的限制，要采用直接测量有困难，只能通过测量另外一个或多个与它有一定关系的量（如测量刀架位移量控制工件尺寸）来获得被测对象的相关参数，即为间接测量。

（2）接触测量和非接触测量

测量器具的测量头直接与被测对象的表面接触，测量头的移动量直接反映被测参数的变化，称为接触测量。测量头不与工件接触，而是借助电磁感应、光束、气压或放射性同位素射线等强度的变化来反映被测参数的变化，称为非接触测量。由于非接触测量方式的测量头不与测量对象接触而发生磨损或产生过大的测量力，有利于在对象的运动过程中测量和提高测量精度，故在现代制造系统中，非接触测量方式的自动检测和监控方法具有明显的优越性。

（3）在线测量和离线测量

在加工过程或加工系统运行过程中对被测对象进行检测称为在线测量或在线检验，有时还对测得的数据分析处理后，通过反馈控制系统调整加工过程以确保加工质量。如果在被测对象加工后脱离加工系统再进行检测，即为离线测量。离线测量的结果往往需要通过人工干预，才能输入控制系统调整加工过程。

（4）全部（100%）检测和抽样统计检测

对每个被测对象全部进行检验或测量，称为全部检测或100%检测。如果只在一批零件中抽样检查和测量，并对测得数据进行统计学分析，然后根据分析结果确定整批对象的质量或系统的工作状态，称为抽样统计检测。当前在用户对产品质量和可靠性要求愈来愈高的情况下，自动检测工作都将在100%的基础上进行而尽可能不采用抽样。

2. 测量元件和传感器

在大批量自动生产中常用的自动检测用传感器的技术性能及特点如表6-1所示。

在高性能的数控机床上都配备有位置测量元件和测量反馈控制系统。一般要求测量元件的分辨率在0.001～0.01mm之内，测量精度在±(0.002～0.02)mm/m之内，并能满足数控机床以10m/min以上的最大速度移动。另外，在具有数显装置的机床上，也采用位置测量元件。

表 6-1　常用自动检测用传感器的技术性能及特点

类型		示值范围/mm	示值误差/μm	特　点
电气	电互感式	±(0.003~1) 特殊设计可增大	±(0.05~0.5)	对环境要求低,抗干扰性强,使用方便,信号可进行运算处理,可发多组信号,用于一般测量
	电容式	±(0.003~0.1) 特殊设计可增大	±(0.05~0.5)	易受外界干扰,能进行高倍放大以达到高灵敏度,频率特性好
	电接触式	0.2~1	±(1~2)	对振动较敏感,只能指示定值界限,结构简单,电路简单,反应速度快
	光电式	按应用情况而定		易受外界杂光干扰,便于实现非接触测量,反应速度快,用于检测外观、小孔、复杂形状等特殊场合
气动	浮标式	±(0.02~0.25)	±(0.2~1)	放大倍数高(5000 倍),工作压力低(67.7kPa),浮标有时出现越位现象
	波纹管式			线性好,反应快,放大倍数中等(3140 倍),工作气压115kPa,受气压波动影响小,耗气量小
	膜片式			放大倍数低(1000 倍),工作压力高(336~384kPa),可吹掉被测表面污物

图 6-1 所示为目前用于数控机床和机床数字显示装置的各种位置测量元件。

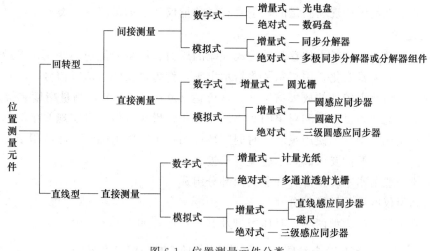

图 6-1　位置测量元件分类

在现代化的制造系统中,常用的接触和非接触自动测量技术如表 6-2 所示。接触方法最常用的是坐标测量机和三维测头,坐标测量机是由计算机控制的,它能与计算机辅助设计(CAD)、计算机辅助制造(CAM)连接在一起,构成包括计算机辅助质量控制(CAQC)在内的集成系统。三维测头可用于数控机床和机器人测量站进行自动检测。非接触方法分成光学的和非光学的两大类。光学方法涉及某些视觉系统和激光应用。非光学方法基本上都是用电场原理去感受目标特征,此外,还有超声波和射线技术。

表 6-2　常用的接触和非接触自动测量技术

类　别	方法和技术	类　别	方法和技术
接触式	A. 坐标测量机 B. 三维测头	非接触式	摄影测量 B. 非光学技术 电场技术 射线技术 超声波技术
非接触式	A. 光学技术 机器视觉 扫描激光束装置		

四、制造过程中自动检测的内容

一般地，机械加工工艺过程与机械加工工艺系统（机床、刀具、工件、夹具及辅具）的工作状况都属于自动化检测的内容，主要包括以下几个方面：
① 对工件几何精度的检测与控制；
② 对刀具工作状态的检测与控制；
③ 对自动化加工工艺过程的监控。

第二节　工件加工尺寸的自动测量

工件尺寸精度是直接反映产品质量的指标，因此，在绝大多数的加工系统中，都采用直接测量工件尺寸的方法来保证产品质量和系统的正常运行。

一、长度尺寸测量

长度测量用的量仪按测量原理可分为机械式量仪、光学量仪、气动量仪和电动量仪四大类。而适于大中批量生产现场测量的，主要有气动量仪和电动量仪两大类。

1. 气动量仪

气动量仪将被测盘的微小位移量转变成气流的压力、流量或流速的变化，然后通过测量这种气流的压力或流量变化，用指示装置指示出来，作为量仪的示值或信号。

气动量仪容易获得较高的放大倍率（通常可达 2000～10000），测量精度和灵敏度均很高，各种指示表能清晰显示被测对象的微小尺寸变化；操作方便，可实现非接触测量；测量器件结构容易实现小型化，使用灵活；对周围环境的抗干扰能力强，广泛应用于加工过程中的自动测量。但对气源的要求高，响应速度略慢。

气动量仪一般由指示转换部分和测头两部分组成

（1）气动量仪的指示转换部分

可分为流量型和压力型两类，具体类型及其工作原理如表 6-3 所示。

表 6-3　气动量仪的指示转换部分的具体类型及工作原理

种类	类型	原 理 图	工 作 原 理
压力型	膜片气动量仪	 1—过滤稳压器；2,11—进气喷嘴；3—锥杆； 4—弹簧；5—指示表；6—触点副；7—出气环； 8—膜片；9—测量喷嘴；10—被测工件	测量间隙 Z 发生变化时，下气室压力随之变化，膜片 8 失去原有平衡，带动锥杆 3 上下移动，从而改变锥杆 3 与出气环 7 之间的间隙，使上气室压力也产生变化。锥杆 3 的移动量可以从指示表上读出，即反映间隙 Z 的大小，同时由电触点发出相应指示信号

种类	类型	原 理 图	工 作 原 理
压力型	波纹管气动量仪	 1,5—波纹管;2—触点副;3—框架;4—指针; 6—测量喷嘴;7,8—进气喷嘴;9—可调喷嘴	测量间隙 Z 的变化,使两侧波纹管 1、5 产生压力差,推动框架 3 左右移动,经齿轮传动机构驱动指针 4 移动,反映间隙 Z 的大小
	水柱式气动量仪	 1—节流喷嘴;2—空气管道;3—主喷嘴; 4—测量气室;5—连接管道;6—测量喷嘴; 7—水罐;8—玻璃管;9—稳压管;p_b—测量压力; p_a—大气压力;h—水柱落差;Z—测量间隙; H—稳压管插入水中的深度	量仪的各种压力取决于稳压管插入水中的深度 H,稳压后的气流经主喷嘴 3 进入测量气室 4,然后经测量喷嘴 6 和工件之间的测量间隙 Z 流入大气。因此,随着间隙 Z 发生变化,测量气室 4 的静压力 p_b 相应变化,水柱的落差高度 h 就指示出 Z 的大小
流量型	流量式气动量仪	 1—过滤器;2—稳压器;3—进气喷嘴;4—锥度 玻璃管;5—浮子;6—可调喷嘴(零位调节); 7—可调喷嘴(放大比例调节);8—测量喷嘴	测量间隙 Z 的变化使通过测量喷嘴 8 的空气流量发生变化,锥度玻璃管 4 内的浮子 5 随之上下升降,以达到新的平衡位置,该位置指示出相应的 Z 的大小

（2）气动测头

　　气动量仪在测量不同对象时必须配备有相应的测头。根据测量方式的不同,气动测头可分为接触式和非接触式两类。在自动化检测中主要采用非接触式测头。

　　非接触式测头的结构简单,测量时从喷嘴中逸出的压缩空气直接向被测表面喷吹,可以消除或减少工件表面上残留的油、尘或切削液对测量结果的影响，因而使用较为广泛。图 6-2 为用于测量不同对象的几种非接触式气动测头的结构形式。

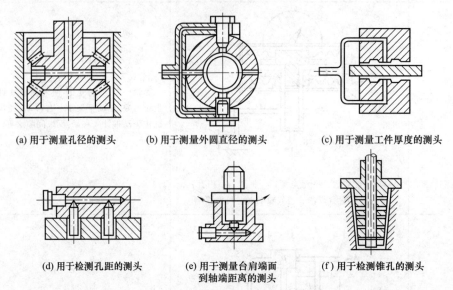

(a) 用于测量孔径的测头　(b) 用于测量外圆直径的测头　(c) 用于测量工件厚度的测头

(d) 用于检测孔距的测头　(e) 用于测量台肩端面　(f) 用于检测锥孔的测头
　　　　　　　　　　　　　到轴端距离的测头

图 6-2　非接触式气动测头的结构形式

气动量头的喷嘴孔径 d_2 与气隙 Z 之间应保证一定的关系，以图 6-3 所示测量工件厚度为例，在喷嘴小孔中的气流截面积为

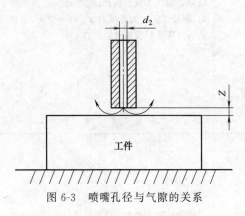

图 6-3　喷嘴孔径与气隙的关系

$$A_1 = \frac{\pi d_2^2}{4}$$

在气隙中的气流截面为一环形，其面积为

$$A_2 = \pi d_2 Z$$

必须保证 $A_1 \geqslant A_2$

即

$$\frac{\pi d_2^2}{4} \geqslant \pi d_2 Z$$

或

$$Z_{\max} = 0.25 d_2$$

因此，理论上只有气隙 Z 小于 $0.25 d_2$ 时才能进行测量，一般 Z 值取为 $50 \sim 100 \mu m$。

2. 电动量仪

电动量仪一般由指示放大部分和传感器组成，电动量仪的传感器大多应用各种类型的电感与互感传感器和电容传感器。

（1）电动量仪的原理

电动量仪一般由传感器、测量处理电路及显示与执行部分所组成。由传感器将工件尺寸信号转化成电压信号，该电压信号经后续处理电路进行整流滤波后，将处理后的电压信号送至 LCD 或 LED 显示装置显示，并将该信号送至执行器执行相关动作。

（2）电动量仪的应用

各种电动量仪广泛应用于生产现场和实验室的精密测量工作。特别是将各个传感器与各种判别电路、显示装置等组成的组合式测量装置，更是广泛应用于工件的多参数测量。

用电动量仪做各种长度测量时，可应用单传感器测量或双传感器测量。用单传感器测量传动装置测量尺寸的优点是只用一个传感器，节省费用；缺点是由于支承端的磨损或工件自身的形状误差，有时会导入测量误差，影响测量精度。图 6-4 是常用的几种单传感器测量传动装置。

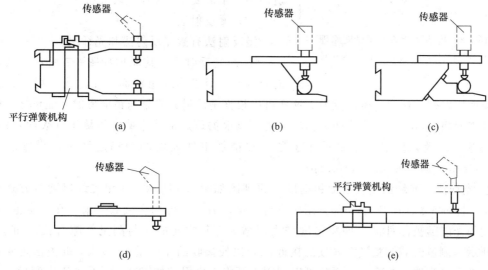

图 6-4　常用的几种单传感器测量传动装置

二、形位误差测量

用于形位误差测量的气动量仪在指示转换部位与用于测量长度尺寸的量仪大致是相同的，只是所采用的测头不同（可根据具体情况参照有关手册进行设计）。用电动量仪进行形位误差测量时，与测量尺寸值不一样，往往需要测出误差的最大值和最小值的代数差（峰-峰值），或测出误差的最大值和最小值的代数和的一半（平均值），才能决定被测工件的误差。为此，可用单传感器配合峰值电感测微仪去测量，也可应用双传感器通过"和差演算"法测量。

图 6-5 是通过"和差演算"法测量同轴度的示意图。采用两个性能、参数一致的传感器 A 和 B，分别置于被测工件的两段轴的最高母线上，并将量仪拨至"A－B"挡上。旋转被测工件，量仪上能读出的最大读数差就是被测工件两轴相互间的同轴度误差。通过"和差演算"法还可以测量平行度、垂直度等形位误差。

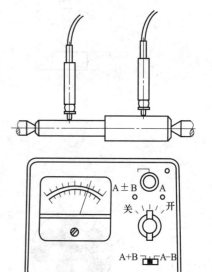

图 6-5　用两个电感测头通过"和差演算"法测量同轴度

三、表面粗糙度测量

目前，在车间生产中应用比较广泛的表面粗糙度的测量方法包括气隙法、漫反射法等。

（1）气隙法

主要由电容法测量表面粗糙度，原理见图 6-6。

电容极板靠三个支承点与被测表面接触，按电容量的大小来评定表面粗糙度。此法主要

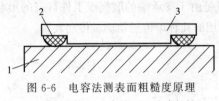

图 6-6 电容法测表面粗糙度原理

1—被测工件；2—支承；3—电容极板

适用于测量外表面，且电容极板需与被测面形状相同，其测量范围为 $Ra\,0.2\sim6.3\mu m$、$Rz\,0.8\sim25\mu m$；适用于大批需要 100% 检验表面粗糙度的场合。

（2）漫反射法

漫反射法有激光反射法和光纤法。

① 激光反射法。其原理如图 6-7 所示。该方法的原理为，对于非理想镜面，在光线入射时，除了产生镜面反射外，还会产生漫反射。这样可以根据漫反射光能量与镜面反射光能量之比确定被测件表面粗糙度，这种方法叫数值法。还可以根据斑点形状来确定被测工件表面粗糙度，称为图像法。激光反射法主要适用于抛光和精加工外表面的粗糙度测量，测量范围为 $Ra\,0.008\sim0.2\mu m$、$Rz\,0.025\sim0.8\mu m$。

② 光纤法。光纤法测量表面粗糙度的原理图如图 6-8 所示。一组光纤以随机方式组成光纤束 [图 6-8 (a)]，其中一部分用作发射光束，另一部分用作接收光束。在一定范围内，接收到的光能随被测件的表面粗糙度增大而增大。其中光能还与测量气隙有关，如图 6-8 (b) 所示。测量时需调整气隙 δ 使之接近 δ_0，以使接收的光能量 I_r 最大。此方法可测量外表面及内孔、沟槽、曲面等，而且可以利用光纤将光束引到加工区，进行加工中测量。其测量范围为 $Ra<0.4\mu m$、$Rz<1.6\mu m$。

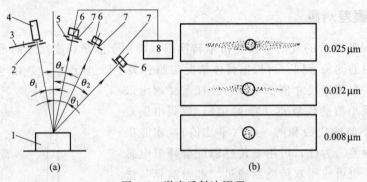

图 6-7 激光反射法原理

1—被测件；2,7—光阑；3—调制器；4—激光器；

5—滤光片；6—光电元件；8—测量电路

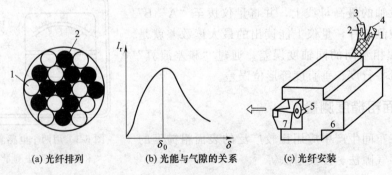

(a) 光纤排列　　(b) 光能与气隙的关系　　(c) 光纤安装

图 6-8 光纤法测量原理

1—接收光纤；2—发射光纤；3—来自光源；4—送至

计算机；5—测量附件；6—刀座；7—车刀

四、加工过程中的主动测量装置

加工过程中的主动测量装置一般作为辅助装置安装在机床上。在加工过程中，无须停机测量工件尺寸，而是依靠自动检测装置，在加工的同时自动测量工件尺寸的变化，并根据测量结果发出相应的信号，控制机床的加工过程。

主动测量装置可分为直接测量和间接测量两类。直接测量装置在加工过程中用量头直接测量工件的尺寸变化，主动监视和控制机床的工作。间接测量装置则依靠预先调整好的定程装置，控制机床的执行部件或刀具行程的终点位置来间接控制工件的尺寸。

1. 直接测量装置

根据被测表面的不同，可分测量外圆、孔、平面和测量断续表面等装置。测量平面的装置多用于控制工件的厚度或高度尺寸，大多为单触点测量，其结构比较简单。其余几类装置，由于工件被测表面的形状特性及机床工作特点不同，各具有一定的特殊性。

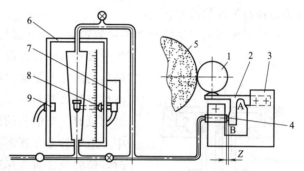

图 6-9　单触点测量装置

1—工件；2—杠杆；3—量头；4—气动喷嘴；
5—砂轮；6—浮标式气动量仪；7—晶体
管光电控制器；8—灯泡；9—光电传感器

（1）外圆磨削自动测量装置

图 6-9 所示为单触点测量装置。它由量头 3、浮标式气动量仪 6、晶体管光电控制器 7 和光电传感器 9 所组成。量头 3 安装在磨床工作台上，测量杠杆 2 的硬质合金端面与工件 1 的下母线相接触。另一端面 B 与气动喷嘴 4 之间具有一定的间隙 Z。杠杆 2 的 A 处具有一定的弹性变形，以保持触点对工件的测量力。当工件到达规定的尺寸时，浮标正好切断光电控制器 7 从灯泡 8 发出的光束，于是光电传感器 9 输出一个信号，控制砂轮 5 退出工件。

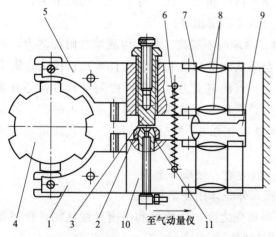

图 6-10　花键轴外圆磨削自动测量装置

1,5—量杆；2—护帽；3—挡销；4—工件；6—弹簧；
7,10—支撑块；8—片弹簧；9—挡块；11—喷嘴

另外，还有双触点测量装置。双触点测量装置能保证较高的测量稳定性，同时便于自动引进和退离工件，且结构较简单，厚度尺寸小，在自动和半自动的外圆磨床、曲轴磨床上被广泛采用。

（2）断续表面的自动测量装置

测量带有键槽或花键的轴和孔时，必须在量头或测量装置的结构上采取一定的措施，以保证测量示值的准确性和稳定性。

图 6-10 所示为花键轴外圆磨削时的自动测量装置。量杆 1、5 装有硬质合金测量头的一端与工件 4 的外圆表面接触，另一端分别固定在支撑块 7 和 10 上。支撑块 7 和 10 各用两平行的片弹簧 8 支撑着，弹簧

6用以对工件产生测量力，挡块9用以限制支撑块的行程。支撑块10上装有带护帽2的测量喷嘴11，护帽的上端面比喷嘴高0.1mm。在支撑块7上装有可调节螺钉，其端面与喷嘴形成测量气隙。这样当花键槽从量头下通过时，由于护帽2的作用，其测量气隙总等于0.1mm，而花键外圆部分与量头接触时，测量气隙的大小取决于工件外径。当花键齿数一定时，在转速恒定的条件下，由于气动量仪存在惯性，所以从喷嘴通往测量气室的压力，是测量键槽和外圆时压力的平均值。由于外径尺寸的变化导致了此平均压力的变化，所以气动量仪发出的信号和示值代表花键轴的外径尺寸。

2. 间接测量装置

以间接测量法控制加工过程时，不是用测量装置直接检测工件尺寸的变化，而是利用预先调整好的定程装置，控制机床执行机构的行程，或借助于专用的装置检测工具的尺寸，来间接地控制工件的尺寸。

在应用间接测量法的自动测量装置中，通常都具有某种测量发信元件，借检测刀具的行程或尺寸来间接控制工件的尺寸。图6-11所示是珩磨过程中采用的间接测量装置的工作原理图。每当珩磨头1向上到最高位置时，塑料块2进入标准环3的孔中，当工件的余量未被切除时，珩磨头的外径小于标准环3的孔径。在珩磨过程中，珩磨砂条4逐渐向外胀开，当工件孔径达到要求的尺寸时，塑料块2进入标准环3的孔中后，便以摩擦力带动标准环3转动，标准环3上的销7压在信号发送装置8上，发出停车信号。

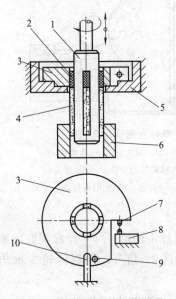

图6-11 珩磨孔径的间接测量
1—珩磨头；2—塑料块；3—标准环；
4—珩磨砂条；5—支架；
6—工件；7—销；8—信号发
生装置；9，10—挡销

采用这种装置时，必须注意到塑料块2与珩磨砂条4的磨损不一致，所以应根据塑料块2的磨损规律来预先决定标准环孔相应的尺寸，以减少测量误差。

3. 主动测量装置的主要技术要求

① 测量装置的杠杆传动比不宜太大，测量链不宜过长，以保证必要的测量精度和稳定性。对于两点式测量装置，其上下两测端的灵敏度必须相等。

② 工作时，测端应不脱离工件。因测端有附加测力，若测力太大，则会降低测量精度和划伤工件表面；反之，则会导致测量不稳定。当确定测力时，应考虑测量装置各部分质量、测端的自振频率和加工条件，例如机床加工时产生的振动、切削液流量等。一般两点式测量装置测力选取在0.8~2.5N之间，三点式测量装置测力选取在1.5~4N之间。

③ 测端材料应十分耐磨，可采用金刚石、红宝石、硬质合金等。

④ 测臂和测端体应用不导磁的不锈钢制作，外壳体用硬铝制造。

⑤ 测量装置应有良好的密封性。测量臂和机壳之间，传感器和引出导线之间，传感器测杆与套筒之间均应有密封装置，以防止切削液进入。

⑥ 传感器的电缆线应柔软，并有屏蔽，其外皮应是防油橡胶。

⑦ 测量装置的结构设计应便于调整，推进液压缸应有足够的行程。

五、三坐标测量机和测量机器人

1. 三坐标测量机

三坐标测量机是为了解决三维空间内的复杂尺寸和形位误差测量而发展起来的精密测量设备，是现代自动化加工系统中的基本设备。它不仅可以在计算机控制的制造系统中，直接利用计算机辅助设计和制造系统中的编程信息对工件进行测量和检验，构成设计-制造-检验集成系统，并且能在工件加工、装配的前后或过程中给出检测信息，进行在线反馈处理。

（1）三坐标测量机的主要结构形式和特点

如表 6-4 所示。

表 6-4　三坐标测量机的主要结构形式和特点

结构形式		原理简图	特　点	应用场合
悬臂式			最大特点是运动惯性小，测量时容易接近被测工件。缺点是由于横臂的单边支持面而刚性较差	适用于小机器，测量范围 X、Y、Z 一般在 1000mm × 800mm × 500mm 之内，适用于生产型
门框式（龙门式）	活动门框		刚性比悬臂式好，而接近性不如悬臂式。 被测工件的尺寸受门框尺寸限制，活动门框式的跨度不宜大于 1500mm，否则由于门框重量过大，会造成移动速度过缓	通常用于中等尺寸的三坐标测量机，横跨尺寸一般不大于 1500mm。 计量型和生产型三坐标测量机均应用此结构
	固定门框			
桥式			与门框式相比，在相同跨距的情况下，比门框轻巧且坚固，便于提高传动速度。缺点是如果结构尺寸小的话，接近性不好，还要有一个永久性基础	适用于大距离的三坐标测量机，因此，跨距在 4000mm 以上，X 方向达 10000mm 的三坐标测量机多用此结构。 一般用于生产系列
卧轴式			具有良好的易接近性和结构的轻巧性。缺点是这种测量机只有配合转台使用，才能测量到工件的背面尺寸	适用于工件自动送进的三坐标测量机、测量机器人和三坐标划线机。 适用于多个卧轴组合成双卧轴或多卧轴式测量机和测量机器人。 一般用于生产型系列或专用型

（2）三坐标测量机的导轨、底座和工作台的结构特点

三坐标测量机的导轨结构主要有气浮导轨、滑动导轨和滚动导轨三种形式。

用得最普遍的是气浮导轨。这种导轨具有摩擦力低、磨损小、运动精度高、保养简单等优点，但对气浮要求高，气浮刚度差。一些精密型小尺寸的三坐标测量机仍采用导向性好的滑动导轨。

三坐标测量机的底座和工作台采用花岗石制作的较多，具有变形小、硬度高、耐磨、使用寿命是钢铁的 5～10 倍；热稳定性和吸震性好、无磁化、无静电效应、不生锈；花岗石工作台表面受损伤时，是局部脱落，不会引起周围变形等优点。但花岗石脆、易碎，加工成形性差，只能形成简单形状，因此也有一些三坐标测量机的底座用铸铁和钢板焊接结构。

（3）精密测头

精密测头通常分为接触式测头与非接触式测头两种，其中接触式测头又分为机械式测头、触发式测头和扫描式测头；非接触式测头分为激光测头和光学视频测头。

机械式测头又称接触式硬测头，是精密量仪使用较早的一种测头。通过测头测端与被测工件直接接触进行定位瞄准而完成测量，主要用于手动测量。该类测头结构简单、操作方便，但精度不高，很难满足当前数控精密量仪的要求，除了个别场合，目前这种测头已很少使用。

目前市面上广泛存在的精密测头是触发式测头。第一个触发式测头于 1972 年由英国 Renishaw 公司研制而成。触发式测头的测量原理是当测头测端与被测工件接触时精密量仪发出采样脉冲信号，并通过仪器的定位系统锁存此时测端球心的坐标值，以此来确定测端与被测工件接触点的坐标。该类测头具有结构简单、使用方便、制作成本低及较高触发精度等优点，是三维测头中应用最广泛的测头。

扫描式测头也称量化测头，测头输出量与测头偏移量成正比，作为一种精度高、功能强、适应性广的测头，同时具备空间坐标点的位置探测和曲线曲面的扫描测量的功能。该类测头的测量原理是测头测端在接触被测工件后，连续测得接触位移，测头的转换装置输出与测杆的微小偏移成正比的信号，该信号和精密量仪的相应坐标值叠加便可得到被测工件上点的精确坐标。若不考虑测杆的变形，扫描式测头是各向同性的，故其精度远远高于触发式测头。该类测头的缺点是结构复杂，制造成本高。

不论是触发式测头还是扫描式测头，都是采用接触式探针与被测工件接触采集轮廓点，然后进行数据处理，进而得到被测工件的位置或形状信息。由于接触式探针有一定的大小，不能对一些孔、槽等内尺寸较小的工件进行测量；另外，测头测端与被测工件接触时产生的压力会引起被测工件的变形和划伤，也难以对一些薄片、刀口轮廓及柔软的材料进行测量。而非接触式测头由于采用光学方法可以避免接触式测头这方面的限制。

非接触式测头一般采用光学的方法进行测量，由于测头无须接触被测工件，故不存在测量力，更不会划伤被测工件，同时可以测量软质介质的表面形貌。但该类测头受外界影响因素较多，如被测物体的形貌特征、辐射特性以及表面反射情况都会影响测量结果。到目前为止，非接触式测头的测量精度还不是很高，还无法取代接触式测头在精密量仪中的位置。

（4）三坐标测量机在制造系统中的应用

采用三坐标测量机对减少检验时间十分有效，一般在三坐标测量机上检测工件的时间只有传统手工检测时间的 5%～10%，而且测量结果可靠，一致性高。

在高水平的柔性制造系统中，尤其是加工箱体类零件的柔性制造系统中，一般都配置一

台三坐标测量机以获得高质量要求的零件。通常，安装在托盘上的工件在数控机床上加工结束后，与托盘一起运送至系统中的三坐标测量机上测量，不再需要专用夹具和量具。但是工件在进入测量机前必须经过充分的清洗，特别是在完全自动化操作的情况下更应注意。

在为三坐标测量机用离线或示教方法编制测量程序时，尽量不需要找正零件后再编程，但必须选择和定义零件的坐标轴和参考点。测量机自动执行测量时，可根据实际测得零件的位置和方向，自动计算出坐标转换值。因此，托盘的安装误差和零件的定位误差在测量过程中能自动校正，从而获得高的测量精度。如果用传统的检验方法来完成与此类似的任务，将复杂和耗时得多。

2. 测量机器人

在柔性加工系统中，三坐标测量机作为系统中的主要检测设备可以实现产品的下线终检。尽管测量机功能强、精度高，但各种测量都在其上进行是不经济的，它会增加生产的辅助时间，降低生产率。

利用机器人进行辅助测量，具有灵活、在线、高效等特点，可以实现对零件100％的测量。因此，特别适合FMS中的工序间和过程测量。而且与三坐标测量机相比，其造价低，使用灵活，容易纳入自动线。

机器人测量分直接测量和间接测量。直接测量称作绝对测量，它要求机器人具有较高的运动精度和定位精度，因此造价也较高。间接测量又称辅助测量，特点是在测量过程中机器人坐标运动不参与测量过程。它的任务是模拟人的运作将测量工具或传感器送至测量位置，这种测量机器人有如下特点：

① 机器人可以是一般的通用工业机器人，如在车削自动线上，机器人可以在完成上下料工作后进行测量，而不必为测量专门设置一个机器人，使机器人在线具有多种用途。

② 对传感器和测量装置要求较高。由于允许机器人在测量过程中存在移动或定位误差，因此传感器或测量仪器具有一定的智能和柔性，能进行姿态和位置调整，并独立完成测量工作。

六、工件尺寸在线光电检测装置

1. 激光测径仪

激光测径仪是一种非接触式测量装置，常用在轧制钢管、钢棒等热轧制件生产线上。为了提高生产效率和控制产品质量，必须随机测量轧制中轧件外径尺寸的偏差，以便及时调整轧机，保证轧件符合要求。这种方法适用于轧制时对温度高、振动大等恶劣条件下的尺寸检测。

激光测径仪包括光学机械系统和电路系统两部分。其中光学机械系统由激光电源、氦氖激光器、同步电动机、多面棱镜及多种形式的透镜和光电转换器件组成；而电路系统主要由整形放大、脉冲合成、填充计数、微型计算机、显示器和电源等组成。

激光测径仪的工作原理图如图6-12所示，氦氖激光器光束经平面反射镜L_1、L_2射到安装在同步电动机M转轴上的多面棱镜W上，当棱镜由同步电动机M带动旋转之后，激光束就成为通过L_3焦点的一个扫描光束，这个扫描光束通过透镜之后，形成一束平行运动的平行扫描光束。平行扫描光束经透镜L_4以后，聚焦到光敏二极管V上。如果L_3、L_4中间没有被测的钢管或钢棒，光敏二极管接收到的信号将是一个方波脉冲，如图6-13（a）所示。

这个脉冲宽度T取决于同步电动机转速、透镜L_3的焦距大小及多面体结构。如果在

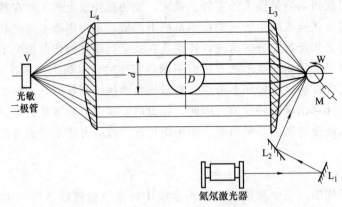

图 6-12　激光测径仪工作原理图

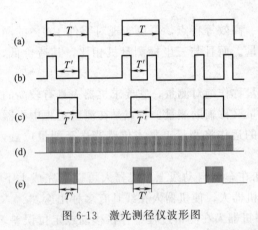

图 6-13　激光测径仪波形图

L_3、L_4 间的测量空间中有被测件 D，则光敏二极管 V 上的信号波形会如图 6-13（b）所示。图中脉冲宽度 T' 与被测件 D 的直径大小成正比，T' 也就是光束扫描移动这段距离 d（被测直径）所用的时间。

为了保证测量精度，采用石英晶体振荡器作填充脉冲。图 6-13（d）为填充脉冲波形图，图 6-13（c）、（d）经过与门合成的波形如图 6-13（e）所示。一个填充脉冲所代表的当量为测试装置的分辨率。将图 6-13（e）的一组脉冲数乘当量就可以得出被测直径 d 的大小。

在工件的形状、尺寸里除了工件直径等宏观几何信息外，工件微观几何信息，如圆度、垂直度也需要自动检测。与宏观信息的在线检测相比，还远没有得到实用。目前这种测量功能还没有装配到机床上，仍是一个研究课题。根据有关资料统计分析，像直线度这样的检测方法主要有刀口法，还有以标准导轨或平板为基础的测量法以及准直仪法，但这些方法较难实现在线检测。

2. 采用线阵 CCD 的工件外轮廓尺寸测量

光电耦合器件（Charge Coupled Device，CCD）是一种图像传感器，能够将光信号转换成电信号，分为线阵 CCD 与面阵 CCD 两种。一块 CCD 像素单元数越多，它能够提供的图像越清晰。相对于其他光电探测器，它具有如下特点：

① 能够输出与光像位置相对应的时序信号；

② 能够输出各个脉冲彼此独立相间的模拟信号；

③ 能够输出反映焦点面信息的信号。

将光源、光学透镜与这三个特点相结合，可以实现对工件外轮廓尺寸的测量。典型的 CCD 光电测试系统由光源、光学系统、CCD 传感器、信号采集与处理电路以及后续处理系统组成。

（1）测试原理

图 6-14 表示在透镜前方距 a 处有一被测物，其未知长度尺寸为 L，透镜后方距离 b 处

置有线阵 CCD 传感器, 该传感器总像素数目为 N。首先借助光学成像法将被测物未知长度 L 成像在线阵 CCD 传感器上, 此时该焦点面的输出信号是最强的。若照明光源由被测物方向从左向右发射, 在整个视野范围 D 内, 将有 L 部分被遮挡, 相应地, 在线阵 CCD 传感器上只有 N_1 和 N_2 两个部分曝光, 与其相应的像素数我们也定义成 N_1 和

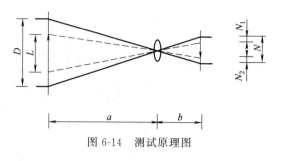

图 6-14　测试原理图

N_2。根据简单的相似三角形的关系, 我们可以得出

$$\frac{L}{D}=\frac{N-(N_1+N_2)}{N}$$

其中 D 我们可以在系统调整完毕后由 a、b 及已知的 N 求出

$$\frac{D}{a}=\frac{N}{b}$$

所以

$$L=\frac{N-(N_1+N_2)}{b}a$$

对不同尺寸的工件, 线阵 CCD 传感器测出不同的 N_1 和 N_2, 代入上式就可得到工件的尺寸。

（2）大尺寸测量

当被测尺寸很大时, 可用图 6-15 所示的测试方法, 由两套光学系统两个线阵 CCD 传感

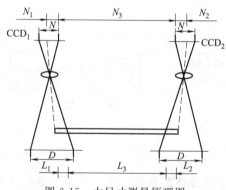

图 6-15　大尺寸测量原理图

器组成测试系统, 分别对工件两端进行测量, 然后计算出被测的尺寸。在被测物左右边缘下方设置光源, 经过各自的透镜将边缘部分成像在各自的 CCD 器件上, 两器件间的距离是固定的。设两个 CCD 的总像素数都是 N, 由于两个 CCD 相距很远, 其间必有某一范围 L_3 是两个 CCD 都监视不到的盲区。不过, 在测试系统安装完毕后, 这个 L_3 就确定了, 不再改变, 与 L_3 对应的像素数 N_3 也就确定了。我们可以用系统参数计算出 L_3, 在检测大批量工件时, 也可以用已知的首件标定 L_3。

设两个 CCD 的视野范围均为 D, 当扫描过程结束后, CCD_1 输出的脉冲数是 N_1, CCD_2 输出的脉冲数是 N_2, 那么, CCD_1 测出的 L_1 可以用下式算出:

$$\frac{L_1}{D}=\frac{N-N_1}{N}$$

$$L_1=\frac{N-N_1}{N}D$$

同样, CCD_2 测出的 L_2 可以用下式算出:

$$\frac{L_2}{D}=\frac{N-N_2}{N}$$

$$L_2 = \frac{N-N_2}{N}D$$

那么，被测物尺寸 L 就可以用下式算出：

$$L = L_1 + L_2 + L_3 = \frac{N-N_1}{N}D + \frac{N-N_2}{N}D + L_3$$

（3）采用 CCD 激光传感器的工件外径尺寸检测系统

采用 CCD 激光传感器可利用激光非接触准确测量的特点，同时将激光传感器运用到自动检测平台上，就可以实现大批量零件的快速测量，提高生产效率。

CCD 激光传感器采用 Keyence 公司的 VG 系列产品，传感器测量工件直径范围 0.5～30mm，测量精度 5μm，测量距离最大 300mm，传感器光学部分主要有发射端和接收端，传感器的基本测量原理如图 6-16 所示。

激光二极管发出红色激光，通过透镜变成平行光束，当光束被物体遮挡时，在接收端形成相应的阴影区域，传感器接收端扫描并计算阴影区长度，就可以得出所测物体尺寸。由于以电压量测量需要外加 AD 转换器，而串口形式是使用控制器内部 AD 转换器，转换精度高而且数据稳定，所以采用串口接收数据。

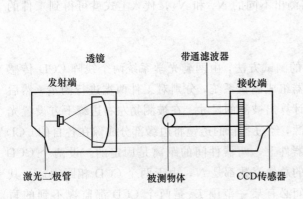

图 6-16　CCD 激光传感器原理

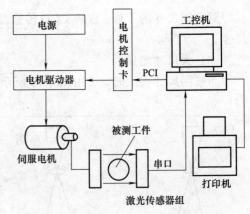

图 6-17　工件外径尺寸检测系统构成

工件外径尺寸检测系统的构成如图 6-17 所示，包括传感器系统、测量平台、运动控制系统、软件系统等。传感器系统通过扫描被测工件的直径，对数据进行采样并送入传感器控制器处理，再将处理结果传送到上位工控机，由软件完成数据的显示、打印等功能；测量平台是整个检测系统的硬件平台，承载工件及运动系统，并安装有控制开关，为人员提供舒适的操作空间；运动控制系统主要有电机控制卡、电机驱动器和伺服电机。电机控制卡采用 PCI 总线结构可以直接安装在工控机中，安装其驱动程序和链接库后，由高级语言如 VC++、PB 等编程在程序中调用来控制电机运动并实现相关算法。采用窗口式界面，通过电机控制卡产生控制信号控制伺服电机的运动，伺服电机带动丝杠上的传感器组在测试区域沿工件轴线运动，传感器组运动到指定位置后测量被测物体，将结果通过串口送入工控机，工控机存储测量数据并依据加工要求判断各所测尺寸的合格情况，若为不合格品，工控机发出报警信号，并对测量数据做标记，供统计使用。

第三节　刀具磨损和破损的检测与监控

刀具的磨损和破损与自动化加工过程的尺寸加工精度和系统的安全可靠性具有直接关系，因此，在自动化制造系统中，必须设置刀具磨损、破损的检测与监控装置，用以防止可能发生的工件成批报废和设备事故。

一、刀具磨损的检测与监控

1. 刀具磨损的直接检测与补偿

在加工中心或柔性制造系统中，加工零件的批量不大，且常为混流加工。为了保证各加工表面应具有的尺寸精度，较好的方法是直接检测刀具的磨损量，并通过控制系统和补偿机构对相应的尺寸误差进行补偿。

刀具磨损量的直接测量，对于切削刀具，可以测量刀具的后刀面、前刀面或刀刃的磨损量；对于磨削，可以测量砂轮半径磨损量；对于电火花加工，可以测量电极的耗蚀量。

图 6-18 所示为镗刀刀刃的磨损测量原理图。当镗刀停在测量位置时，测量装置移近刀具并与刀刃接触，磨损测量传感器从刀柄的参考表面上测取读数，刀刃与参考表面的两次相邻的数值变化即为刀刃的磨损值（该数据由磨损测量传感器测量）。测量过程、数据的计算和磨损值的补偿过程都可以由计算机系统进行控制和完成。

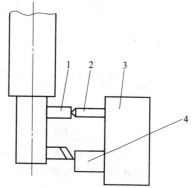

图 6-18　镗刀刀刃的磨损测量原理
1—参考表面；2—磨损传感器；
3—测量装置；4—刀具触点

2. 刀具磨损的间接测量和监控

在大多数切削加工过程中，刀具的磨损区往往被工件、其他刀具或切屑所遮盖，很难直接测量刀具的磨损值，因此多采用间接测量方式。除工件尺寸外，还可以采用切削力或力矩、切削温度、振动参数、噪声、加工表面粗糙度和刀具寿命等作为衡量刀具磨损程度的判据。

（1）以切削力为判据

切削力变化可直接反映刀具的磨损情况。图 6-19 所示是根据切削力的变化监测刀具磨损和破损状况的系统原理框图。

刀具在切削过程中磨损时，切削力会随着增大，如果刀具破损，切削力会剧增。在系统中，由于加工余量的不均匀等因素也会使切削力变化。为了避免因此而误判，取切削分力的比值和比值的变化率作为判别的特征量，即在线测得三个切削分力 F_x、F_y 和 F_z 的相应电信号，经放大后输入除法器，得到分力比 F_x/F_y 和 F_y/F_z 再输入微分器得到 $d(F_x/F_y)/dt$ 和 $d(F_y/F_z)/dt$，将这些数值再输入相应的比较器中，与设定值进行比较。这个设定值是经过一系列试验后得出的，为刀具尚能正常工作或已破损的阀值。当各参量超过设定值时，比较器输出高电平信号，这些信号输入由逻辑电路构成的判别器中，判别器根据输入电平值的高低，可得出是否磨损或破损的结论。这种方法实时性较好，具有一定抗干扰能力。

对于加工中心类机床，由于刀具经常需要更换，测力装置无法与刀具安装在一起。最好

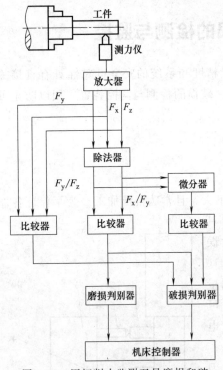

图 6-19 用切削力监测刀具磨损和破
损状况的系统原理框图

的办法是将测力装置设置在主轴轴承处，一方面可以不受换刀的影响，另一方面此处离刀具切入工件处较近，对直接检测切削力的变化特别敏感，测量过程是连续的，能监测特别容易折断的小刀具。图6-20所示为装有测力轴承的加工中心主轴系统。轴承的外圈上装有应变片，通过应变片采集与负载成正比的信号。连接应变片的电缆线通常是从轴承的轴肩端面引出，与放大器和微处理器控制的电子分析装置连接，并通过数据总线传输到计算机控制系统，测力轴承监测到的切削力信号不断与程序中的参考数值进行比较。加工中心所需监测的刀具，都有相应的切削力参考值或参考模型，通过高一级计算机的管理程序调用，使其与正在工作的刀具相匹配，并根据测量结果控制刀具的更换。

（2）以振动信号为判据

振动信号对刀具磨损和破损的敏感程序仅次于切削力和切削温度。图6-21所示为在机床上测量切削过程中产生的振动信号来监控刀具磨损的系统框图。在刀架的垂直方向安装一个加速度计拾取和引出振动信号，通过电荷放大器、滤波器、模数转换器后，送入计算机进行数据处理和比较分析。在判别刀具磨损的振动特征量超过允许值时，控制器发出换刀信号。需指出的是，由于刀具的正常磨损与异常磨损之间的界限的不确定性，要事先确定一个设定值较困难，最好采用模式识别方法构造判别函数，并且能在切削过程中自动修正设定值，以得到在线监控的正确结果。此外，还需排除过程中的干扰因素和正确选择振动参数的敏感频段。

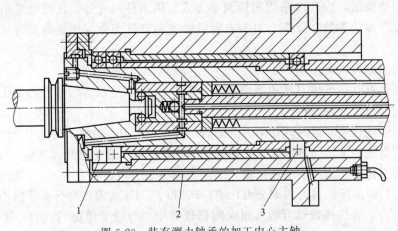

图 6-20 装有测力轴承的加工中心主轴
1,3—测力轴承；2—电缆线

（3）以加工表面粗糙度为判据

加工表面粗糙度与刀具磨损造成的机床系统特性参数的变化有关，如图6-22所示。因

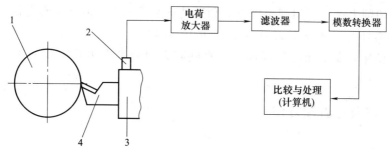

图 6-21 刀具磨损振动监测系统原理图

1—工件；2—加速度计；3—刀架；4—车刀

此，可以通过监测工件表面粗糙度来判断刀具的磨损状态。这种方法信号处理比较简单，可利用工件所要求的粗糙度指标和粗糙度信号方差变化率构成逻辑判别函数，既可以有效识别出刀具的急剧磨损或微破损，又能监视工件的表面质量。

图 6-23 是利用激光技术监测工件表面粗糙度的示意图。激光束通过透镜射向工件加工表面，由于表面粗糙度的变化，所反射的激光强度也不相同，因而通过检测发射光的强度和对信号的比较分析来识别表面粗糙度和判别刀具的磨损状态。由于激光可以远距离发送和接收，因此，这种监测系统便于在线实时应用。

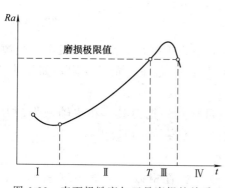

图 6-22 表面粗糙度与刀具磨损的关系

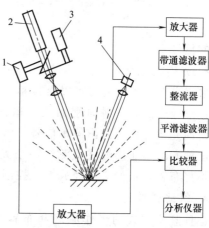

图 6-23 激光监测工件表面粗糙度

1—参考探测器；2—激光发生器；
3—斩波器；4—测量探测器

（4）以刀具寿命为判据

这是目前在加工中心和柔性制造系统中使用最为广泛的方法，因为不需要附加测试装置及数据分析和处理装置，且工作可靠。

对于使用条件已知的刀具，其寿命有两种确定方法：一是根据用户提供的使用条件试验确定；二是根据经验确定。从刀具磨损特性曲线（图 6-24）可以看出，刀具寿命不宜定得过长，必须定在急剧磨损

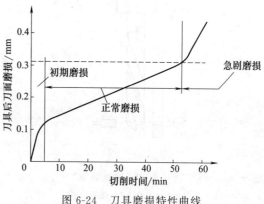

图 6-24 刀具磨损特性曲线

之前，以防止切削力过大、切削温度过高和刀具折断的危险；但又不宜定得过短，避免过早更换刀具和增加磨刀成本。刀具寿命可按刀具编号送入管理程序中。在调用刀具时，从规定的刀具使用寿命中扣除切削时间，直到剩余刀具寿命不足下次使用时间时发出换刀信号。

二、刀具破损的监控方法

1. 探针式监控

这种方法多用来测量孔的加工深度，同时间接地检查出孔加工刀具（钻头）的完整性，尤其是对于在加工中容易折断的刀具，如直径 10～12mm 以内的钻头。这种检测方法结构简单，使用很广泛。

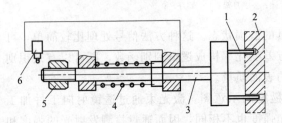

图 6-25 探针式检查装置

1—探针；2—工件；3—滑杆；
4—弹簧；5—挡铁；6—限位开关

探针式检查装置如图 6-25 所示，装有探针的检查装置装在机床移动部件（如滑台、主轴箱）上，探针向右移动，进入工件的已加工孔内，当孔深不够或有折断的钻头和切屑堵塞时，探针板压缩滑杆，克服弹簧力而后退，使挡铁压下限位开关，发出下一道工序不能继续

进行的信号。

2. 光电式监控

采用光电式检查装置可以直接检查钻头是否完整或折断，如图 6-26 所示。光源的光线通过隔板中的孔，射向刚加工完退回的钻头，如钻头完好，光线受阻；如钻头折断，光线射向光敏元件，发出停车信号。

这种方法属非接触式检测，一个光敏元件只可检查一把刀具，在主轴密集、刀具集中时不好布置，信号必须经放大，控制系统较复杂，还容易受切屑干扰。

3. 气动式监控

这种监控方式的工作原理和布置与光电式检查装置相似，如图 6-27 所示。钻头 1 返回

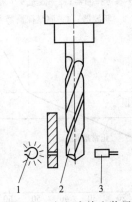

图 6-26 光电式检查装置

1—光源；2—钻头；3—光敏元件

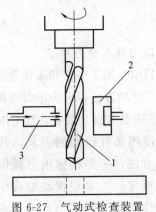

图 6-27 气动式检查装置

1—钻头；2—气动压力开关；3—喷嘴

原位后，气阀接通，气流从喷嘴 3 射向钻头 1，当钻头折断时，气流就冲向气动压力开关，发出刀具折断信号。

这种方法的优缺点及适用范围与光电式检查装置相同，同时还有清理切屑的作用。

4. 电磁式监控

图 6-28 所示为电磁式检查装置的原理图。它是利用磁通变化的原理来检测刀具是否折断，带有线圈的 U 形电磁铁和钻头组成闭合的磁路。当钻头折断时，磁阻增大，使线圈中的电压发生变化而发出信号。

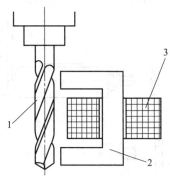

这种方法只适用于回转形刀具和加工非铁磁性材料的工件。因为刀具带有磁性，钻头的螺旋槽引起的周期性磁阻变化，可在电路中予以排除，但不适用于中心钻、阶梯钻等。

5. 主电动机负荷监控

在切削过程中，刀具的破损会引起切削力或切削转矩的变化，而切削力/转矩的变化可直接由机床电动机功率来表示。因此，检测机床电动机功率可以判断刀具状态。

6. 声发射监控

在金属切削过程中，用声发射（AE）方法检测刀具破损非常有效，特别是对小尺寸刀具破损的检测。

图 6-28　电磁式检查装置

1—钻头；2—磁铁；3—线圈

声发射（Acoustic Emission，AE）是固体材料或构件受外力或内力作用产生变形或断裂，以弹性波形式释放出应变能的现象。金属切削过程中可产生频率范围从几十千赫至几兆赫的声发射信号。产生声发射信号的来源有：工件的断裂，工件与刀具的摩擦，切屑变形，刀具的破损及工件的塑性变形等。正常切削时，信号器所拾取的信号为一个小幅值连续信号，当刀具破损时，声发射信号各增长幅值远大于正常切削时的幅度。图 6-29 所示为声发射钻头破损检测装置系统图。当切削加工中发生钻头破损时，用安装在工作台上的声发射传感器检测钻头破损所发出的信号，并由钻头破损检测器

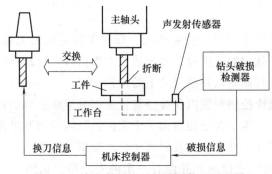

图 6-29　声发射钻头破损检测装置原理图

处理，当确认钻头已破损时，检测器发出信号通过计算机控制系统进行换刀。根据大量实验，此增大幅度为正常切削时的 3～7 倍，并与刀具破损面积有关。因此，声发射产生阶跃突变是识别刀具破损时的重要特征。

声发射法监控仪抗环境噪声和扰动等随机干扰的能力强，识别刀具破损的精度和可靠性较高，能识别出直径 1mm 的钻头或丝锥的破损，可用于普通车床、铣床和钻床，也可用于数控机床及加工中心，是一种很有前途的刀具破损监控装置。

第四节　自动化加工过程的在线检测和补偿

自动线作为实现机械加工自动化的一种途径，在大批量生产领域已具有很高的生产率和

良好的技术经济效果。自动线需要检测的项目包括被加工工件的工艺参数、刀具的使用状况及自动线本身的加工状况和设备信息，前述对工件尺寸的自动测量及刀具磨损和破损的自动测量进行了简要介绍，本节对刀具和工件尺寸测量基础上的自动补偿系统进行简要介绍。

一、刀具尺寸控制系统的概念

刀具尺寸控制系统是指对加工时工件已加工面尺寸进行在线（在机床内）自动测量。当

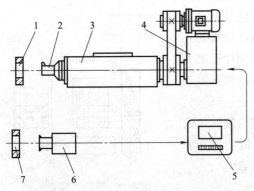

刀具由于磨损等原因，使工件尺寸变化达到某一预定值时，控制装置发出指令，操纵补偿装置，使刀具按指定值进行径向微量位移，以补偿工件尺寸的变化，使之严格控制在公差范围内。

图 6-30 是典型的刀具尺寸控制系统图。刚加工好的工件 7 由测量头 6 进行测量，测量结果反映在控制装置 5 上。当工件尺寸变化达到某一预定值时，控制装置向自动补偿装置 4 发出补偿指令，通过镗头 3 使镗杆 2 产生微量的径向位移，以补偿由于刀具磨损或其他因素引起的尺寸变化。进行补偿后，再开始加工下一个工件。

图 6-30　典型刀具尺寸控制系统

1—待加工工件；2—镗杆；3—镗头；4—自动补偿装置；5—控制装置；6—测量头；7—测量工位工件

二、刀具补偿装置的工作原理

目前，在金属切削加工中，自动补偿装置多采用尺寸控制原则，即在工件完成加工后，自动测量其实际尺寸，当工件的尺寸超出某一规定的范围时，测量装置发出信号，控制补偿装置，自动调整机床的执行机构，或对刀具进行调整以补偿尺寸上的偏差。

自动补偿系统一般由测量装置、信号转换或控制装置以及补偿装置三部分组成。自动补偿系统的测量和补偿过程是滞后于加工过程的，为了保证在对前一个工件进行测量和发出补偿信号时，后一个工件不会成为废品，就不能在工件已达到极限尺寸时才发出补偿信号。一般应使发出补偿信号的界限尺寸在工件的极限尺寸以内，并留有一定的安全带。如图 6-31

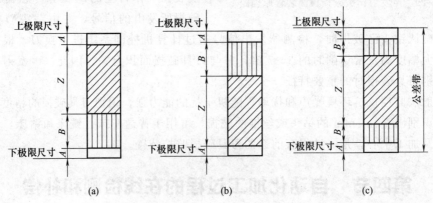

(a)　　　　　　　　(b)　　　　　　　　(c)

图 6-31　尺寸公差差带与补偿带

Z—正常尺寸带；B—补偿带；A—安全带

所示，通常将工件的尺寸公差带分为若干区域。图 6-31（a）为孔的补偿分布图，加工孔时，由于刀具磨损，工件尺寸不断变小。当进入补偿带 B 时，控制装置就发出补偿信号，补偿装置按预先确定的补偿量补偿，使工件尺寸回到正常尺寸 Z 中。在靠近上、下极限偏差处，还可根据具体要求划出安全带 A，当工件尺寸由于某些偶然原因进入安全带时，控制装置发出换刀或停机信号。图 6-31（b）是轴的补偿带分布图。在某些情况下，考虑到可能由于其他原因，例如机床或刀具的热变形，会使工件尺寸朝相反的方向变化，也可如图 6-31（c）所示，将正常尺寸带 Z 放在公差带的中部，两端均划出补偿带 B。此时，补偿装置应能实现正、负两个方向的补偿。

为了避免偶然误差的影响，测量控制信号在送入补偿装置之前，须经过适当处理。通常，当某一个工件的尺寸进入补偿带时，并不立即进行补偿，而将此测量信号储存起来，必须当连续出现几个补偿信号时，补偿装置才会得到动作信号。

测量控制装置大多向补偿装置发出脉冲补偿信号，或者补偿装置在接收信号以后进行脉动补偿。每一次补偿量的大小，取决于工件的精度要求，即尺寸公差带的大小以及刀具的磨损状况。每次的补偿量越小，获得的补偿精度越高，工件的尺寸分散度也越小。但此时对补偿执行机构的灵敏度要求也越高。当补偿装置的传动副存在间隙和弹性变形，以及移动部件间有较大摩擦阻力时，就很难实现均匀而准确的补偿运动。

三、镗孔刀具的自动补偿装置

镗刀的自动补偿方式最常用的是借助镗杆或刀夹的特殊结构来实现补偿运动。这一方式又可分为两类：

① 利用镗杆轴线与主轴回转轴线的偏心进行补偿。

② 利用镗杆或刀夹的弹性变形实现微量补偿。

偏心补偿装置可参考有关书籍，这里仅介绍变形补偿装置。

压电晶体式自动补偿装置是一种典型的变形补偿装置，它是利用压电陶瓷的电致伸缩效应来实现刀具补偿运动的。如石英、钛酸钡等一类离子型晶体，由于结晶点阵的规则排列，在外力作用下产生机械变形时，就会产生电极化现象，即在承受外力的相应两个表面上出现正负电荷，形成电位差，这就是压电效应。反之，晶体在外加直流电压的作用下，就会产生机械变形，这就是电致伸缩效应。

采用了压电陶瓷元件的压电晶体式自动补偿装置见图 6-32。

该装置的补偿原理如下：压电陶瓷元件 1 通电时向左伸长，于是推动滑柱 2、方形楔块 8 和圆柱楔块 7，通过圆柱楔块的斜面，克服板弹簧 4 的压力，将固定在滑套 6 中的镗刀 5 顶出。当通入反向直流电压时，元件 1 收缩，在弹簧 3 的作用下，方形楔块 8 向下位移，以填补由于元件 1 收缩时腾出的空隙。当再次变换通入正向电压时，元件 1 又伸长，如此循环下去，经过若干次脉冲电压的反复作用，使刀具向外伸出预定的补偿量。

该装置采用 300V 的正反向交替直流脉冲电压，以计数继电器控制脉冲次数。每一脉冲的补偿量为 0.002～0.003mm，刀尖的总补偿量为 0.1mm。

该装置的特点是径向尺寸大，适于大直径孔的加工。压电陶瓷管本身就是驱动装置，结构简单，控制方便，但不能进行反向补偿及自动复位，需要设置引入电源的电刷等。

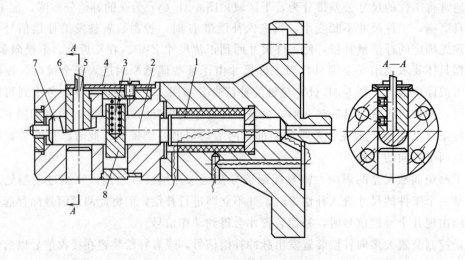

图 6-32　压电晶体式自动补偿装置

1—压电陶瓷元件；2—滑柱；3—弹簧；4—板弹簧；5—镗刀；
6—滑套；7—圆柱楔块；8—方形楔块

第五节　滚压力自动检测应用实例

一、滚压装置构成

在金属零件的滚压加工过程中，无论是外圆滚压还是平面滚压，为了得到最佳的滚压工艺参数和表面变质层，都需要控制和检测滚压力的大小。图 6-33 是金属工件的滚压进给装置，主要由滚压装置主体、伺服电机、电机支座、滚珠丝杠、力传感器、滚压头等部分组成。

二、滚压装置原理及滚压力检测

该金属工件滚压进给装置根据滚压工件的不同可安装在不同的机床设备上。当进行平面滚压时，可将该装置固定于液压牛头刨床滑枕前部的牛头之上，当进行外圆滚压加工时，可将该装置固定于机床上安装刀架部分，但要注意设备的刚度问题。工作过程通过由力传感器、伺服电机、控制卡及工控机组成的控制系统对机械装置进行控制。工作前，通过滚压头连接件 8 的内螺纹将滚压头与滚压器主体连成一体组成控制系统的执行机构；工作时，首先将带滚压头的执行机构移动到被滚压金属工件的外表面处，然后在计算机控制之下，通过伺服电机 1 带动滚珠丝杠 4 做旋转运动，在两个导向柱 5 及与其相配合的上下移动套作用下，将滚珠丝杠的旋转运动转变为滚压头沿竖直方向的直线运动，从而实现了竖直方向调节滚压头的进给量的作用，同时对工件表面施加一预定压力。滚压过程中，滚压力的大小经力传感器测定后，通过变送器将信号进行放大转换后以 RS232 串口的形式发送给计算机接收，在控制软件中根据滚压力的大小可通过伺服电机进行实时调整。

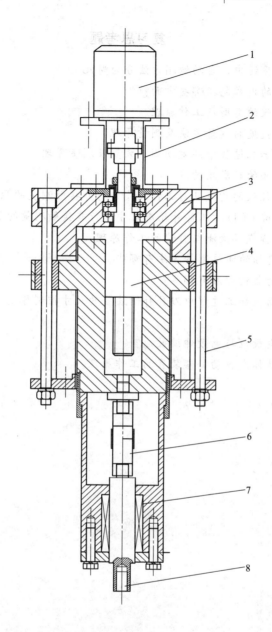

图 6-33　金属工件的滚压进给装置

1—伺服电机；2—电机支座；3—装置主体；4—滚珠丝杠及丝杠副；

5—导向柱；6—力传感器；7—直线轴承；8—滚压头连接件

复习思考题

6-1 自动化制造系统中，自动检测方法分为哪几类？

6-2 自动化检测的内容包括哪些方面？

6-3 试述气动量仪的类型及工作原理。

6-4 试述表面粗糙度的测量方法及测量原理。

6-5 试举例说明加工过程中的主动测量装置及测量原理。

6-6 试述精密测头的种类及特点。

6-7 试述激光测径仪的构成及对工件尺寸进行非接触测量的原理。

6-8 试述采用线阵 CCD 对工件外轮廓尺寸进行非接触测量的原理。

6-9 试述刀具磨损直接检测与补偿的工作原理。

6-10 试述刀具磨损的间接测量方法有哪些。

6-11 刀具破损的监控方法有哪些？

6-12 什么是自动化加工过程中刀具补偿装置的尺寸控制原则？试以孔为例简述刀具补偿装置的工作原理。

6-13 什么是压电效应与电致伸缩效应？

6-14 试述压电晶体式自动补偿装置的工作原理。

第七章

装配过程自动化

装配是整个生产系统的一个主要组成部分，也是机械制造过程的最后环节。装配对产品的生产成本、生产效率和产品质量有着重要影响，研究和发展新的装配技术，大幅度提高装配质量和装配生产效率是机械制造工程的一项重要任务。相对于加工技术而言，装配技术发展相对缓慢，装配工艺已成为现代生产的薄弱环节。因此，实现装配过程的自动化为现代工业生产中迫切需要解决的一个重要问题。

第一节 装配自动化的任务及基本要求

一、装配自动化在现代制造业中的重要性

装配过程是机械制造过程中必不可少的环节。人工操作的装配是一个劳动密集型的过程，生产率是工人执行某一具体操作所花费时间的函数，装配劳动量在产品制造总劳动量中占有相当高的比例。随着先进制造技术的应用，制造零件劳动量的下降速度比装配劳动量下降速度快得多，如果仍旧采用人工装配的方式，该比值还会提高。据有关资料统计分析，一些典型产品的装配时间占总生产时间的53%左右，是花费最多的生产过程，因此提高装配效率是制造工业中急需解决的关键问题之一。

装配自动化（Assembly Automation）是实现生产过程综合自动化的重要组成部分，其意义在于提高生产效率、降低成本、保证产品质量，特别是减轻或取代特殊条件下的人工装配劳动。

装配是一项复杂的生产过程，人工操作已经不能与当前的社会经济条件相适应。因为人工操作既不能保证工作的一致性和稳定性，又不具备准确判断、灵巧操作，并赋以较大作用力的特性。同人工装配相比，自动化装配具备如下优点：

① 装配效率高，产品生产成本下降。尤其是在当前机械加工自动化程度不断得到提高的情况下，装配效率的提高对产品生产效率的提高具有更加重要的意义。

② 自动装配过程一般在流水线上进行，采用各种机械化装置来完成劳动量最大和最繁重的工作，大大降低了工人的劳动强度。

③ 不会因工人疲劳、疏忽、情绪、技术不熟练等因素的影响而造成产品质量缺陷或不稳定。

④ 自动化装配所占用的生产面积比手工装配完成同样生产任务的工作面积要小得多。

⑤ 在电子、化学、宇航、国防等行业中，许多装配操作需要特殊环境，人类难以进入或非常危险，只有自动化装配才能保障生产安全。

随着科学技术的发展和进步，在机械制造业，CNC、FMC、FMS 的出现逐步取代了传统的制造技术，它们不仅具备高度自动化的加工能力，而且具有对加工对象的灵活性。如果只有加工技术的现代化，没有装配技术的自动化，FMS 就成了自动化孤岛。装配自动化的意义还在于它是 CIMS 的重要组成部分。

二、装配自动化的任务及应用范围

所谓装配，就是通过搬送、连接、调整、检查等操作把具有一定几何形状的物体组合到一起。

在装配阶段，整个产品生产过程中各个阶段的工艺的和组织的因素都遇到一起了。由于在现代化生产中广泛地使用装配机械，因而装配机械，特别是自动化装配机械得到空前的发展。

装配机械是一种特殊的机械，它区别于通常用于加工的各种机床。装配机械是为特定的产品而设计制造的，具有较高的开发成本。而在使用中只有很少或完全不具有柔性。所以最初的装配机械只是为大批量生产而设计的，自动化的装配系统用于中小批量生产还是近几年的事。这种装配系统一般都由可以自由编程的机器人作为装配机械。除了机器人以外，其他部分也要能够改装和调整。此外还要有具有柔性的外围设备，例如零件储仓，可调的输送设备，连接工具库、抓钳及它们的更换系统。柔性是这样一种系统的特性，这种系统能够适应生产的变化。对于装配系统来说，就是要在同一套设备上同时或者先后装配不同的产品（产品柔性）。柔性装配系统的效率不如高度专用化的装配机械。往复式装配机械可以达到每分钟10～60 拍（大多数的节拍时间为 2.5～4s）；转盘式装配机械最高可以达到每分钟 2000 拍。当然所装配的产品很简单，如链条等；所执行的装配动作也很简单，如铆接、充填等。

对于大批量生产（年产量 100 万以上）来说，专用的装配机械是合算的。工件长度可以大于 100mm，质量可以超过 50g。典型的装配对象如电器产品、开关、钟表、圆珠笔、打印机墨盒、剃须刀、刷子等，它们需要各种不同的装配过程。

从创造产品价值的角度来考虑，装配过程可以按时间分为两部分：主装配和辅装配。连接本身作为主装配只占 35%～55% 的时间。所有其他功能，例如给料，均属于辅装配。设计装配方案必须尽可能压缩这部分时间。

自动化装配机械，尤其是经济的和具有一定柔性的自动化装配机械被冠以高技术产品。按其不同的结构方式常被称为"柔性特种机械"或"柔性节拍通道"。圆形回转台式自动化装配机由于其较高的运转速度和可控的加速度而备受青睐。环台式装配机械，无论是环内操作还是环外操作，或二者兼备的结构都是很实用的结构方式。

现代技术的发展使得人们能够为复杂的装配功能找到解决的方法。尽管如此，全自动化的装配至今仍然只是在有限的范围是现实的和经济的。装配机械比零件制造机械具有更强的针对性，因而装配机械的采用更需要深思熟虑，需要做大量的准备工作，不能简单片面地追求自动化，应本着实用可靠而又能适应产品的发展的原则，采用适当的自动化程度，应用现代的计划方法和控制手段。

三、装配自动化的发展现状

对于精密零件的自动装配，必须提高夹具的定位精度和装配工具的柔顺性。为提高定位精度，可采用带有主动自适应反馈的位置控制器，通过光电传感视觉设备、接触压力传感器等对零件的定位误差进行测量，并采用计算机控制的伺服执行机构进行修正，这种伺服装配工具和夹具可进行精密装配。目前，定位精度在 0.01mm 的自动装配机已得以应用。

产品更新周期缩短，要求自动装配系统（Automatic Assembly System）具有柔性响应，20 世纪 80 年代出现了柔性装配系统（Flexible Assembly System，FAS）。FAS 是一种计算机控制的自动装配系统，它的主要组成是装配中心（Assembly Center）和装配机器人（Assembly Robot），使装配过程通过传感技术和自动监控实现了无人操作。具有各种不同结构能力和智能的装配机器人是 FAS 的主要特征。柔性装配是自动装配技术发展的方向，采用柔性装配不仅可提高生产率、降低成本、保证产品质量一致性，更重要的是能提高适应多品种小批量的产品应变能力。

今后一段时间内，装配自动化技术将主要向以下两方面发展：

① 与近代基础技术互相结合、渗透，提高自动装配装置的性能。近代基础技术，特别是控制技术和网络通信技术的进一步发展，为提高自动装配装置的性能打下了良好的基础。装配装置可以引入新型、模块化、标准化的控制软件，发展新型软件开发工具；应用新的设计方法，提高控制单元的性能；应用人工智能技术，发展、研制具有各种不同结构能力和智能的装配机器人，并采用网络通信技术将机器人和自动加工设备相连以得到最高生产率。

② 进一步提高装配的柔性，大力发展柔性装配系统 FAS。在机械制造业中，CNC、FMC、FMS 的出现逐步取代了传统的制造设备，大大提高了加工的柔性。新兴的生产哲理 CIMS 使制造过程必须成为用计算机和信息技术把经营决策、设计、制造、检测、装配以及售后服务等过程综合协调为一体的闭环系统。但如果只有加工技术的自动化，没有装配技术的自动化，FMS、CIMS 就不能充分发挥作用。装配机器人的研制成功、FMS 的应用以及 CIMS 的实施，为自动装配技术的开发创造了条件；产品更新周期的缩短，要求自动装配系统具有柔性响应，需要柔性装配系统来使装配过程通过自动监控、传感技术与装配机器人结合，实现无人操作。

四、装配自动化的基本要求

要实现装配自动化，必须具备一定的前提条件，主要有如下几方面：

① 生产纲领稳定，且年产量大、批量大，零部件的标准化、通用化程度较高。生产纲领稳定是装配自动化的必要条件。目前，自动装配设备基本上还属于专用设备，生产纲领改变，原先设计制造的自动装配设备就不适用，即使修改后能加以使用，也将造成设备费用增加，耽误时间，在技术上和经济上都不合理。年产量大、批量大，有利于提高自动装配设备的负荷率；零部件的标准化、通用化程度高，可以缩短设计、制造周期，降低生产成本，有可能获得较高的技术经济效果。

与生产纲领有联系的其他一些因素，如装配件的数量、装配件的加工精度及加工难易程度、装配复杂程度和装配过程劳动强度、产量增加的可能性等，也会对装配自动化的实现产生一定影响。现以小型精密产品（或部件）为例，说明实现装配自动化必须具备的一般条件，如表 7-1 所示。

表 7-1 小型精密产品或部件实现装配自动化的一般条件

与生产有关的一般条件	实现自动化的装配的适合程度		
	很适合	比较适合	不适合
生产纲领	>500 套/h	200～500 套/h	<200 套/h
生产纲领稳定性	5 年内品种不变	3 年内品种不变	2,3 年内有可能变化
产量增加的可能性	大	较大	不增加
装配件数量①	4～7	8～15	>15
装配件的加工精度	高	一般	低
装配复杂程度	简单	一般	复杂
要求装配工人的熟练程度	低	一般	高
手工装配劳动强度	大	一般	低
装配过程中的危险性	有	有	无

① 相同规格的零件按一件计算。

② 产品具有较好的自动装配工艺性。

尽量要做到结构简单，装配零件少；装配基准面和主要配合面形状规则，定位精度易于保证；运动副应易于分选，便于达到配合精度；主要零件形状规则、对称，易于实现自动定向等。

③ 实现装配自动化以后，经济上合理，生产成本降低。

装配自动化包括零部件的自动给料、自动传送以及自动装配等内容，它们相互紧密联系。其中：

a. 自动给料包括装配件的上料、定向、隔料、传送和卸料的自动化。

b. 自动传送包括装配零件由给料口传送至装配工位，以及装配工位与装配工位之间的自动传送。

c. 自动装配包括自动清洗、自动平衡、自动装入、自动过盈连接、自动螺纹连接、自动粘接和焊接、自动检测和控制、自动试验等。

所有这些工作都应在相应控制下，按照预定方案和路线进行。实现给料、传送、装配自动化以后，就可以提高装配质量和生产效率，产品合格率高，劳动条件改善，生产成本降低。

五、实现装配自动化的途径

1. 产品设计时应充分考虑自动装配的工艺性

适合装配的零件形状对于经济的装配自动化是一个基本的前提。如果在产品设计时不考虑这一点，就会造成自动化装配成本的增加或完全不能实现。产品的结构、数量和可操作性决定了装配过程、传输方式和装配方法。机械制造的一个明确的原则就是"部件和产品应该能够以最低的成本进行装配"。因此，在不影响使用性能和制造成本的前提下，合理改进产品结构，往往可以极大地降低自动装配的难度和成本。

工业发达的国家已广泛推行便于装配的设计准则（Design for Assembly）。该准则主要包含两方面的内容：一是尽量减少产品中的单个零件的数量，如图 7-1 所示，结构方面的区别是分立式和集成式，集成方式可以实现元件最少，维修也方便；二是改善产品零件的结构工艺性，层叠式和鸟巢式的结构（图 7-2）对于自动化装配是有利的。基于该准则的计算机辅助产品设计软件也已开发成功。目前，发达国家便于装配的产品结构设计不亚于便于数控加工的产品结构设计。实践证明，提高装配效率，降低装配成本，实现装配自动化的首要任务应是改进产品结构的设计。因此，我们在新产品的研制开发中，也必须贯彻装配自动化的设计准则，把产品设计和自动装配的理论在实践中相结合；设计出工艺性（特别是自动装配工艺性）良好的产品。

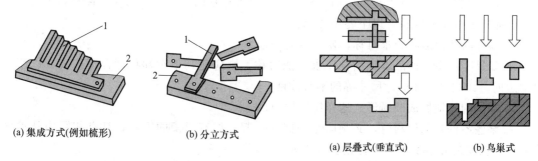

(a) 集成方式(例如梳形)　　　(b) 分立方式

图 7-1　集成方式对装配是有利的
1—配合件；2—基础件

(a) 层叠式(垂直式)　　　(b) 鸟巢式

图 7-2　适合自动化装配的产品结构

2. 研究和开发新的装配工艺和方法

鉴于装配工作的复杂性和自动装配技术相对于其他自动化制造技术的相对滞后，必须对自动装配技术和工艺进行深入的研究，注意研究和开发自动化程度不一的各种装配方法。如对某些产品，研究利用机器人、刚性的自动化装配设备与人工结合等方法，而不能盲目追求全盘自动化，这样有利于得到最佳经济效益。此外还应加强基础研究，如对合理配合间隙或过盈量的确定及控制方法，装配生产的组织与管理等，开发新的装配工艺和技术。

3. 设计制造自动装配设备和装配机器人

实现装配过程的自动化，就必须制造装配机器人或者刚性的自动装配设备。装配机器人是未来柔性自动化装配的重要工具，是自动装配系统最重要的组成部分。各种形式和规格的装配机器人正在取代人的劳动，特别是对人的健康有害的操作，以及特殊环境（如高辐射区或需要高清洁度的区域）中进行的工作。

刚性自动装配设备的设计，应根据装配产品的复杂程度和生产率的要求而定。一般三个以下的零件装配可以在单工位装配设备上完成，超过三个以上的零件装配则在多工位装配设备上完成。装配设备的循环时间、驱动方式以及运动设计都受产品产量的制约。

自动装配设备必须具备高可靠性，研制阶段必须进行充分的工艺试验，确保装配过程自动化形式和范围的合理性。在当前生产技术水平下，需要研究和开发自动化程度不一的各种装配方法，如对某些产品，研究利用机器人、刚性的自动化装配设备与人工结合等装配方法。

第二节　自动装配工艺过程分析和设计

一、自动装配条件下的结构工艺性

结构工艺性是指产品和零件在保证使用性能的前提下，力求能够采用生产率高、劳动量小、材料消耗少和生产成本低的方法制造出来。自动装配工艺性好的产品零件，便于实现自动定向、自动供料、简化装配设备、降低生产成本。因此，在产品设计过程中，采用便于自动装配的工艺性设计准则，以提高产品的装配质量和工作效率。

在自动装配条件下，零件的结构工艺性应符合便于自动供料、自动传送和自动装配三项设计原则。

1. 便于自动供料

自动供料包括零件的上料、定向、输送、分离等过程的自动化。为使零件有利于自动供料，产品的零件结构应符合以下各项要求：

① 零件的几何形状力求对称，便于定向处理。

② 如果零件由于产品本身结构要求不能对称，则应使其不对称程度合理扩大，以便于自动定向。如质量、外形、尺寸等的不对称性。

③ 零件的一端做成圆弧形，这样易于导向。

④ 某些零件自动供料时，必须防止镶嵌在一起。如有通槽的零件，具有相同内外锥度表面时，应使内外锥度不等，防止套入"卡住"。

2. 利于零件自动传送

装配基础件和辅助装配基础件的自动传送，包括给料装置至装配工位以及装配工位之间的传送。其具体要求如下：

① 为使易于实现自动传送，零件除具有装配基准面以外，还需考虑装夹基准面，供传送装置的装夹或支承。

② 零部件的结构应带有加工的面和孔，供传送中定位。

③ 零件外形应简单、规则、尺寸小、重量轻。

3. 有利于自动装配作业

① 零件的尺寸公差及表面几何特征应保证按完全互换的方法进行装配。

② 零件数量尽可能少（图 7-3），同时应减少紧固件的数量。

③ 尽量减少螺纹连接，采用适应自动装配条件的连接方式，如采用粘接、过盈、焊接等。

④ 零件上尽可能采用定位凸缘，以减少自动装配中的测量工作，如将压装配合的光轴用阶梯轴代替等。

⑤ 基础件设计应为自动装配的操作留有足够的位置，例如自动旋入螺钉时，必须为装配工具留有足够的自由空间，如图 7-4 所示。

(a) 改进前　　　(b) 改进后

图 7-3　利于自动装配实例

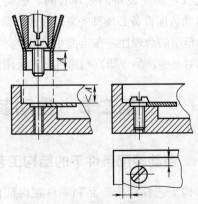

图 7-4　螺钉装配需要的自由空间

⑥ 零件的材料若为易碎材料，宜用塑料代替。

⑦ 为便于装配，零件装配表面应增加辅助定位面，如图 7-5 所示 AA 辅助定位面。

⑧ 最大限度地采用标准件和通用件，不仅可以减少机械加工，而且可以加大装配工艺的重复性。

⑨ 避免采用易缠住或易套在一起的零件结构，不得已时，应设计可靠的定向隔离装置。

⑩ 产品的结构应能以最简单的运动把零件安装到基准零件上去。最好是使零件沿同一个方向安装到基础件上去，因而在装配时没有必要改变基础件的方向，减少安装工作量。

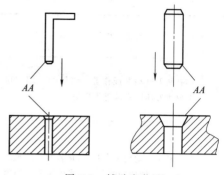

图 7-5　辅助定位面

⑪ 如果装配时配合的表面不能成功地用作基准，则在这些表面的相对位置必须给出公差，且在此公差条件下基准误差对配合表面的位置影响最小。

改善零部件自动装配工艺性的示例，见表 7-2。

表 7-2　改进自动装配工艺性示例表

序号	改进结构目的、内容	零件结构改进前后对比	
		改进前	改进后
1	有利于自动给料。零件原来不对称部分改为对称		
2	有利于自动给料。为避免镶嵌，带有通槽的零件，宜将槽的位置错开，或使槽的宽度小于工件的壁厚		
3	有利于自动给料。防止发生镶嵌，带有内外锥度零件，使内外锥度不等，以免发生卡死		
4	有利于自动传送。将零件的端面改为球面，使其在传动中易于定向		
5	有利于自动传送。将圆柱形零件一端加工出装夹面		
6	有利于自动装配作业中识别。在相对于小孔径处切槽		

续表

序号	改进结构目的、内容	零件结构改进前后对比	
		改进前	改进后
7	有利于自动装配作业。将轴的一端定位平面改为环形槽以简化装配		
8	有利于自动装配作业,简化装配。将轴的一端滚花,做成静配合,比"光轴装入再用紧固螺钉"好		
9	减少工件翻转。尽量统一装配方向		

二、自动装配工艺设计的一般要求

自动装配工艺比人工装配工艺设计要复杂得多,通过手工装配很容易完成的工作,有时采用自动装配却要设计复杂的机构与控制系统。因此,为使自动装配工艺设计先进可靠,经济合理,在设计中应注意如下几个问题。

1. 自动装配工艺的节拍

自动装配设备中,多工位刚性传送系统多采用同步方式,故有多个装配工位同时进行装配作业。为使各工位工作协调,并提高装配工位和生产场地的效率,必然要求各工位装配工作节拍同步。

装配工序应力求可分,对装配工作周期较长的工序,可同时占用相邻的几个装配工位,使装配工作在相邻的几个装配工位上逐渐完成来平衡各个装配工位上的工作时间,使各个装配工位的工作节拍相等。

2. 除正常传送外,宜避免或减少装配基础件的位置变动

自动装配过程是将装配件按规定顺序和方向装到装配基础件上。通常,装配基础件需要在传送装置上自动传送,并要求在每个装配工位上准确定位。因此,在自动装配过程中,应尽量减少装配基础件的位置变动,如翻身、转位、升降等动作,以避免重新定位。

3. 合理选择装配基准面

装配基准面通常是精加工面或是面积大的配合面,同时应考虑装配夹具所必需的装夹面和导向面。只有合理选择装配基准面,才能保证装配定位精度。

4. 对装配零件进行分类

为提高装配自动化程度,就必须对装配件进行分类。多数装配件是一些形状比较规则、容易分类分组的零件。按几何特性,零件可分为轴类、套类、平板类和小杂件四类;根据尺寸比例,每类又分为长件、短件、匀称件三组。经分类分组后,采用相应的料斗装置实现装配件的自动供料。

5. 关键件和复杂件的自动定向

对于形状比较规则的多数装配件可以实现自动供料和自动定向，但还有少数关键件和复杂件不易实现自动供料和自动定向，并且往往成为自动装配失败的一个原因。对于这些自动定向十分困难的关键件和复杂件，为不使自动定向机构过分复杂，采用手工定向或逐个装入的方式，在经济上更合理。

6. 易缠绕零件的定量隔离

装配件中的螺旋弹簧、纸箔垫片等都是容易缠绕贴连的，其中尤以小尺寸螺旋弹簧更易缠绕，其定量隔离的主要方法有以下两种：

① 采用弹射器将绕簧机和装配线衔接。其具体特征为：经上料装置将弹簧排列在斜槽上，再用弹射器一个一个地弹射出来，将绕簧机与装配线衔接，由绕簧机绕制出一个，即直接传送至装配线，不便弹簧相互接触而缠绕。

② 改进弹簧结构。具体做法是在螺旋弹簧的两端各加两圈紧密相接的簧圈来防止它们在纵向相互缠绕。

7. 精密配合副要进行分组选配

自动装配中精密配合副的装配由选配来保证。根据配合副的配合要求，如配合尺寸、质量、转动惯量来确定分组选配，一般可分 3～20 组。分组数越多，配合精度越高。选配、分组、储料的机构越复杂，占用车间的面积和空间尺寸也越大。因此，一般分组不宜太多。

8. 装配自动化程度的确定

装配自动化程度根据工艺的成熟程度和实际经济效益确定，具体方法如下：

① 在螺纹连接工序中，由于多轴工作头对螺纹孔位置偏差的限制较严，又往往要求检测和控制拧紧力矩，导致自动装配机构十分复杂。因此，多用单轴工作头，且检测拧紧力矩多用手工操作。

② 形状规则、对称而数量多的装配件易于实现自动供料，故其供料自动化程度较高；复杂件和关键件往往不易实现自动定向，所以自动化程度较低。

③ 装配零件送入储料器的动作以及装配完成后卸下产品或部件的动作，自动化程度较低。

④ 装配质量检测和不合格件的调整、剔除等项工作自动化程度宜较低，可用手工操作，以免自动检测头的机构过分复杂。

⑤ 品种单一的装配线，其自动化程度常较高，多品种则较低，但随着装配工作头的标准化、通用化程度的日益提高，多品种装配的自动化程度也可以提高。

⑥ 对于尚不成熟的工艺，除采用半自动化外，需要考虑手动的可能性；对于采用自动或半自动装配而实际经济效益不显著的工序宜同时采用人工监视或手工操作。

⑦ 在自动装配线上，对下列各项装配工作一般应优先达到较高的自动化程度：

a. 装配基础件的工序间传送，包括升降、摆转、翻身等改变位置的传送；

b. 装配夹具的传送、定位和返回；

c. 形状规则而又数量多的装配件的供料和传送；

d. 清洗作业、平衡作业、过盈连接作业、密封检测等工序。

三、自动装配工艺设计

1. 产品分析和装配阶段的划分

装配工艺的难度与产品的复杂性成正比，因此设计装配工艺前，应认真分析产品的装配图和零件图。零部件数目大的产品则需通过若干装配操作程序完成，在设计装配工艺时，整个装配工艺过程必须按适当的部件形式划分为几个装配阶段进行，部件的一个装配单元形式完成装配后，必须经过检验，合格后再以单个部件与其他部件继续装配。

2. 基础件的选择

装配的第一步是基础件的准备。基础件是整个装配过程中的第一个零件。往往是先把基础件固定在一个托盘或一个夹具上，使其在装配机上有一个确定的位置。这里基础件是指在装配过程只需在其上面继续安置其他零部件的基础零件（往往是底盘、底座或箱体类零件）。基础件的选择对装配过程有重要影响。在回转式传送装置或直线式传送装置的自动化装配系统中，也可以把随行夹具看成基础件。

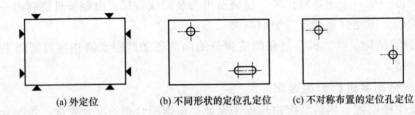

(a) 外定位　　　　(b) 不同形状的定位孔定位　　　(c) 不对称布置的定位孔定位

图 7-6　基础件的定位方式

基础件在夹具上的定位精度应满足自动装配工艺要求。例如，当基础件为底盘或底座时，其定位精度必须满足件上各连接点的定位精度要求。当外定位 ［图 7-6 (a) ］ 精度不能达到要求时，可采用定位销定位。为避免装配错误，定位孔一个为圆形，另一个为槽形，如图 7-6 (b) 所示，也可以将两个定位孔不对称布置，如图 7-6 (c) 所示。

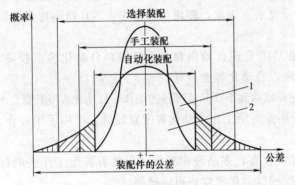

图 7-7　手工装配与自动化装配两种可能的公差分布方式
1—现成的零件的质量；
2—自动化装配所要求的零件质量

3. 对装配零件的质量要求

这里装配零件的质量要求包括两方面的内容：一方面是从自动装配过程供料系统的要求出发，要求零件不得有毛刺和其他缺陷，不得有未经加工的毛坯和不合格的零件；另一方面是从制造与装配的经济性出发，对零件精度的要求。图 7-7 表示了手工装配与自动化装配两种可能的公差分布方式。方式 1 公差分布比较宽，成本低，但不适合自动化装配；方式 2 公差分布比较严格，适合自动化装配，但生产成本高。装配自动化要求零件高质量，但是这不意味着缩小图样给定的公差。

在手工装配时，容易分检出不合格的零件。但在自动装配中，不合格零件包括超差零件、损伤零件，也包括混入杂质与异物。如果没有被分检出来，将会造成很大的损失，甚至会使整个装配系统停止运行。因此，在自动化装配时，限定零件公差范围是非常必要的。

合理化装配的前提之一就是保持零件质量稳定。在现代化大批量生产中，只有在特殊情况下才对零件 100％检验，通常采用统计的质量控制方法，零件质量必须达到可接受的水平。

4. 拟定自动装配工艺过程

自动装配需要详细编制工艺，包括装配工艺过程图并建立相应的图表，表示出每个工序对应的工作工位形式。具有确定工序特征的工艺图是设计自动装配设备的基础。按装配工位和基础件的移动状况不同，自动装配过程可分两种类型：

① 基础件移动式的自动装配线。自动装配设备的工序在对应工位上对装配对象完成各装配操作，每个工位上的动作都有独立的特点，工位之间的变换由传送系统连接起来。

② 装配基础件固定式的自动装配中心。零件按装配顺序供料，依次装配到基础件上。这种装配方式实际上只有一个装配工位，因此装配过程中装配基础件是固定的。

无论何种类型的装配方式，都可用带有相应工序和工步特征的工艺图表示出来，如图7-8所示。方框表示零件或部件，装配（检测）按操作顺序用圆圈表示。

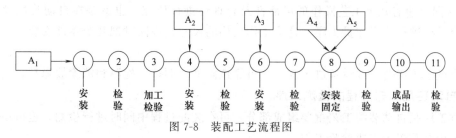

图 7-8 装配工艺流程图

每个独立形式的装配操作还可详细分类，如检测工序包括零件就位有无检验、尺寸检验、物理参数测定等；固定工序包括螺纹连接、压配连接、铆接、焊接等。同时，确定完成每个工序时间，即根据连接结构、工序特点、工作头运动速度和轨迹、加工或固定的物理过程等来分别确定各工序时间。

5. 确定自动装配工艺的工位数量

拟订自动装配工艺从采用工序分散的方案开始，对每个工序确定其工作头及执行机构的形式及循环时间，然后研究工序集中的合理性和可能性，减少自动装配系统的工位数量。如果工位数量过多，会导致工序过于集中，而使工位上的机构太复杂，既降低设备的可靠性，也不便于调整和排除故障，还会影响刚性连接（无缓冲）自动装配系统的效率。

确定最终工序数量（即相应的工位数）时，应尽量采用规格化传送机构，并留有几个空工位，以预防因产品结构估计不到的改变，随时可以增加附加的工作结构。如工艺过程需10个工序，可选择标准系列12工位周期旋转工作台的自动装配机。

6. 确定各装配工序时间

自动装配工艺过程确定后，可分别根据各个工序工作头或执行机构的工作时间，在规格化和实验数据的基础上，确定完成单独工序的规范。每个单独工序的持续时间为：

$$t_i = t_T + t_x + t_y$$

式中，t_T 为完成工序所必需的操作时间；t_x 为空行程时间（辅助运动）；t_y 为系统自动化元件的反应时间。

通常，单独工序的持续时间可用于预先确定自动装配设备的工作循环的持续时间。这对同步循环的自动装配机设计非常有用。如果分别列出每个工序的持续时间，则可以帮助我们区分出哪个工位必须改变工艺过程参数或改变完成辅助动作的机构，以减少该工序的持续时间，使各工序实现同步。

根据单个工序中选出的最大持续时间 t_{max}，再加上辅助时间 t'，便可得到同步循环时间为：

$$t_s = t_{\max} + t'$$

式中，t' 为完成工序间传送运动所消耗的时间。

实际的循环时间可以比该值大一些。

7. 自动装配工艺的工序集中

在自动装配设备上确定工位数后，可能会发生装配工序数量超过工位数量的情况。此时，如果要求工艺过程在给定工位数的自动装配设备上完成，就必须把有关工序集中，或者把部分装配过程分散到其他自动装配设备上完成。

工序集中有两种方法：

① 在自动装配工艺图中找出工序时间最短的工序，并校验其附加在相邻工位上完成的合理性和工艺可能性。

② 对同时兼有几个工艺操作的可能性及合理性进行研究，也就是在自动装配设备的一个工位上平行进行几个连贯工序。这个工作机构的尺寸允许同时把几个零件安装或固定在基础件上。

工序过于集中会导致设备过于复杂，可靠性降低，调整、检测和消除故障都较为困难。

8. 自动装配工艺过程的检测工序

检测工序是自动装配工艺重要组成部分，可在装配过程中同时进行检测，也可单设工位用专用的检测装置来完成检验工作。

自动装配工艺过程的检测工序可以查明有无装配零件，是否就位、也可以检验装配部件尺寸（如压深）；在利用选配法时测量零件，也可以检测固定零件的有关参数（例如螺纹连接的力矩）。

检测工序一方面保证装配质量，另一方面使装配过程中由各故障引起的损失减为最小。

第三节　自动装配机的部件

一、运动部件

装配工作中的运动包括 3 方面的物体的运动：

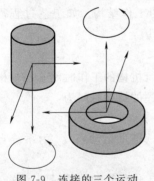

图 7-9　连接的三个运动及附加运动

① 基础件、配合件和连接件的运动。

② 装配工具的运动。

③ 完成的部件和产品的运动。

运动是坐标系中的一个点或一个物体与时间相关的位置变化（包括位置和方向），输送或连接运动可以基本上划分为直线运动和旋转运动。因此每一个运动都可以分解为直线单位或旋转单位，它们作为功能载体被用来描述配合件运动的位置和方向以及连接过程。按照连接操作的复杂程度连接运动被分解成 3 坐标轴的运动，如图 7-9 所示，连接运动被分解为三个坐标轴的运动和两个旋转运动。

重要的是配合件与基础件在同一坐标中运动，具体由配合件还是由基础件实现这一运动并不重要。工具相对于工件运动，这一运动可以由工作台执行，可以由一个模板带着配合件完成，也可以由工具或工具、工件双方共同来执行。

二、定位机构

由于各种技术方面的原因（惯性、摩擦力、质量改变、轴承的润滑状态），运动的物体不能精确地停止。在装配中最经常遇到的是工件托盘和回转工作台，这两者都需要一种特殊的定位机构，以保证其停止在精确的位置。图 7-10 示出了这些定位机构。

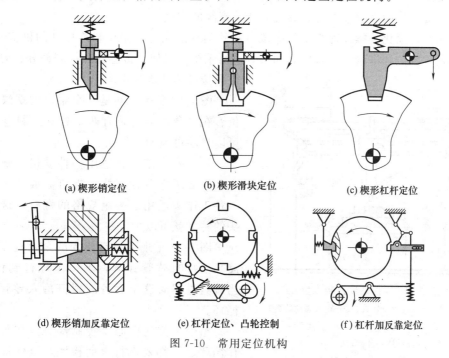

(a) 楔形销定位　　(b) 楔形滑块定位　　(c) 楔形杠杆定位

(d) 楔形销加反靠定位　　(e) 杠杆定位、凸轮控制　　(f) 杠杆加反靠定位

图 7-10　常用定位机构

装配时对定位机构的要求非常高，它必须承受很大的力量还必须能精确地工作。

另外一种定位方法如图 7-11 所示。定位过程分 3 个阶段：首先圆柱销由弹簧推动向上，影响这一过程的因素有弹簧力、工作台角速度和倒角大小；然后圆柱销进一步插入定位套，由于工作台的运动惯性，定位销和定位套只在一个侧面接触；最后锥销也插入定位套，迫使工作台反转一个小角度，距离为间隙 Δs。工作台由此实现准确的定位。当然这一原理也可以应用于直线运动的托盘。

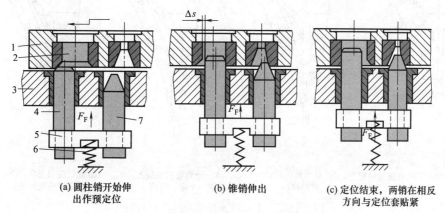

(a) 圆柱销开始伸　　(b) 锥销伸出　　(c) 定位结束，两销在相反
出作预定位　　　　　　　　　　　　　方向与定位套贴紧

图 7-11　定位销的定位过程

1—工作台；2—定位套；3—支架；4—预定位销；5—连接板；6—弹簧；7—锥销

三、连接方法

在设计人员设计产品时连接方式就被确定了。由于可以采用的连接结构很多，所以连接方式也必然是多样的，对于那些结构复杂的产品，越来越多的各种不同的连接方法被采用。

1. 螺纹连接

螺纹连接工位用来完成螺钉、螺母或特殊螺纹的连接。

作为一个自动化的螺纹连接工位应该包括基础件的供应与定位、连接件的供应与定位、旋入轴、旋入定位和进给、旋入工具和工具进给系统、机架、传感器和控制部分、向外部的数据接口等几部分功能。

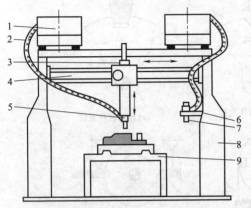

图 7-12　柔性螺纹连接工位

1—振动送料器；2—软管；3—旋入驱动装置；
4—直导轨；5—工作头；6—更换系统
7—适合另外一种螺钉的工作头；
8—门形支架；9—装配工位

图 7-12 所示出的是一个柔性的螺纹连接工位。在这台机器上装有两个独立的料仓和两个可以自动更换的工作头。

每一种工作头只适用一种规格的螺钉。现在人们试图把各种规格的螺钉分成若干组，每一种工作头适用于一组规格的螺钉，这样工作头的种类就可以少一些。

图 7-13 重现了螺钉旋入的全过程。当螺钉旋具下行时软管让开，下一个螺钉到位备用。当旋具退回时这个后备的螺钉落入导套。如此循环。

整个工位的中心是控制部分。在每一个工作循环之前都要进行全面检测，以保证各个环节和外部设备的功能。经检测证明一切正常之后工作循环才能开始。

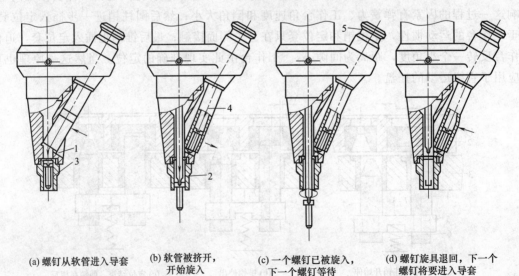

(a) 螺钉从软管进入导套　(b) 软管被挤开，开始旋入　(c) 一个螺钉已被旋入，下一个螺钉等待　(d) 螺钉旋具退回，下一个螺钉将要进入导套

图 7-13　一个螺纹连接工位的工作过程

1—旋入工作头；2—螺钉旋具；3—导套；4—送料软管；5—通向振动送料器的接头

　　在目前的自动化装配工作中，凡是重要的螺纹连接，其全部过程都是采用电子技术监测和控制的，以此保证装配的质量。例如旋入力矩、旋转角和其他旋入过程的诸项参数等都被随时监测。

　　越来越多的螺钉端部带有引导锥，螺钉头部压出一个法兰，这都是为了满足自动化装配的要求。

2. 压入连接

　　压入动作一般是垂直的，在零件重量大的情况下也采用卧式。如同螺纹连接的情况一样，压入之前必须使配合件与基础件中心对准。如图 7-14 所示，中心单元（左）开始向前滑动，直至与基础件接触，然后一个端部带有锥面的导向杆从里面伸出，这个中心导向杆在认入和压入过程中起到定心作用。压入动作可以碰到挡铁停止，也可以压入到一定的深度停止。在后一种情况下是靠一个路径测量电路发出信号命令压头停止的。

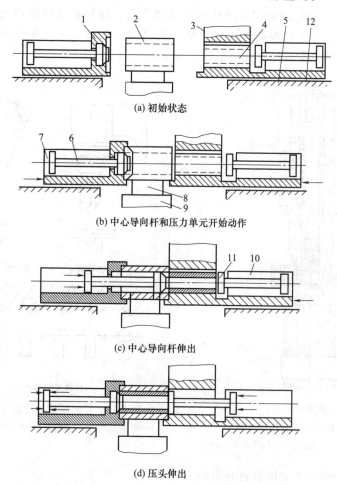

(a) 初始状态

(b) 中心导向杆和压力单元开始动作

(c) 中心导向杆伸出

(d) 压头伸出

图 7-14　以中心导向杆辅助的压入过程

1—中心单元；2—基础件；3—配合件保持架；4—配合件；5—压入单元；6—中心导向杆；
7—液压缸；8—工件托架；9—底座；10—压入液压缸；11—压头；12—底座导轨

　　压入连接的质量完全取决于压入过程本身。压入过程的监控是通过几个可编程的监控窗来实现的。压入的过程中 4 个环节是被监控的，包括认入过程、压入过程、过程压力、路径和终点控制等。

整个系统的安全是由一套内装的监测系统来保证的。

经常碰到的压入连接方式是一经定位，立即压入，这是一种简单压入。

滚动轴承的压装说到底是把事先连接到一起的两个环状零件套装到轴上（图7-15），套装之后，基础件的夹具放松，以便定向轴的中心顶尖能够真正与基础件中心孔对准，为后续的装配做好准备。

压力可以由不同的能量转换方式产生，压力单元的驱动可以是气动、液压、机械动力。

3. 铆接

铆接可以以最高的精度连接工件，是一种不可拆卸的连接方法。铆接机上的铆接工作头一般是由电驱动的，运动方式经常是摆动铆接和径向铆接。例如，当钢制铆钉的最大直径为10mm时所需要的功率约为1kW。而进给运动则一般是气动的。

图7-16示出了一种径向铆接机的作用原理和工艺。这种铆接机噪声很小，而且对构件没有任何损坏，甚至对电镀表面都没有影响。铆钉的头部可以按照要求铆成各种不同的形状，相应的铆接工具也有各种不同的形状［图7-16（c）］。

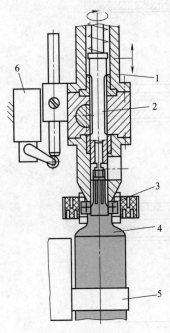

图7-15 轴承的套装

1—压头；2—定向轴；3—配合件（轴承）；
4—基础件（轴）；5—夹具；6—行程开关

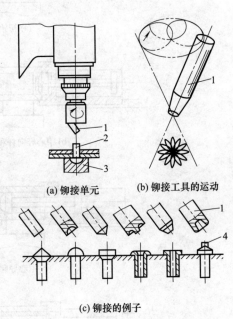

(a) 铆接单元　　(b) 铆接工具的运动

(c) 铆接的例子

图7-16 径向铆接机的作用原理和工艺

1—铆接工具；2—铆钉；3—保持垫；4—原始形状

铆接的结构一般是不能回收再利用的。

4. 弹性胀入

这种连接方法是通过连接件的预先变形产生连接力。在机械制造中最常用的是用于轴和孔的弹簧卡圈（安全环）。

弹簧卡圈的变形过程和装入过程（图7-17）都可以容易地通过一个锥面来实现。内卡圈的装配先由一个压头把卡圈推入一个锥面，使卡圈的直径逐渐变小，推入孔内并到达卡圈槽的位置，依靠本身的弹性胀入卡圈槽。外卡圈的装配过程是先把卡圈套在一个锥面上，越往下推直径越大，最后落入卡圈槽。如果要越过第一个槽把卡圈装入第二个槽，则可以采取图 7-17（c）所示的方法。

　　导套的壁厚 h 是个优化的问题，一方面不能过厚而引起卡圈的损坏，另一方面又不能在卡圈的挤压下引起直径扩张。

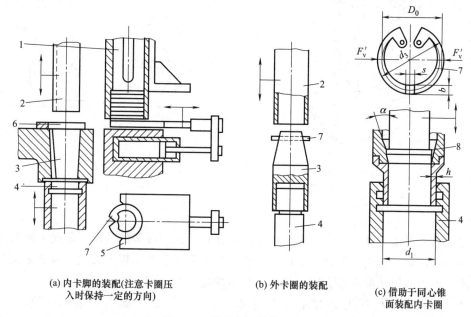

(a) 内卡脚的装配(注意卡圈压　　　(b) 外卡圈的装配　　　(c) 借助于同心锥
　　入时保持一定的方向)　　　　　　　　　　　　　面装配内卡圈

图 7-17　弹簧卡圈的装入方法

1—料仓；2—压头；3—配合锥面；4—基础件；5—给料机；6—保持器；7—配合件；8—同心内锥面

5. 印制电路板的装配

　　电子工业的超速发展促使人们开发了印制电路板的装配机。为适应不同的产品，装配机也是各种各样的（装配对象有分立元件，SMD 元件，芯片及其插座，机械电子元件，机械部件如冷却器，特殊的电子元件）。装配机的结构也很复杂，一般都是专用的，缺乏柔性。今天越来越多的机器人被用于印制电路板的装配。

　　图 7-18 表示的是由传送带传送的电子元件的装配过程。其前提条件是必须提前准备好电子元件的序列，这些元件的排列顺序与它们在电路板上装配的顺序相同。装配的时候由装配工具（或工作头）一个一个地取下元件，然后折弯引线、插入电路板（图 7-19）。

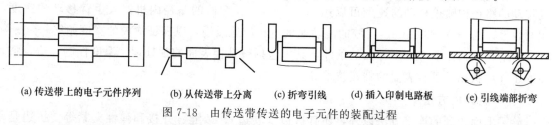

(a) 传送带上的电子元件序列　　(b) 从传送带上分离　　(c) 折弯引线　　(d) 插入印制电路板　　(e) 引线端部折弯

图 7-18　由传送带传送的电子元件的装配过程

　　上述的装配技术今天来看已经是陈旧的了。现为 SMD 电路板的装配开发了专门的机器，这种装配机只适用于可以进行表面装配的元件。电子元件是粘接的而不是插入的，每小时可以装配 3700 件。这种自动化装配方式每种都需要单独的传送带，即 8～12mm 宽的带子共有 60 种。当元件需要更换时或者只更换一只带盒或更换整个存储块（含有 30 只带盒）。

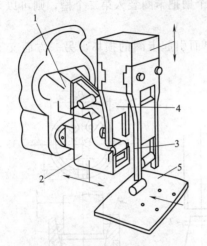

图 7-19　装配机的工作头

1—流动料仓；2—给料机；3—插入工具；
4—折弯工具；5—基础件（电路板）

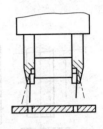

图 7-20　集成电路芯片引线
"腿"的正确形状

装配机器人可用于继电器、插件、高压级联元件、紧固件等的装配。装配不同的元件可以使用不用的抓钳，抓钳可以自动更换，这样在很大程度上就实现了柔性。当然装配机器人的工作速度不如专用装配机那么高，它的一般节拍是 1.5～2s。

另外，当用装配机器人装配集成电路芯片时，芯片的"腿"应该稍微宽一点叉开（图 7-20）。这样当抓钳抓取芯片时，钳口就可以把芯片的"腿"向里挤到一个精确的尺寸。

目前，人们在设计印制电路板时就获得了与装配有关的数据，以便控制装配机器人自动化地装配。

6. 粘接

粘接材料属非金属材料。通过它的表面附着力和内部强度把配合件互相连接到一起。粘接过程实现自动化的难度较大，因为它的黏度受到温度、配料等条件的影响，凝固也需要一定的时间。

小轿车的车门边缘的钢板就是用 PVC 胶粘接在一起的。涂胶的过程是由一台机器人完成的，喷枪的移动速度和胶的流动速度都可得到精确的控制，所以胶涂得适量而均匀。在直线移动的路径内喷枪移动的速度可以达 500mm/s，在弯曲的路径内机器人手臂移动的速度相对较慢，为 100～200mm/s，胶的流动速度也相应地减慢，以保证涂胶的宽度始终一致。

自动化粘接需要考虑多方面的条件，其中包括被粘接表面的预处理、温度控制、适合粘接的工件形状以及垂直表面的粘接技术等。

7. 其他连接方法

除了上面提到的连接方法以外，还有折边（卷边）、敛缝、并接和弹性夹紧等。折边是一种经济合算的连接方法，而且适于把不同的材料连到一起。敛缝是一种不可拆卸的连接方法，经常用于连接件的安全连接。对并接而言，插入或嵌入是经常使用的连接方法，在可能的情况下配合面要有斜面或倒角，这样位置误差可得以补偿。弹性夹紧采用弹性夹子作为连接元件是很经济的，因为它的连接运动最简单。

四、位置误差的补偿设备

自动化装配的一个主要问题就是如何保证装配对象之间确定的几何关系。这一过程称为对准或正确的安置定位。

安置定位就是在装配工作中把配合件按照要求的位置和方向排列的过程。配合件的自由度由此而被限制，以使配合件的位置误差小于允许值。允许的位置误差根据连接的方法和精度而不同。例如在并接的情况下，在精度范围为1‰时允许的位置误差为±0.3mm。

关于误差补偿原则上有两种方式：

① 通过安置定位改变一个或两个物体的位置，在这一过程中不需要测量。

② 通过安置定位改变一个或两个物体的位置，在这一过程需要测量和定量调整，以实现精确的定位。

第一种误差补偿方式很简单，图7-21示出了几种定心机构。这几种机构都是借助于侧向力使两个物体对准。侧向力可以通过弹性元件来实现。锥面可以起到定心作用。一个一个套在一起的弹性套也可以实现定心作用。

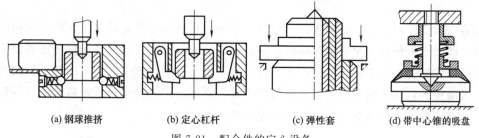

(a) 钢球推挤　　　(b) 定心杠杆　　　(c) 弹性套　　　(d) 带中心锥的吸盘

图 7-21　配合件的定心设备

另外一种非控制补偿机构件叫作 RCC 环节，如图 7-22 所示。这个 RCC（Remote Centre Compliance）机构来自 Charles Stark Draper 实验室（USA）。这种机构既能排除中心位置误差又能排除角度误差。图 7-22（a）所示机构的连杆可以围绕 D（模糊中心）点回转，侧面误差 Δs 可以通过另外一组连杆补偿［图 7-22（b）］。图 7-22（c）是图 7-22（b）的改进结构。这种补偿方法得以实现的前提条件是：连接辅助表面就是工件的接触表面。作为柔性元件经常选用弹性体或橡胶。

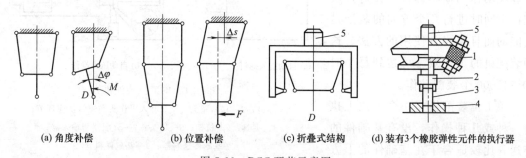

(a) 角度补偿　　　(b) 位置补偿　　　(c) 折叠式结构　　　(d) 装有3个橡胶弹性元件的执行器

图 7-22　RCC 环节示意图

1—橡胶；2—抓钳；3—配合件；4—基础件；5—安装轴颈；D—假想回转点；
F—推力；M—力矩；Δs—位置误差；$\Delta \varphi$—角度误差

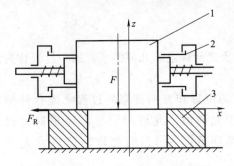

图 7-23　有振动寻找功能的装配设备
1—配合件；2—振动机构；3—基础件；
F—连接力；F_R—摩擦力

近期人们开始致力于配合件自动寻找正确位置的研究。配合件按随机的或预想的轨迹，直到一个偶然的机会与配合对象重合。这种寻找过程可以编程，当按照一种轨迹找不到时，可以自动调用另外一种寻找轨迹。

这种自动寻找方法的成功率取决于零件的质量。对于以克为单位的轻型零件可以采用非控制的随机振动模式。图 7-23 示出的就是这种模式的装配设备，它的振动频率 $f = 1 \sim 10\mathrm{Hz}$。在装配机器人上这种寻找运动是通过接触位置的反作用来控制的。

第四节　自动装配机械

装配机是一种按一定时间节拍工作的机械化的装配设备，有时也需要手工装配与之配合。装配机所完成的任务是把配合件往基础件上安装，并把完成的部件或产品取下来。

随着自动化向前发展，装配工作（包括至今为止仍然靠手工完成的工作）可以利用机器来实现，产生了一种自动化的装配机械，即实现了装配自动化。自动装配机械按类型分，可分为单工位装配机与多工位装配机两种。为了解决中小批量生产中的装配问题，人们进一步发明了可编程的自动化的装配机，即装配机器人。它的应用不再是只能严格地适应一种产品的装配，而是能够通过调整完成相似的装配任务。

一、单工位装配机

单工位装配机是指这样的装配机，它只有单一的工位，没有传送工具的介入，只有一种或几种装配操作。这种装配机的应用多限于只由几个零件组成而且不要求有复杂的装配动作的简单部件。在这种装配机上同时进行几个方向的装配是可能的而且是经常使用的方法。这种装配机的工作效率可达到每小时30～12000 个装配动作。

单工位装配机在一个工位上执行一种或几种操作，没有基础件的传送，比较适合于在基础件的上方定位并进行装配操作。其优点是结

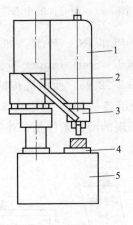

(a) 自动旋入螺钉

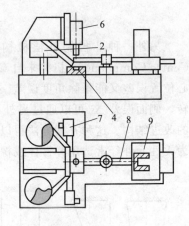

(b) 自动压力操作

图 7-24　单工位装配机
1—螺钉；2—送料单元；3—旋入工作头和螺钉供应环节；
4—夹具；5—机架；6—压头；7—分配器和输入器；
8—基础件送料器；9—基础件料仓

构简单，可以装配最多由 6 个零件组成的部件，通常适用于两到三个零部件的装配，装配操作必须按顺序进行。

这种装配机的典型应用范围是电子工业和精密工具行业，例如接触器的装配。这种装配机用于螺钉旋入、压入连接的例子见图 7-24。

二、多工位装配机

对三个零件以上的产品通常用多工位装配机进行装配，装配操作由各个工位分别承担。多工位装配机需要设置工件传送系统，传送系统一般有回转式或直进式两种。

工位的多少由操作的数目来决定，如进料、装配、加工、试验、调整、堆放等。传送设备的规模和范围由各个工位布置的多种可能性决定。各个工位之间有适当的自由空间，使得一旦发生故障，可以方便地采取补偿措施。一般螺钉拧入、冲压、成形加工、焊接等操作的工位与传送设备之间的空间布置小于零件进料装置与传送设备之间的布置。图 7-25 所示为进料装置在回转式自动装配机上的两种不同布置。对进料装置的具体布置是由零件的定位和供料方向决定的，因此有不同的空间需求。图 7-25（a）表示零件定位和进料方向是一致的，采用这种布置时，进料轨道可以通过回转工作台的中心。图 7-25（b）表示零件定位和进料方向成 90°夹角，采用这种布置时，进料轨道应放在与回转工作台相切的位置，以便保持零件的正确装配位置。回转式布置会形成回转工作台上若干闲置工位，直进式传送设备也有类似的情况。自动装配机的总利用率主要取决于各个零件进料工位的工作可靠程度，因此进料装置要求具有较高的可靠性。

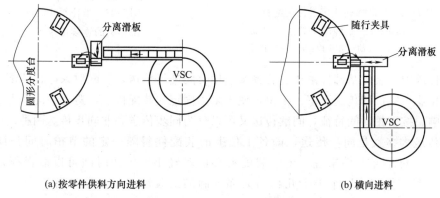

(a) 按零件供料方向进料　　　　　　　　**(b) 横向进料**

图 7-25　进料装置在回转式自动装配机上的不同布置

装配机的工位数多少基本上已决定了设备的利用率和效率。装配机的设计又常常受工件传送装置的具体设计要求制约。这两条规律是设计自动装配机的主要依据。

检测工位布置在各种操作工位之后，可以立即检查前面操作过程的执行情况，并能引入辅助操作措施。检测工位有利于避免自动化装配操作的各种失误动作，从而保护设备和零件。

多工位自动装配机的控制一般有行程控制和时间控制两种。行程控制常常采用标准气动元件，其优点是大多数元件可重复使用。图 7-26 所示为一台简单的气动回转式多工位装配机示意图。装配机由气动装置驱动，包括回转式工作台、两零件进料工位和一台冲压机。由电动机驱动的多工位装配机，常用分配轴凸轮控制装配机的动作，属于时间控制。许多自动装配机以电动机为主结合气动装置，传送装置通常由电动机驱动，而处理装置、进料装置是气动的。回转式装配机中较典型的形式是槽轮或凸轮驱动。

三、工位间传送方式

装配基础件在工位间的传送方式有连续传送和间歇传送两类。

图 7-27 所示为带往复式装配工作头的连续传送方式。装配基础件连续传送,工位上装配工作头也随之同步移动。对直进式传送装置,工作头需做往复移动;对回转式传送装置,工作头需做往复回转。装配过程中,工件连续恒速传送,装配作业与传送过程重合,故生产速度高,节奏性强,但不便于采用固定式装配机械,装配时工作头和工件之间相对定位有一定困难。目前除小型简单工件装配中有所采用外,一般都使用间歇式传送方式。

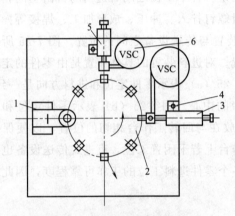

图 7-26　气动回转式多工位装配机
1—气动冲压机;2—气动回转装置;3—气缸;
4—控制器;5—气动移置机构;6—振动料斗

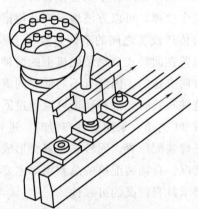

图 7-27　带往复式装配
工作头的连续传送方式

间歇传送中,装配基础件由传送装置按节拍时间进行传送,装配对象停在装配工位上进行装配,作业一完成即传送至下一工位,便于采用固定式装配机械,避免装配作业受传送平稳性的影响。按节拍时间特征,间歇传送又可以分为同步传送和非同步传送两种。

间歇传送大多数是同步传送,即各工位上的装配件每隔一定的节拍时间都同时向下一工位移动。对小型工件来说,由于装配夹具比较轻小,传送时间可以取得很短,因此实用上对小型工件和节拍小于十几秒的大部分制品的装配,可采取这种固定节拍的同步传送方式。

这种方式的工作节拍是最长的工序时间与工位间传送时间之和,工序时间较短的其他工位上存在一定的等工浪费,并且一个工位发生故障时,全线都会受到停车影响。为此,可采用非同步传送方式。

非同步传送方式不但允许各工位速度有所波动,而且可以把不同节拍的工序组织在一个装配线中,使平均装配速度趋于提高,而且个别工位出现短时间可以修复的故障不会影响全线工作,设备利用率也得以提高,适用于操作比较复杂而又包括手工工位的装配线。

实际使用的装配线中,各工位完全自动化常常是没有必要的,因技术上和经济上的原因,多数以采用一些手工工位较为合理,因而非同步传送方式就采用得越来越多。

四、装配机器人

随着科学技术不断进步,工业生产取得很大发展,工业产品大批量生产,机械加工过程自动化得到广泛应用,同时对产品的装配也提出了自动化、柔性化的要求。为此目的而发展起来的装配机器人也取得了很大进展，技术上越来越成熟，逐渐成为自动装配系统中重要的组成部分。

一般来说，要实现装配工作，可以用人工的、用专用装配机械的和用机器人的三种方式。如果以装配速度来比较，人工和机器人都不及专用装配机械。如果装配作业内容改变频繁，那么采用机器人的投资将要比专用装配机械经济。此外，对于大量、高速生产，采用专用装配机械最有利。但对于大件、多品种、小批量、人力又不能胜任的装配工作，则采用机器人最合适。

对于能适应自动装配作业需要的机器人要求具有工作速度和可靠性高、通用性强、操作和维修容易、人工介入容易、成本及售价低、经济合理等特点。

装配机器人可分为伺服型和非伺服型两大类。非伺服型装配机器人指机器人的每个坐标的运动通过可调挡块由人工设定，因而每个程序的可能运动数目是坐标数的两倍；伺服型装配机器人的运动完全由计算机控制，在一个程序内，理论上可有几千种运动。此外，伺服型装配机器人不需要调整终点挡块，不管程序改变多少，都很容易执行。非伺服和伺服型装配机器人都是微处理器控制的。不过，在非伺服机器人中，它控制的只是动作的顺序；而对伺服机器人，每一个动作、功能和操作都是由微处理器发出信号和控制的。

机器人的驱动系统，传统做法是伺服型采用液压的，非伺服型采用气动的。现在的趋势是用电气系统作为主驱动，特别是新型机器人。液压驱动不可避免有泄漏问题，现在和将来只有一些大功率的机器人都要用液压驱动。由于气动系统装配操作质量较小、功率较小、噪声较小、整洁、结构紧凑，对柔性装配系统（FAS）来说更为合适。非伺服型采用可调终点挡块，能获得很高的精度，因此可应用它进行精密调整。

装配机器人的控制方式有点位式、轨迹式、力（力矩）控制方式和智能控制方式等。装配机器人主要的控制方式是点位式和力（力矩）控制方式。对于点位式而言，要求装配机器人能准确控制末端执行器的工作位置，如果在其工作空间内没有障碍物，则其路径不是重要的。这种方式比较简单。力（力矩）控制方式要求装配机器人在工作时，除了需要准确定位外，还要求使用适度的力和力矩进行工作，装配机器人系统中必须有力（力矩）传感器。

图 7-28 为一种 SCARA 型装配机器人外形图，已广泛应用于自动装配领域。这种机器人的手臂有大臂回转、小臂回转、腕部升降与回转四个自由度，肩关节回转角 θ_1（0°～210°）、肘关节回转角 θ_2（0°～160°）、腕关节回转角 θ_3（0°～180°）、腕部升降位移 Z（30mm），手部中心位置由 θ_1、θ_2、θ_3、Z 的坐标值确定。该装配机器人的手臂在水平方向有像人一样的柔顺性，在垂直插入方向及运动速度和精度方面又具有机器一样的特性。由于各臂在水平方向运动，所以称为水平关节型机器人。这种机器人在水平方向具有顺应性，在插入方向 Z 上有较大的刚性，最适合于装配作业。这种机器人既可防止歪扭倾斜，又可修正装配时的偏心，结合点承担较大装配作用力时能保持足够的稳定性。

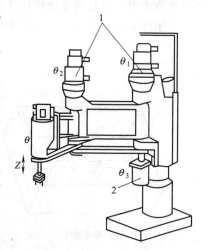

图 7-28 SCARA 型装配机器

人外形图

1—PC 伺服电动机；

2—姿态控制器（脉冲电机）

第五节　自动装配线

一、自动装配线的概念和组合方式

自动装配线是在流水线的基础上逐渐发展起来的机电一体化系统，它综合应用了机械技术、计算机技术、传感技术、驱动技术等技术将多台装配机组合，然后用自动输送系统将装配机相连接而构成的。它不仅要求各种加工装置能自动完成各道工序及工艺过程，而且要求在装卸工件、定位夹紧、工件在工序间的输送，甚至包装都能自动进行。

自动装配线的组合方式有刚性的和松散的两种形式。如果将零件或随行夹具由一个输送装置直接从一台装配机送到另一台装配机，那就是刚性组合，但是，应尽可能避免采用刚性组合方式。松散式组合需要进行各输送系统之间的相互连接，输送系统要在各装配机之间有一定的灵活性和适当的缓冲作用。自动装配线应尽可能采用松散式组合。这样，当单台机器发生故障时，可避免整个生产线停工。

二、自动装配线对输送系统的要求

自动装配线对其输送系统有两个基本要求：
① 产品或组件在输送中能够保持它的排列状态。
② 输送系统有一定的缓冲量。

如果装配的零件和组件在输送过程中不能保持规定的排列状态，则必须重新排列。但对于装配组件的重排列，在形式和准确度方面，一般是很难达到的，而且重排列要增加成本，并可能导致工序中出现故障，因此要尽量避免重排列。如图 7-29 所示，图 7-29（a）中，该部件能以一个工件排列形式被输送，无随行夹具，可保持它的排列状态；在输送中，如果需要工件［图 7-29（b）］保持有次序的位置，那么，就要设计随行夹具。随行夹具在装配操作中没有作用，只是简单地固定工件或部件，使有次序的位置不会丧失。图 7-30 所示为输送一个组件的随行夹具，它适用于图 7-29（b）所示的组件。使用随行夹具时，需要输送系

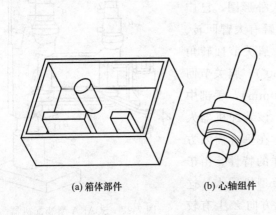

(a) 箱体部件　　　　　(b) 心轴组件

图 7-29　有不同输送特点的产品组件例子

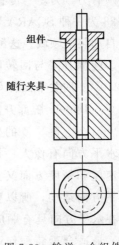

组件

随行夹具

图 7-30　输送一个组件
的随行夹具

统具有向前和返回的布置。

输送系统的设计也要根据循环时间、零件尺寸和需要的缓冲容量来确定。假设循环时间 3s，缓冲容量 2min，那么在输送系统内应保持着 40(60×2÷3＝40) 个工件的缓冲量。缓冲容量取决于输送带的长度。假设工件或随行夹具长度为 40mm，那么输送带长度应为 1600mm。

对于较大的组件，靠输送机输送带的长度不能达到要求的缓冲容量时，可以使用多层缓冲器。为了增大装配线的利用率，不仅需要在输送带上缓冲载有零件的随行夹具，而且也要缓冲返回运动中输送带上的空的随行夹具，这样才能保证在第二台装配机上发生短期故障时，第一台装配机不因缺少空的随行夹具而停止工作。

图 7-31 所示为一台回转式装配机 I 和一台直进式装配机 II 的联合布置的工作方式。装配机 I 上装配的组件，由移位装置将它传送到 a 位置。气缸将组件从 a 位置移到输送带上输送走。装配机 II 的处理装置将输送系统端部 b 位置的组件移动，并放入装配机 II 的随行夹具内。此时，气缸将空的随行夹具载体横向推在输送系统返回输送带上，通过横向运动回到端部的承载工位。

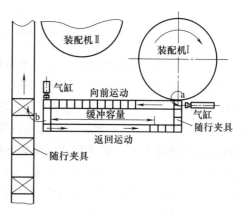

图 7-31　随行夹具系统使装配机联合的布置图

三、自动装配线与手工装配点的集成

在自动装配线内常常加入手工装配点，那是因为零件的设计或定向定位的原因，这些零件不能自动排列、自动供料，必须要以手动方法来操作；或装配工作有很复杂的操作，采用自动化很不经济，必须设置不同结构的手工装配点。

1. 供应零件的手工装配点

手工排列和手动供料，提高了装配线的可靠性。但对循环时间短于 5s 的装配机，工人很难适应这样的节奏。为从固定的周期中获得有限量的灵活性，就必须在自动工位的前面安装合适的设备。图 7-32 所示为三种不同的设计方案。图 7-32（a）所示为在一台回转式装配机前面的手动工位处，连接一台具有较大数量的第二分度台。此分度台和装配机的分度装置按次序进行工作。工人将待处理件手工放在分度台的零件夹具内，然后装配机的移置机构将此零件移动放入装配机的夹具内。

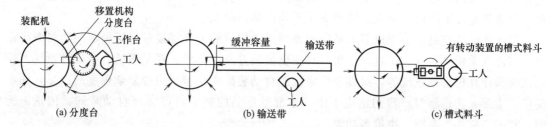

图 7-32　手动供应零件自动装配机强制节拍的约束

在第二分度台内，排列一定数量的随行夹具，在手工放置零件和自动移置零件之间就形成了一定的缓冲效应，工人在工作节奏上可得到一定的自由度。

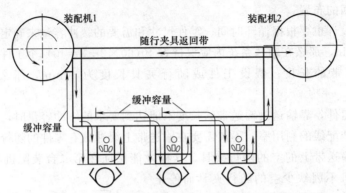

图 7-33 三个并列的手工工位与双输送带随行夹具输送系统

如果手工处理的零件能通过输送带由移置机构输送到取出点而不会改变已排列的位置，那么装配机前面安装输送带即可不受节奏约束，工人即可由于缓冲效应而得到一定程度的自由度。如图 7-32（b）所示，在手工放置零件的操作点和装配机的自动移置零件之间，有缓冲区。如图 7-32（c）所示，工人将堆积的零件排列在槽式料斗内。为获得缓冲效应，在一台旋转装置上排列两个槽式料斗。满载的料斗位置向着装配机，其中的零件由装配机的移置机构从槽式料斗底部取出并放在装配机的工件夹具内；空料斗面向工人操作位置，工人在空料斗内排列零件。当面向装配机的料斗的零件被取完后，旋转装置启动，将两个料斗换位。

2. 手工装配工作点

联动零件或高度弯曲零件等的装配操作很困难，如果它们不能在自动工位上的循环时间内完成，那么就必须在装配机外边进行手工操作。所需的手工装配点，最适合于并在联合各装配机的输送系统中。如图 7-33 所示，此种工件只能借助于随行夹具输送，假如装配机循环时间为 3s，而手工装配点的工作量为 9s，那么在输送系统中应包含三个并列的手工工位。

第六节 柔性装配系统

一、组成

随着产品更新周期缩短、批量减小、品种增多，要求自动装配系统具有柔性响应，进而出现了柔性装配系统（FAS）。柔性装配系统具有相应柔性，可对某一特定产品的变型产品按程序编制的随机指令进行装配，也可根据需要，增加或减少一些装配环节，在功能、功率和几何形状允许范围内，最大限度地满足一族产品的装配。

柔性装配系统是由装配机器人系统和外围设备构成的。外围设备包括灵活的物料搬运系统、零件自动供料系统、工具（手指）自动更换装置及工具库、视觉系统、基础件系统、控制系统和计算机管理系统等，柔性装配系统能自动装配中小型、中等复杂程度的产品，如电动机、水泵、齿轮箱等，特别适应于中、小批量产品的装配，可实现自动装卸、传送、检测、装配、监控、判断、决策等功能。

二、基本形式及特点

柔性装配系统通常有两种型式：一种是模块积木式柔性装配系统；另一种是以装配机器

人为主体的可编程柔性装配系统。按其结构又可分为三种：

① 柔性装配单元（FAC）。这种单元借助一台或多台机器人，在一个固定工位上按照程序来完成各种装配工作。

② 多工位的柔性同步系统。这种系统各自完成一定的装配工作，由传送机构组成固定或专用的装配线，采用计算机控制，各自可编程序和可选工位，因而具有柔性。

③ 组合结构的柔性装配系统。这种结构通常要具有三个以上装配功能，是由装配所需的设备、工具和控制装置组合而成的，可封闭或置于防护装置内。例如，安装螺钉的组合机构是由装在箱体里的机器人送料装置、导轨和控制装置组成的，可以与传送装置连接。

总体来说，柔性装配系统有以下特点：

① 系统能够完成零件的自动运送、自动检测、自动定向、自动定位、自动装配作业等，既适用于中、小批量的产品装配，也可适用于大批量生产中的装配。

② 装配机器人的动作和装配的工艺程序，能够按产品的装配需要，迅速编制成软件，存储在数据库中，所以更换产品和变更工艺方便迅速。

③ 装配机器人能够方便地变换手指和更换工具，完成各种装配操作。

④ 装配的各个工序之间，可不受工作节拍和同步的限制。

⑤ 柔性装配系统的每个装配工段，都应该能够适应产品变种的要求。

⑥ 大规模的 FAS 采用分级分布式计算机进行管理和控制。

图 7-34 为一个有代表性的 FAS 分级计算机管理与控制系统框图。柔性装配单元配有一台或多台装配机器人，在一个固定工位上按照程序来完成各种装配工作，FAC 是 FAS 的组成部分，也可以是小型的 FAS。FAC 计算机控制和协调所管理的各种自动化设备，对进入该单元的零件进行自动识别。全部末级自动化设备均由各自的微型计算机进行控制，它们的运行实况和生产量由若干微型计算机进行监控和采集。当生产过程改变时，FAC 计算机向各自动化设备微型机输送新的作业程序。

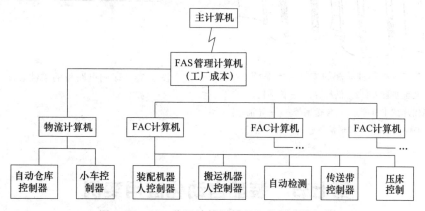

图 7-34　FAS 分级计算机管理与控制系统框图

严格说来只有手工装配才是柔性的，而机器人模拟人的手工技巧和感观智能进行自动装配，都只能达到一定的限度，人的手臂能实现大约 50 个自由度，而装配机器人在实际应用中只有 4～6 个自由度，所以 FAS 的柔性还是有限度的。装配是一项复杂的工作，有些情况下还需要人的参与，人作为生产元素，主要在管理、检查和设计环节中。

三、柔性装配系统应用实例

装配机器人是柔性装配系统中的主动部分，选择不同结构的机器人可以组成适应不同装配任务的柔性装配系统。

图 7-35 是用于电子元件等小部件装配的柔性装配系统。工件托盘是圆柱形的塑料块，塑料块中有一块永久磁铁。借助磁铁的吸力工件托盘可以被传送钢带带着走，如发生堵塞，工件托盘则在钢带上打滑，利用这一点就形成了一个小的缓冲仓。

在装配工位上，工件托盘可以用一个销子准确地定位。工件托盘可以由一鼓形的储备仓供给。钢带可以在两个方向运动（即托盘的运动）。配合件可以由外部设备（例如振动送料器）供应。在这样的装配系统上，根据装配工艺的需要，也可以配置多台机器人。

为了实现印制电路板的自动化装配，开发了许多种装配机（有些使用机器人，有些没有使用机器人）。有些是高度专用化的，可以达到很高的工作效率；另外一些考虑到适应不同装配任务的需要而具有较高的可调性。图 7-36 则是一种结构变种，这种结构方式的特点是机器都做直角坐标运动，在一个装配间里可以平行安置若干台机器人协同工作，机器人可以作为一个功能模块来更换。

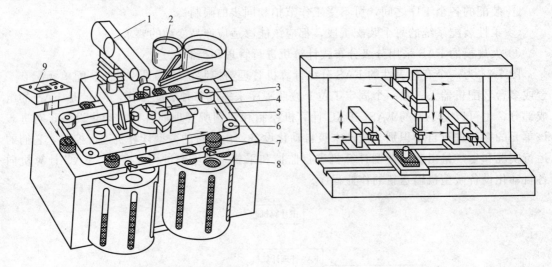

图 7-35 小部件装配的柔性装配系统

1—装配机器人；2—供料器；3—传动辊；
4—抓钳库或工具库；5—传送钢带；6—导辊；
7—工件托盘；8—鼓形储备仓；9—操作台

图 7-36 印刷电路板的柔性装配系统

第七节 装配自动化应用实例

一、基于气动机械手的零件自动化柔性装配设备

基于气动机械手的零件自动化柔性装配设备以压力气体为驱动力，气动机械手为执行元件，设计采用具有自动对中功能且带有增力机构的通用夹具，使所设计的设备具有很好的对中性和自动装配柔性，通过增力机构可以用较小的气源压力得到所需的较大夹紧力，从而达

到节约能源、满足不同装配需求的目的。

1. 零部件自动化柔性装配设备的总体设计

（1）零部件的装配要求

这里要求实现一个机械零部件的自动安装，即将图 7-37 中的零件 2 装入到零件 1 中，在装配过程中通过气动机械手、气缸、通用夹具，实现自动上料，自动定位，自动把零件 2 装入零件 1，自动抓取完成装配零部件的全部过程，从而提高生产效率，降低装配成本，稳定与改善产品质量，减轻劳动强度，达到取代某些特殊条件下的人工装配的目的。

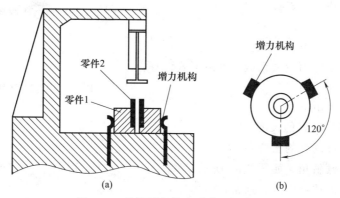

图 7-37　柔性零部件自动装配设备图

（2）动作顺序

图 7-38 显示了整个系统的动作循环，其中图（a）：机械手将零件 1 放上工作台；图（b）：夹紧气缸动作，自动对中并夹紧，机械手将零件 2 移到装配位置；图（c）：装配气缸伸出，将零件 2 压入；图（d）：装配气缸退回，夹紧气缸松开，机械手将已装配好的工件取走。

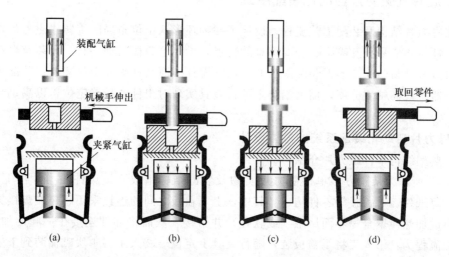

图 7-38　系统的动作循环

2. 自动对中通用增力机构

（1）设计

图 7-37（a）中，待装配的零件 1 为圆形，因此夹紧机构的三个杠杆沿圆周等间隔分布，

分别间隔 120°, 如图 7-37 (b) 所示。当机械手移动到装配位置, 零件 1 自由落到工作台上, 未对中, 分布在相隔 120°方向上的 3 个夹具开始动作, 从不同的方向夹紧零件 1, 实现自动对中并夹紧工件。

由于气体提供的压力较小, 而在装配过程中, 夹具需较大的夹紧力使零件 1 固定住, 这里设计了二次增力机构达到放大夹紧力的作用。

(2) 计算

如图 7-39 所示, 增力夹紧机构由铰杆、杠杆串联组合而成, 其理论增力系数 i_t 为

$$i_t = \frac{1}{\tan\alpha} \times \frac{l_1}{l_2} \qquad (7\text{-}1)$$

考虑摩擦后, 实际力放大系数 i 可由下式计算:

$$i = \frac{1}{\tan(\alpha+\varphi)} \times \frac{l_1\eta}{l_2} \qquad (7\text{-}2)$$

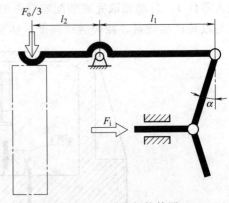

图 7-39 增力机构简图

式中 l_1——杠杆主动臂的长度;

l_2——杠杆被动臂的长度;

α——铰杆倾斜角, 如图 7-39 所示;

η——杠杆的传递效率, 通常取 0.97;

φ——铰杆连接处的当量摩擦角。

由于夹紧机构的三个夹紧杠杆沿圆周等间隔分布, 为一个完全对称的结构, 因此装置的摩擦损失小, 传递效率高, 且可以延长夹具的使用寿命, 使该夹紧机构可以适应多种工件的装配。此外, 通过改变增力机构的杠杆长度和铰杆倾斜角, 可以改变增力的大小, 满足不同的装配需求, 提高装配柔性。

二、旋转式磁力片自动化装配系统

根据磁力片结构及装配工艺流程, 设计了一种环形八工位布局的旋转式磁力片自动化装配系统。针对磁棒易相互吸附、分离困难的特点, 设计了磁棒自动补料、预装及自动上料机构; 针对薄纸件易凸起变形、装配困难的特点, 设计了薄纸件吸片上料装置; 装配系统采用凸轮分割器实现高精度分度, 借助铝合金随行夹具实现对工件的精确定位, 以满足超声波焊接要求。

1. 磁力片自动化装配系统的总体设计

(1) 典型结构单件磁力片介绍

图 7-40 所示为某正方形单件磁力片实物及装配结构组成。该单件磁力片由上盖板、4 块磁棒、薄纸件、下盖板等零件构成。其中, 上下盖板之间的连接采用超声波焊接方法, 该方法是通过加热使聚合物界面熔融(或软化)并熔接, 从而将部件连接在一起的加工方法。手工装配流程为: ①人工将下盖板装入随行夹具上定位→②人工将 4 块磁棒装到下盖板对应的 4 个空缺位置→③人工将薄纸件装入到下盖板内部→④人工将上盖板装入到下盖板上→重复①~④若干次并进行人工堆叠→人工从堆叠件中逐个取出准备焊接→超声波焊接→人工从焊接区取出单件磁力片成品。

(2) 磁力片自动化装配系统的总体布局

如图 7-41 所示, 单件磁力片自动化装配系统采用环形八工位布局, 圆周上面均布 8 个

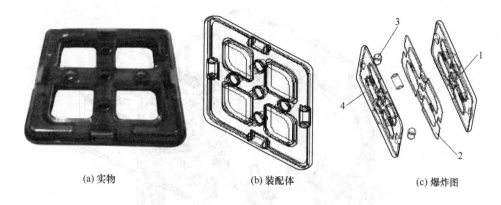

(a) 实物   (b) 装配体   (c) 爆炸图

图 7-40 某正方形单件磁力片实物及其装配结构组成

1—上盖板；2—薄纸件；3—磁棒；4—下盖板

工位，每个工位上都安装有固定单件磁力片的随行夹具。

　　8 个工位分别为：①振动盘振动出下盖板的正反面，下盖板经过轨道排列好位置，由下盖板上料机械手搬运到转盘随行夹具的固定位置完成上料。②借助磁棒装填装置将事先排列好的带状磁棒串分离送入磁棒预装台，由磁棒上料机械手一次夹紧 4 块磁棒，装入下盖板的 4 个空缺位置完成上料。③空位。④借助薄纸件吸片装置将事先排列好的薄纸件由料仓搬运到下盖板内部完成上料。⑤振动盘振动出上盖板的正反面，上盖板经过轨道排列好位置，由上盖板上料机械手搬运到转盘随行夹具的下盖板上完成上料。⑥超声波焊接。⑦成品下料（由成品下料机械手取料到输送带上流出）。⑧检测是否取完成品料。

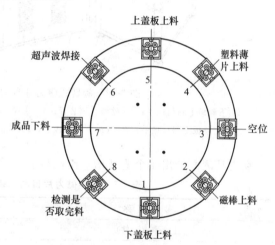

图 7-41 磁力片自动化装配系统的环形八工位布局

　　(3) 磁力片自动化装配系统的结构组成

　　装配线的总体结构如图 7-42 所示。随行夹具均布在转盘上，分度装置和转盘固连。机架作为整个装配系统的支撑，支撑着各工位机构、旋转分度机构（分度装置、转盘和随行夹具）。该单件磁力片自动化装配系统的主要技术参数如表 7-3 所示。

　　2. 关键部件的结构设计与选型

　　关键部件主要是指由分度装置、转盘和随行夹具等组成的旋转分度机构，其结构如图 7-43 所示。其中，凸轮分割器由电动机驱动；随行夹具与转盘以定位槽定位，并配以 4 个螺钉固连；为保证使用安全可靠，延长转盘的使用寿命，在转盘与机架之间均布若干供转动的钢珠滚轮，如 A 向视图所示。

　　(1) 随行夹具的结构设计

　　为了实现自动化与高效的装配要求，采用如图 7-43 所示的随行夹具对工件进行定位装夹。本书以下盖板的底面和外侧面作为定位基准设计随行夹具，保证工件在夹具上的正确位

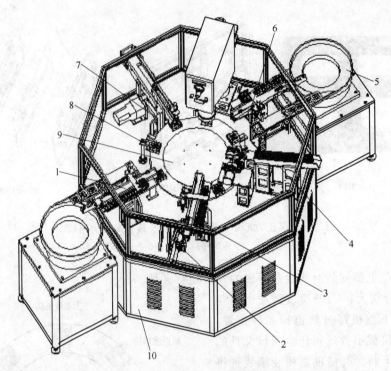

图 7-42　旋转式磁力片自动化装配系统总体结构图

1—下盖板上料机械手；2—磁棒装填装置；3—磁棒上料机械手；4—薄纸件吸片上料装置；5—振动盘；

6—上盖板上料机械手；7—成品下料机械手；8—成品下料检测单元；9—分度装置和转盘；10—机架

置。在夹具侧面开出 4 个避开槽，给磁棒和工件的夹持机械手让出空间。

表 7-3　单件磁力片自动化装配系统的主要技术参数

参 数 名 称	参 数 值
生产率/(s/件)	8
回转盘直径/mm	650
台面高度/mm	820
设备占地空间/mm×mm×mm	2650×1500×1850
作业形式	自动连续作业
控制形式	PLC 编程控制，人机交互界面
其他要求	方便清洁维护、快拆

（2）凸轮分割器和电动机的选型

装配过程中对工件的位置精度要求较高，一方面要求夹具具有较高的装夹精度，另一方面也要求机构运动动作准确、传动平稳、分度精度高，因此选择凸轮分割器作为分度装置。根据总体设计方案，分割器选型的原始参数如表 7-4 所示。

表 7-4　凸轮分割器选型的原始参数

参 数 名 称	参 数 值
回转台工位数（分度数）S	8
每工位驱动时间/s	1/3

续表

参 数 名 称	参 数 值
每工位定位时间/s	2/3
输入凸轮轴转速 $N/(r/min)$	60
转盘尺寸/mm×mm	$\phi650\times15$
驱动角 $\theta/(°)$	120

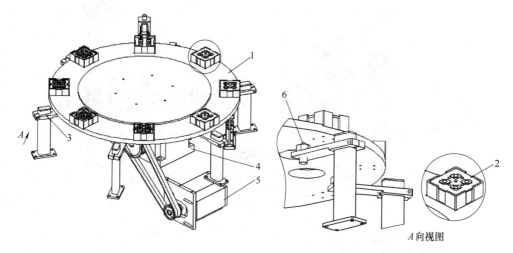

图 7-43　旋转分度机构的结构简图

1—转盘；2—随行夹具；3—转盘支撑；4—凸轮分割器；5—驱动电动机；6—钢珠滚轮

所选分割器为深圳市珏鼎科技有限公司的分割器，具体型号为 60DF-08-180-2R-S3-VW-1，电动机选用的型号为 100YYJ120，减速比为 75∶1。

3. 关键工位的结构设计

（1）磁棒上料工位的结构设计

磁棒尺寸为 5mm×10mm，呈短圆棒状。由于磁棒会相互吸附，不能完成磁棒的分离、排列和整理，故而无法采用振动盘上料。因此，针对这部分的磁棒上料工作，当前企业普遍采用人工装填的方法，但存在填料作业枯燥、人工成本高、效率低等问题，企业急需对其进行改善。

装配前来料为队列散件，自动化装配需要完成如下过程：①补料。工人事先以整齐排列方式将磁棒排成带状磁棒串放入料槽，带状磁棒串滑入推料区。②推料。从带状磁棒串的末端分离出单个磁棒，间歇推出至进料道。③分料。从进料道分选出磁棒，推至预装区。④预装料。按①～③步骤连续操作 4 次，将 4 块磁棒压入磁棒预装台，完成预装料动作。⑤装料。上料机械手从预装台中夹持 4 块磁棒，移送至空缺位置完成上料。本磁棒上料工位的工序装配动作多，要求装配过程分选正确，装料定位位置准确，精度及可靠性高，是整个装配系统能否成功的关键。

基于上述磁棒上料过程分析，将工位结构设计为如图 7-44 所示磁棒自动补料、预装及自动上料机构。其中，磁棒自动上料、预装机构中的料槽 1 与水平面呈一定角度固定于直线振动器上，料槽内装有带状磁棒串，由于振动器振动及料串的自重作用，带状磁棒串滑入推料区。推料机构 2 的分离气缸 7 驱动导向块 8，从带状磁棒串末端切下单个磁棒。随着预压气缸 9 带动压头 10 向下运动，将单个磁棒填入磁棒预装台 4 的磁棒孔内。为保证磁棒分离及预装的准确性，导向块 8 和压头 10 均在带凹槽拼块 11 构成的凹槽内滑动，且料槽 1、导向块 8、压头 10 及带凹槽拼块 11 均由非磁材料制成。

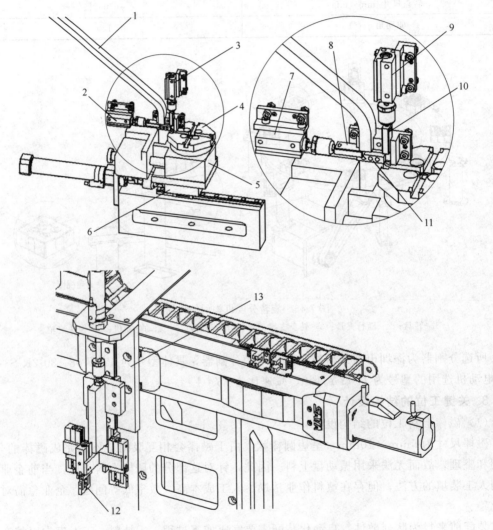

图 7-44 磁棒自动补料、预装及自动上料机构简图

1—料槽（下装振动器）；2—推料机构；3—分料机构；4—磁棒预装台；5—电动旋转台；
6—预装台平移机构；7—分离气缸；8—导向块；9—预压气缸；10—压头；11—带凹槽
拼块；12—上料机械手；13—机械手平移上料机构

（2）薄纸件上料工位的结构设计

薄纸件呈正方形，其外形尺寸为 60mm×60mm×0.5mm。采用手工操作的方法来装填薄纸件，一方面，由于薄纸件外形尺寸小且薄，上料过程中容易引起纸张凸起变形，不易安装；另一方面，人工成本高，也影响了生产效率。因此，本书借鉴了医药包装盒、扑克牌、拼板玩具装盒机等的做法，设计了如图 7-45 所示的薄纸件吸片上料装置，用自动化机械来代替人工操作，以提高生产效率。

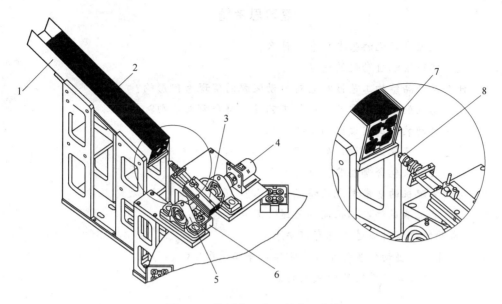

图 7-45　薄纸件吸片上料装置简图

1—料仓；2—薄纸件；3—双轴气缸；4—旋转叶片缸；

5—轴承座；6—随行夹具；7—料仓限料挡；8—真空吸盘

复习思考题

7-1　实现装配自动化的基本要求是什么？

7-2　试述实现装配自动化的途径。

7-3　什么是产品结构工艺性？它对自动装配的实现有何影响？

7-4　在自动装配条件下零件的结构工艺性应符合哪些准则？

7-5　简述自动装配工艺设计的一般要求。

7-6　简述自动装配工艺设计的内容。

7-7　自动装配机包含哪些典型部件？

7-8　自动装配机的基本型式及特点是什么？

7-9　试述装配基础件在工位间的传送方式及其特点。

7-10　自动装配线对输送系统有何要求？

7-11　为什么在自动化装配系统中常集成手工装配？

7-12　试述柔性装配系统的组成及特点。

第八章

自动化制造的控制系统

在自动化制造系统中，为了实现机械制造设备、制造过程及管理和计划调度的自动化，就需要对这些控制对象进行自动控制。作为自动化制造系统的子系统——自动化制造的控制系统，是整个系统的指挥中心和神经中枢。根据制造过程和控制对象的不同，先进的自动化制造系统多采用多层计算机控制的方法来实现整个制造过程及制造系统的自动化制造，不同层次之间可以采用网络化通信的方式来实现。

第一节　机械制造自动化控制系统的分类

机械制造自动化控制系统有多种分类方法，比如可以根据机械制造的控制系统发展分为：机械传动的自动控制、液压传动的自动控制、继电接触器自动控制、计算机控制等；根据机械制造的控制系统应用范围分为：局部部件控制、单机控制、多机联合控制、网络化多层计算机控制。这里主要介绍以自动控制形式分类、以参与控制方式分类和以调节规律分类三种分类方法。

一、以自动控制形式分类

1. 计算机开环控制系统

若控制系统的输出对生产过程能行使控制，但控制结果——生产过程的状态没有影响计算机控制的系统，其中计算机、控制器、生产过程等环节没有构成闭合回路，则称之为计算机开环控制系统。生产过程的状态没有反馈给计算机，而是由操作人员监视生产过程的状态并决定着控制方案，使计算机行使其控制作用，这种控制形式称之为计算机开环控制。

2. 计算机闭环控制系统

计算机对生产对象或生产过程进行控制时，生产过程状态能直接影响计算机控制系统，称之为计算机闭环控制系统。控制计算机在操作人员监视下，自动接收生产过程的状态检测结果，计算并确定控制方案，直接指挥控制部件（器）的动作，行使控制生产过程的作用。在这样的系统中，控制部件按控制机发来的控制信息对运行设备进行控制；另外以运行设备的运行状态作为输出，由检测部件测出后，作为输入反馈给控制计算机，从而使控制计算机、控制部件、生产过程、检测部件构成一个闭环回路，这种控制形式称之为计算机闭环控制。计算机闭环控制系统利用数学模型设置生产过程最佳值与检测结果反馈值之间的偏差，达到控制生产过程运行在最佳状态。

3. 在线控制系统

只要计算机对受控对象或受控生产过程能够行使直接控制，不需要人工干预的都称之为计算机在线控制或称联机控制系统。在线控制系统可以分为在线实时控制和分时方式控制。计算机在线实时控制系统是指对被控对象的全部操作（信息检测和控制信息输出）都是在计算机直接参与下进行的，不需要管理人员干预；而计算机分时方式控制是指直接数字控制系统，是按分时方式进行控制的，按照固定的采样周期对所有的被控制回路逐个进行采样，依次计算并形成控制输出，以实现一个计算机对多个被控回路的控制。

4. 离线控制系统

计算机没有直接参与控制对象或受控生产过程，它只完成受控对象或受控过程的状态检测，并对检测的数据进行处理，而后制订出控制方案，输出控制指示，然后操作人员参考控制指示，进行人工手动操作，使控制部件对受控对象或受控过程进行控制，这种控制形式称之为计算机离线控制系统。

5. 实时控制系统

计算机实时控制系统是指当受控制的对象或受控过程在请求处理或请求控制时，其控制机能及时处理并进行控制的系统。通常用在生产过程是间断进行的场合，只有进入过程才要求计算机进行控制。计算机一旦进行控制，就要求计算机对来自生产过程的信息在规定的时间内做出反应或控制。这种系统常使用完善的中断系统和中断处理程序来实现。

综上所述，一个在线系统并不一定是实时系统，但是一个实时系统必定是一个在线系统。

二、以参与控制方式分类

1. 直接数字控制系统

由控制计算机取代常规的模拟调节仪表而直接对生产过程进行控制的系统称为直接数字控制（Direct Digital Control，DDC）系统。受控的生产过程的控制部件接收的控制信号可以通过控制机的过程输入/输出通道中的数/模（D/A）转换器，将计算机输出的数字控制量转换成模拟量，输入的模拟量也要经控制机的过程输入/输出通道的模/数（A/D）转换器转换成数字量进入计算机。

DDC控制系统中常使用小型计算机或微型机的分时系统来实现多个点的控制功能，实际上是用控制机离散采样，实现离散多点控制。DDC计算机控制系统已成为当前计算机控制系统中的主要控制形式之一。

DDC控制的优点是灵活性大、可靠性高和价格便宜，能用数字运算形式对若干个回路，甚至数十个回路的生产过程进行比例-积分-微分（PID）控制，使工业受控对象的状态保持在给定值，偏差小且稳定，而且只要改变控制算法和应用程序便可实现较复杂的控制，如前馈控制和最佳控制等。一般情况下，DDC控制常作为更复杂的高级控制的执行级。

2. 计算机监督控制系统

计算机监督控制系统（Supervisory Computer Control，SCC）是利用计算机对工业生产过程进行监督管理和控制的计算机控制系统。监督控制是一个二极控制系统，DDC计算机直接对被控对象和生产过程进行控制，其功能类似于DDC直接数字控制系统。直接数字控制系统的设定值是事先规定的，但监督控制系统可以通过对外部信息的检测，根据当时的工艺条件和控制状态，按照一定的数学模型和优化准则，在线计算最优设定值，并及时送至下一级 DDC 计算机，实现自适应控制，使控制过程始终处于最优状态。

3. 计算机多级控制系统

计算机多级控制系统是按照企业组织生产的层次和等级配置多台计算机来综合实施信息管理和生产过程控制的数字控制系统。通常计算机多级控制系统由直接数字控制系统、计算机监督控制系统和管理信息系统三部分组成。

① 直接数字控制系统（DDC）位于多级控制系统的最末级，其任务是直接控制生产过程，实施多种控制功能，并完成数据采集、报警等功能。直接数字控制系统通常由若干台小型计算机或微型计算机构成。

② 监督控制系统（SCC）是多级控制系统的第二级，指挥直接数字控制系统的工作。在有些情况下，监督控制系统也可以兼顾一些直接数字控制系统的工作。

③ 管理信息系统（MIS）主要进行计划和调度，指挥监督控制系统工作。按照管理范围还可以把管理信息系统分为若干个等级，如车间级、工厂级、公司级等。管理信息系统的工作通常由中型计算机或大型计算机来完成。多级控制系统的示意图如图 8-1 所示。

4. 集散控制系统

在计算机多级控制系统的基础上发展起来的集散控制系统是生产过程中的一种比较完善的控制和管理系统。集散控制系统（Distributed Control Systems，DCS）是由多台计算机分别控制生产过程中的多个控制回路，同时又可集中获取数据和集中管理的自动控制系统。

集散控制系统采用微处理器分别控制各个回路，而用中小型工业控制计算机或高性能的微处理机实现上一级的控制，各回路之间和上下级之间通过高速数据通道交换信息。集散控制系统具有数据获取、直接数字控制、人机交互以及监督和管理等功能。

在集散控制系统中，按地区把微处理机安装在测量装置与执行机构附近，将控制功能尽可能分散，管理功能相对集中。这种集散化的控制方式会提高系统的可靠性，不像在直接数字控制系统中那样，当计算机出现故障时会使整个系统失去控制。在集散控制系统中，当管理级出现故障时，过程控制级仍有独立的控制能力，个别控制回路出现故障也不会影响全局。相对集中的管理方式有利于实现功能标准化的模块化设计，与计算机多级控制系统相比，集散控制系统在结构上更加灵活，布局更加合理，成本更低。

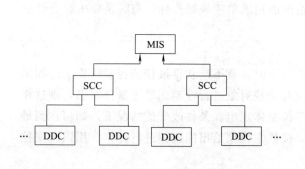

图 8-1　计算机多级控制系统示意图

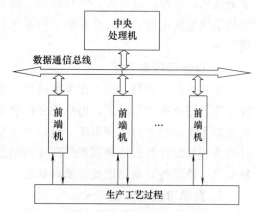

图 8-2　二层结构模式的集散控制系统示意图

集散控制系统通常具有二层结构模式、三层结构模式和四层结构模式。图 8-2 给出了二层结构模式的集散控制系统的结构形式。第一级为前端计算机，也称下位机、直接控制单元。前端机直接面对控制对象完成实时控制、前端处理功能。第二层称为中央处理机，又称上位机，完成后续处理功能。中央处理机不直接与现场设备打交道，如果中央处理机一旦失效，设备的控制功能依旧能得到保证。在前端计算机和中央处理机间再加一层中间层计算机，便构成了三层结构模式的集散控制系统。四层结构模式的离散控制系统中，第一层为直接控制级，第二层为过程管理级，第三层为生产管理级，第四层为经营管理级。集散控制系统具有硬件组装积木化、软件模块化、组态控制系统、应用先进的通信网络并具有开放性、可靠性等特点。

三、以调节规律分类

1. 程序控制

如果计算机控制系统是按照预先编制的固定程序进行自动控制的，则这种控制称之为程序控制，如炉温按照一定的时间曲线进行控制就为程序控制。

2. 顺序控制

在程序控制的基础上产生了顺序控制。计算机如能根据随时间推移所确定的对应值和此刻以前的控制结果两方面情况行使对生产过程控制的系统，称之为计算机的顺序控制。

3. 比例-积分-微分 PID 控制

常规的模拟调节仪表可以完成 PID 控制，用微型计算机也可以实现 PID 控制。

4. 前馈控制

通常的反馈控制系统中，由干扰造成了一定后果，才能反馈过来产生抑制干扰的控制作用，因而产生滞后控制的不良后果。为了克服这种滞后的不良控制，用计算机接收干扰信号后，在还没有产生后果之前插入一个前馈控制作用，使其刚好在干扰点上完全抵消干扰对控制变量的影响，这种控制称为前馈控制，又称为扰动补偿控制。

5. 最优控制（最佳控制）系统

控制计算机如有受控对象处于最佳状态运行的控制系统称之为最佳控制系统。此时计算机控制系统在现有的限定条件下，恰当选择控制规律（数学模型），使受控对象运行指标处于最优状态，如产量最大、消耗最少、质量合格率最高、废品率最少等。最佳状态是由定出的数学模型确定的，有时是在限定的某几种范围内追求单项最好指标，有时是要求综合性最优指标。

6. 自适应控制系统

上述的最佳控制，当工作条件或限定条件改变时，就不能获得最佳的控制效果了。如果在工作条件改变的情况下，仍然能使控制系统对受控对象进行控制而处于最佳状态，则这样的控制系统称之为自适应系统。这就要求数学模型体现出在条件改变的情况下，如何达到最佳状态。控制计算机检测到条件改变的信息，按数学模型给出的规律进行计算，用以改变控制变量，使受控对象仍能处在最好状态。

7. 自学习控制系统

如果用计算机能够不断地根据受控对象运行结果积累经验，自行改变和完善控制规律，使控制效果愈来愈好，则这样的控制系统称之为自学习控制系统。

最优控制、自适应控制和自学习控制都涉及多参数、多变量的复杂控制系统，都属于近代控制理论研究的问题。系统的稳定性的判断，多种因素影响控制的复杂数学模型研究等，都必须有生产管理、生产工艺、自动控制、检测仪表、程序设计、计算机硬件各方面人员相互配合才能得以实现。应根据受控对象要求反应时间的长短、控制点数多少和数学模型复杂程度来决定选用计算机规模，一般来说需要功能很强（速度与计算功能）的计算机才能实现。

上述诸种控制，既可以是单一的，也可以是几种形式结合的，并对生产过程实现控制。这要针对受控对象的实际情况，在系统分析、系统设计时确定。

第二节　顺序控制系统

顺序控制是指按预先设定好的顺序使控制动作逐次进行的控制，目前多用成熟的可编程控制器来完成顺序控制。在机械制造自动化控制系统中，顺序控制经历了固定程序的继电器控制、组合式逻辑顺序控制和计算机可编程控制器三个阶段。

一、固定程序的继电器控制系统

一般来说，继电器控制系统的主要特点是，利用继电器接触器的动合触点（用 K 表示）和动断触点的串并联组合来实现基本的"与""或""非"等逻辑控制功能。

图 8-3 所示为基本的"与""或""非"逻辑控制图。由图可见，触点的串联叫作"与"控制，如 K_1 与 K_2 都动作时 K 才能得电；触点的并联叫作"或"控制，如 K_1 或 K_2 有一个动作 K 就得电；而动合触点 K_1 与动断触点 K_2 互为相反状态，则叫作"非"控制。

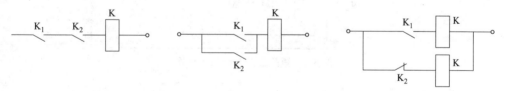

图 8-3　基本的"与""或""非"逻辑控制图

在继电控制系统中，还常常用到时间继电器（例如延时打开、延时闭合、定时工作等），有时还需要其他控制功能，例如计数等。这些都可以用时间继电器及其他继电器的"与""或""非"触点组合加以实现。

图 8-4 为继电器顺序控制系统示例。图中"K_1，K_2，…，K_n"为控制动作顺序的继电器，"K_1'，K_2'，…，K_{n-1}'"为发出动作顺序信号的行程开关。当按下启动按钮 S_2 后，继电器 K_1 通电并自锁，同时输出第一程序的动作信号 x_1，开始第一动作。K_1 的另一对常开触点为 K_2 通电做好准备。当 x_1 运行到终点时，压合行程开关 K_1'，于是 K_2 通电并自

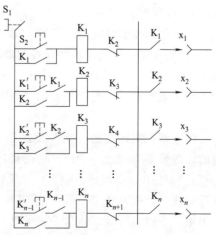

图 8-4　继电器顺序控制系统示意图

锁，从而输出第二程序信号 x_2。同时 K_2 的常闭触点将 K_1 断开，撤销第一程序。其常开触点又为 K_3 通电做好准备。这种过程可以如此连续进行到第 n 个程序 x_n。

这种继电器顺序控制系统，一般来说，能在一定范围内满足单机和生产自动线的需要。但由于这种控制装置使用的触点繁多，接线复杂，尤其是它不能改变程序，因此在使用上受到很大限制。

二、组合式逻辑顺序控制系统

为了克服继电器顺序控制系统程序不能变更的缺点，同时，为使强电控制的电路弱电化，只需将强电换成低压直流电路，再增加一些二极管构成所谓矩阵电路即可实现。这种矩阵电路的优点在于一个触点变量可以为多个支路所公用，而且调换二极管在电路中的位置能够方便地重组电路，以适应不同的控制要求。这种控制器一般由输入、输出、矩阵板（组合网路）三部分组成，其结构方框图如图 8-5 所示。

（1）输入部分

主要由继电器组成，用来反映现场的信号，例如来自现场的行程开关、按钮、接近开关、光电开关、压力开关信号以及其他各种检测信号等，并把它们统一转换成矩阵板所能接受的信号送入矩阵板。

（2）输出部分

主要由输出放大器和输出继电器组成，主要作用是把矩阵送来的电信号变成开关信号，用来控制执行机构。执行机构（如接触器、电磁阀等）是由输出继电器动合触点来控制的。同时，输出继电器的另一对动合触点和动断触点作为控制信号反馈到矩阵板上，以便编程时需要反馈信号时使用。

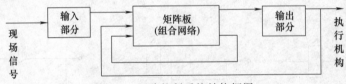

图 8-5　矩阵控制系统结构框图

（3）矩阵板组合网络

矩阵板及二极管所组成的组合网络，用来综合信号，对输入信号和反馈信号进行逻辑运算，实现逻辑控制功能。

在继电器控制线路中，将两个触点串联起来去控制一个继电器 K，这种串联控制就是"与"控制。在组合式逻辑顺序控制器矩阵中"与"控制如图 8-6 所示。以下继电器 K 得电用 z 表示，K_1、K_2 动作分别用 x_1、x_2 表示。由图可见，只有 K_1 与 K_2 都动作（即打开）时，K 才能得电，用逻辑式表示"与"的关系为

$$z = x_1 x_2$$

继电器控制线路的"或"控制是由两个触点的并联来实现的，即只要触点之一闭合 K 就得电。在二极管矩阵中的"或"控制如图 8-7 所示。当 K_1 打开 K_2 闭合时，K 可由第一条行母线（竖线）经二极管 V_3 得电，当 K_2 打开 K_1 闭合时，K 由第二条行母线经二极管 V_4 得电，当 K_1、K_2 都打开时，K 可由两条通路同时得电，其逻辑关系为

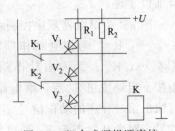

图 8-6　组合式逻辑顺序控制器中的"与"控制

$$z = x_1 + x_2$$

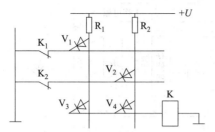

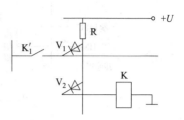

图 8-7　组合式逻辑顺序控制器中的"或"控制　　图 8-8　组合式逻辑顺序控制器中的"非"控制

同理可分析"非"控制的原理，图 8-8 可用以说明矩阵板中的"非"控制。K_1' 是动合触点，K_1' 不动作（断开）时，电流经 R、V_2 到 K，使 K 动作。反之，K_1' 动作（闭合）时，电源电压被 V_1 和 K_1' 旁路，K 不能动作。

根据上述"与、或、非"的控制组合，可以组成各种控制功能如"与非""或非""与或非""互锁""计数""记忆"等，从而实现各种控制功能。

一般而言，组合式逻辑顺序控制器都是以由"与、或、非"组合的基本控制单元形式的组合网络为主体，与输入输出及中间元件、时间元件相配合，按程序完成规定的动作。如电磁阀的启动、电动机的启停等，或控制各动作量如控制位移、时间及有关参量等。

组合式逻辑顺序控制器的设计，需要首先对被控制对象，包括整个生产过程的运行方式、信号的取得、整个过程的动作顺序、与相关设备的联系，以及有无特殊要求等做全面的了解。其次对被采用的控制装置的控制原理、技术性能指标、扩展组合的能力，例如输入、输出功能，时间单元特性，计数功能等也得有充分的了解。然后在此基础上进行设计。其设计方法主要有两种：一种是根据生产工艺要求，按一般强电控制即继电器控制线路的设计方法，其步骤是先写出逻辑式，然后根据逻辑式画矩阵图；另一种是根据工艺流程画出动作顺序流程图，由流程图再编写逻辑代数式，最后画二极管矩阵图。

三、可编程控制器

可编程控制器（PLC）是以计算机技术为基础的新型工业装置。它最初主要是用来代替继电器实现逻辑控制的。随着技术的发展，PLC 的功能已经大大超过了逻辑控制的范围。PLC 与普通计算机类似，也是由硬件和软件两部分组成的。

可编程控制器的硬件系统主要有中央处理器（CPU）、存储器、输入单元和输出单元（I/O）等部件，另外还有一些其他模块，如通信接口、扩展接口等。软件系统由系统程序、组态信息和用户程序三部分组成。系统程序包括监控程序、编译程序、诊断程序等，主要用于管理全机、将程序语言翻译成机器语言、诊断机器故障。组态信息和用户程序是用户根据现场控制要求，用 PLC 的组态和编程工具定义或编制的系统信息和应用程序。

PLC 主要用于自动化制造系统底层设备的控制，如加工中心换刀机构、工件运输设备、托盘交换装置等的控制，属设备控制层。

如图 8-9 和图 8-10 所示，在 PLC 的硬件系统中，CPU 是 PLC 的核心；输入单元与输出单元是连接现场输入/输出设备与 CPU 之间的接口电路，也称为输入接口和输出接口。此外，通信接口、扩展接口、编程器和电源等也是可编程控制器完成复杂功能的必不可少的组成部分。

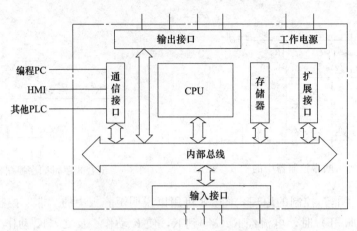

图 8-9　整体式 PLC 的硬件组成

　　根据外部结构，PLC 基本可以分为整体式和模块式两种。小型的 PLC 整体式较多，中大型的 PLC 一般为模块式。

　　整体式的 PLC，其所有部件都装在同一机壳内；而对于模块式 PLC，各部件封装成模块，各模块通过连接被安装在机架或导轨上，其组成形式与整体式 PLC 不同，如图 8-10 所示。无论哪种结构类型的 PLC，都可根据用户需要进行配置与组合。尽管整体式 PLC 与模块式 PLC 的结构不太一样，但各部分的功能是相同的。下面对 PLC 各组成部分进行简单介绍。

图 8-10　模块式 PLC 的硬件结构

　　（1）中央处理单元（CPU）

　　CPU 是 PLC 的核心，每套 PLC 至少有一个 CPU。PLC 中的 CPU 一般有三类：通用微处理器（如 Z80、8086 等）、单片机（如 8031、8096 等）和专用微处理器。历史上，小型 PLC 大多采用 8 位通用微处理器和单片机；大中型 PLC 大多采用 16 位通用微处理器和单片机。

　　CPU 又包含控制器和运算器，通过执行系统程序，指挥 PLC 进行工作。归纳起来，主要有以下几个方面的作用：

　　① 接收从编程装置输入的程序和数据；

　　② 诊断电源、PLC 内部电路的工作故障和编程中的语法错误等；

　　③ 通过输入接口接收现场的状态或数据，并存入输入映像寄存器或数据寄存器中；

　　④ 从存储器逐条读取用户程序，并执行程序；

　　⑤ 根据执行的结果，更新有关标志位的状态和输出映像寄存器的内容，通过输出单元实现输出控制。有些 PLC 还具有制表打印或数据通信等功能。

　　（2）存储器

存储器主要有两种：一种是可进行读写操作的随机存储器 RAM；另一种是只读存储器 ROM、PROM、EPROM 和 E^2PROM。在 PLC 中，存储器主要用于存放系统程序、用户程序及工作数据。

系统程序是由 PLC 的制造厂家编写的，与 PLC 的硬件组成有关，完成系统诊断、命令解释、功能子程序调用管理、逻辑运算、通信及各种参数设定等功能，提供 PLC 运行的平台。系统程序关系到 PLC 的性能，而且在 PLC 使用过程中不会变动，由制造厂家直接固化在只读存储器 ROM、PROM 或 EPROM 中，用户不能访问和修改。

用户程序是随 PLC 的控制对象而定的，是由用户根据对象的生产工艺的控制要求而编制的应用程序。为了便于读出、检查和修改，用户程序一般存于 CMOS 的静态 RAM 中，用锂电池作为后备电源，以保证掉电时不会丢失信息。为了防止干扰对 RAM 中程序的破坏，当用户程序经过运行，正常且不需要改变后，可将其固化在只读存储器 EPROM 中。现有许多 PLC 直接采用 E^2PROM 作为用户存储器。

工作数据是 PLC 运行过程中经常变化、经常存取的一些数据，被存放在 RAM 中，以适应随机存取的要求。在 PLC 的工作数据存储器中，设有存放输入输出继电器、定时器、计数器等逻辑器件（变量）的存储区，这些器件的状态都是由用户程序的初始设置和运行情况而定的。根据需要，部分数据在掉电时用后备电池维持其现有的状态。在掉电时可保存数据的存储区域称为保持数据区。

因为系统程序和工作数据与用户无直接联系，所以在 PLC 产品样本或使用手册中所列存储器的形式和容量是指用户程序存储器。当 PLC 提供的用户存储器容量不够用时，许多 PLC 还提供存储器扩展功能。

（3）输入/输出单元

输入/输出单元通常也叫 I/O 单元或 I/O 模块，是 PLC 与工业生产现场之间的连接部件。PLC 通过输入接口可以检测被控对象的各种数据，以这些数据作为 PLC 对被控对象进行控制的依据；同时 PLC 又通过输出接口将处理结果送给被控制对象，以实现控制目的。

由于外部输入设备和输出设备所需的信号电平是多种多样的，而 PLC 内部的 CPU 处理的信息只能是标准电平，所以 I/O 接口要实现一定的转换。I/O 接口一般都具有光电隔离和滤波功能，以提高 PLC 的抗干扰能力。另外，I/O 接口上通常还有状态指示，使工作状况直观，便于维护。

PLC 提供了多种操作电平和驱动能力的 I/O 接口，有多种功能的 I/O 接口供用户选用。I/O 接口的类型主要有数字量（开关量）输入、数字量（开关量）输出、模拟量输入、模拟量输出等。

① 开关量输入接口。常用的开关量输入接口按其使用的电源不同有两种类型，即直流输入接口和交流输入接口，其基本电路如图 8-11 和图 8-12 所示。

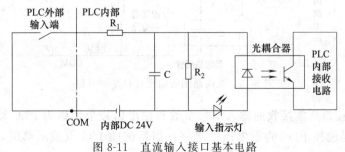

图 8-11 直流输入接口基本电路

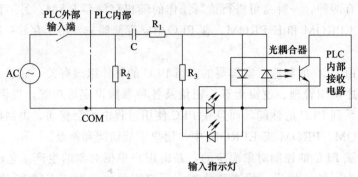

图 8-12　交流输入接口基本电路

② 开关量输出接口。常用的开关量输出接口按输出器件不同有三种类型，即继电器输出、晶体管输出和双向晶闸管输出，其基本电路如图 8-13～图 8-15 所示。继电器输出接口可驱动交直流负载，但其响应时间长，动作频率低；晶体管输出接口和双向晶闸管输出接口的响应速度快，动作频率高，注意前者只能用于驱动直流负载，后者只能用于驱动交流负载。

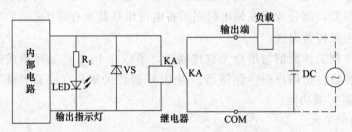

图 8-13　继电器输出接口基本电路

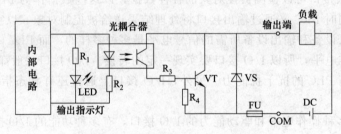

图 8-14　晶体管输出接口基本电路

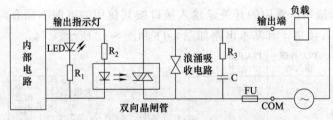

图 8-15　双向晶闸管输出接口基本电路

PLC 的 I/O 接口所能接收的输入信号个数和输出信号个数称为 PLC 输入/输出（I/O）点数。I/O 点数是选择 PLC 的重要依据之一。当系统的 I/O 点数不够时，可通过 PLC 的

I/O扩展接口对系统进行扩展。

③ 模拟量I/O接口。模拟量I/O接口模块种类很多，概括起来按照标准信号类型分有电流型（如0~20mA和4~20mA）和电压型（如0~10V、0~5V、-10~+10V）；按照精度分有12bit、14bit和16bit等模块。另外，除了标准信号还有一些专门的热电偶、热电阻模块，用户可以根据需要自行选择。

（4）通信接口

通信接口可以使PLC接收外来的信号或输出执行结果，同时实现PLC之间的联网。PLC配有各种通信接口，这些通信接口都带有通信处理器。PLC通过这些接口可与计算机及其他PLC等设备实现通信。与人机界面连接，可将控制过程图像显示出来；与其他PLC连接，可组成多机系统或连成网络，实现更大规模的控制。工业上普遍使用的远程I/O必须配备相应的通信接口模块。

（5）智能接口模块

智能接口模块是独立的计算机系统，它有自己的CPU、系统程序、存储器以及与PLC系统总线相连的接口。它作为PLC系统的一个模块，通过总线与PLC相连进行数据交换，并在PLC的协调管理下独立地进行工作。PLC的智能接口模块种类很多，如高速计数模块、闭环控制模块、运动控制模块等。

（6）编程装置及人机界面

编程装置的作用是编辑、调试、输入用户程序，也可在线控制PLC内部状态和参数，与PC进行人机对话，它是开发、应用、维护PLC不可缺少的工具。常见的编程装置有手持编程器和计算机编程。

计算机编程是现在的主流。它既可以编制、修改PLC的梯形图程序，又可以监视系统运行、打印文件，并可以进行程序仿真。

人机界面实现PLC与操作员及工程师的信息交互。目前主要采用的是文本显示器、触摸屏。计算机除了编程维护外还可以运行监控组态软件（如WinCC、Intouch、组态王、iFix等），实现功能更加强大的人机交互。

（7）电源及其他外部设备

PLC配有开关电源，以供内部电路使用。与普通电源相比，PLC电源的稳定性好、抗

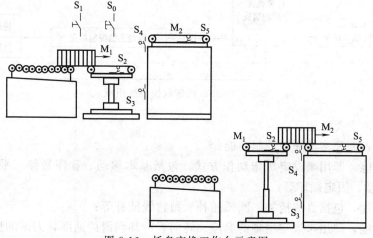

图8-16 托盘交换工作台示意图

干扰能力强。对电网提供的电源稳定度要求不高，一般允许电源电压在其额定值±15％的范围内波动。一般 PLC 还向外提供直流 24V 稳压电源，用于对外部传感器供电。

除了上述的部件和设备外，PLC 还有一些其他外部设备，如 EPROM 写入器、外存储器人机接口装置等。

图 8-16 是托盘交换工作台示意图，用 PLC 控制托盘交换工作台的动作。闭合开关 S_1 启动输送带 M_1，托盘从倾斜的轨道进入输送带。若行程开关 S_2 动作，输送带 M_1 停止，并且使气动升降台向上移动。如果开关 S_4 动作，向上移动停止，输送带 M_1 和 M_2 都启动。如果 S_5 动作，两条输送带都停止，升降台向下移动，直至行程开关 S_3 动作。S_0 用于整个设备的接通和断开。

第三节　计算机数字控制系统

计算机数字控制（Computer Numerical Control，CNC）主要是指机床控制器，属设备控制层。

CNC 是在硬件数控 NC 的基础上发展起来的，它在计算机硬件的支持下，由软件实现数控的部分或全部功能。为了满足不同控制要求，只需改变相应软件，无须改变硬件电路。微型计算机是 CNC 的核心，外围设备接口电路通过总线（BUS）和 CPU 连接。现代 CNC 对外都具有通信接口，如 RS232，先进的 CNC 对外还具有网络接口。CNC 具有较大容量存储器，可存储一个或多个零件数控程序。CNC 相对于 NC 具有较高的通用性和柔性，易于实现多功能和复杂程序的控制，工作可靠，维修方便，具有通信接口，便于集成等特点。

一、CNC 机床数控系统的组成及功能原理

CNC 机床数控系统由输入程序、输入输出设备、计算机数字控制装置、可编程控制器（PLC）、进给伺服驱动装置、主轴伺服驱动装置等所组成，如图 8-17 所示。数控系统的核心是 CNC 装置。CNC 装置采用存储程序的专用计算机，它由硬件和软件两部分组成，软件在硬件环境支持下完成一部分或全部数控功能。

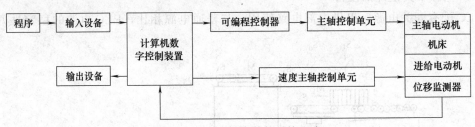

图 8-17　CNC 机床数控系统组成

CNC 装置的主要功能有：

① 运动轴控制和多轴联动控制功能；

② 准备功能，即用来设定机床动作方式，包括基本移动、程序暂停、平面选择、坐标设定、刀具补偿、固定循环等；

③ 插补功能，包括直线插补、圆弧插补、抛物线插补等；

④ 辅助功能，即用来规定主轴的启停、转向，冷却润滑的通断，刀库的启停等；

⑤ 补偿功能，包括刀具半径补偿、刀具长度补偿、反向间隙补偿、螺距补偿、温度补

偿等。

此外，还有字符图形显示、故障诊断、系统通信、程序编辑等功能。

数控系统中的 PLC 主要用于开关量的输入和控制，包括控制面板的输入、机床主轴的启停与换向、刀具的更换、冷却润滑的启停、工件的夹紧与松开、工作台分度等开关量的控制。

数控系统的工作过程：首先从零件程序存储区逐段读出数控程序；对读出的程序段进行译码，将程序段中的数据依据各自的地址送到相应的缓冲区，同时完成对程序段的语法检查；然后进行数据预处理，包括刀具半径补偿、刀具长度补偿、象限及进给方向判断、进给速度换算以及机床辅助功能判断，将预处理数据直接送入工作寄存器，提供给系统进行后续的插补运算；接着根据数控程序 G 代码提供的插补类型及所在象限、作用平面等进行相应的插补运算，并逐次以增量坐标值或脉冲序列形式输出，使伺服电机以给定速度移动，控制刀具按预定的轨迹加工；数控程序中的 M、S、T 等辅助功能代码经过 PLC 逻辑运算后控制机床继电器、电磁阀、主轴控制器等执行元件动作；位置检测元件将坐标轴的实际位置和工作速度实时反馈给数控装置或伺服装置，并与机床指令进行比较后对系统的控制量进行修正和调节。

二、CNC 装置硬件结构

CNC 装置硬件结构一般分为单 CPU 结构、多 CPU 结构及直接采用 PC 计算机的系统结构。

1. 单 CPU 结构

在 CPU 结构中，只有一个 CPU 集中控制、分时处理数控装置的多个任务。虽然有的 CNC 装置有两个以上的 CPU，但只有一个 CPU 能够控制系统总线，占有总线资源，而其他的 CPU 成为专用的智能部件，不能控制系统总线，不能访问主存储器。

2. 多 CPU 结构

多 CPU 数控装置配置多个 CPU 处理器，通过公用地址与数据总线进行相互连接，每个 CPU 共享系统公用存储器与 I/O 接口，各自完成系统所分配的功能，从而将单 CPU 系统中的集中控制、分时处理作业方式转变为多 CPU 多任务并行处理方式，使整个系统的计

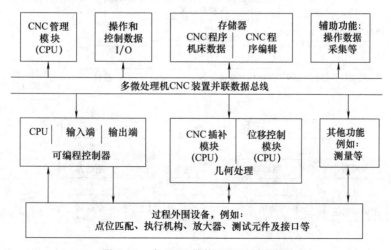

图 8-18　多 CPU 结构 CNC 系统框图

算速度和处理能力得到大大提高。图 8-18 为一种典型的多 CPU 结构的 CNC 系统框图。多 CPU 结构的 CNC 装置以系统总线为中心，把各个模块有效地连接在一起，按照系统总体要求交换各种数据和控制信息，实现各种预定的控制功能。

这种结构的基本功能模块可分为以下几类：

① CNC 管理模块。用于控制管理的中央处理机。

② 位置控制模块、PLC 模块及对话式自动编程模块。用于处理不同的控制任务。

③ 存储器模块。存储各类控制数据和机床数据。

④ CNC 插补模块。对零件程序进行译码、刀具半径补偿、坐标位移量计算、进给速度处理等插补前的预处理，完成插补计算，为各坐标轴提供精确的给定位置。

⑤ 输入/输出和显示模块。用于工艺数据处理的二进制输入/输出接口、外围设备耦合的串行接口，以及处理结构输出显示。

多 CPU 结构的 CNC 系统具有良好的适应性、扩展性和可靠性，性能价格比高，被众多数控系统所采用。

3. 基于 PC 微机的 CNC 系统

基于 PC 微机的 CNC 系统是当前数控系统的一种发展趋势，它得益于 PC 微机的飞速发展和软件控制技术的日益完善。利用 PC 微机丰富的软硬件资源可将许多现代控制技术融入数控系统；借助 PC 微机友好的人机交互界面，可为数控系统增添多媒体功能和网络功能。

图 8-19 为基于 PC 微机和美国 Delta Tau 公司 PMAC（Programmable Multi-Axis Controller）多轴运动卡所构造的 CNC 系统，它包括工控机 IPC、多轴运动卡 PMAC、双端口 RAM、带光隔的 I/O 接口、永磁同步式交流伺服电动机、变频调速主轴电动机、连线器等。PMAC 与 IPC 之间的通信可通过 PC 总线和双端口 RAM 两种方式进行：当 IPC 向 PMAC 写数据时，双端口 RAM 能够在实时状态下快速地将位置指令或程序信息进行下载；若从 PMAC 中读取数据时，IPC 通过双端口 RAM 可以快速地获取系统的状态、电动机的位置、速度、跟随误差等各种数据。利用双端口 RAM 大大提高了数控系统的响应能力和加工精度，同时也方便了用户的系统开发。

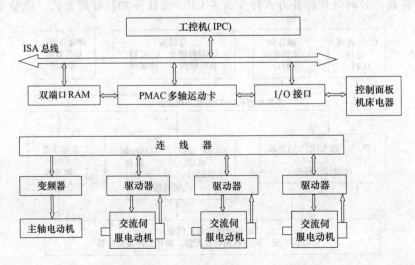

图 8-19 基于 PC 和 PMAC 的 CNC 系统结构

三、CNC 数控系统的软件结构

软件的结构取决于装置中软件和硬件的分工，也取决于软件本身的工作性质。CNC 系统软件包括零件程序的管理软件和系统控制软件两大部分。零件程序的管理软件实现屏幕编辑、零件程序的存储及调度管理，与外界的信息交换等功能。系统控制软件是一种前后台结构式的软件。前台程序（即实时中断服务程序）承担全部实时功能，而准备工作及协调处理则在后台程序中完成。后台程序是一个循环运行的程序，在其运行过程中实时中断服务程序不断插入，共同完成零件加工任务。

CNC 系统是一个专用的实时多任务计算机控制系统，其控制软件中融合了当今计算机软件技术的许多先进技术，其中最突出的是多任务并行处理和多重实时中断。多任务并行处理所包含的技术有：并行处理的资源分时共享和资源重叠流水处理，并行处理中的信息交换和同步等。

四、开放式 CNC 数控系统

数控系统越来越广泛地应用到各种控制领域，同时也不断地对数控系统软硬件提出了新的要求，其中较为突出的是要求数控系统具有开放性，以满足系统技术的快速发展和用户自主开发的需要。

采用 PC 微机开发开放式数控系统已成为数控系统技术发展的主流，也是国内外开放式数控系统研究的一个热点。实现基于 PC 微机的开放式数控系统有如下三种途径：

1. PC 机 + 专用数控模板

即在 PC 机上嵌入专用数控模板，该模板具有位置控制功能、实时信息采集功能、输入输出接口处理功能和内装式 PLC 单元等。这种结构形式使整个系统可以共享 PC 机的硬件资源，利用其丰富的支撑软件可以直接与网络和 CAD/CAM 系统连接。与传统 CNC 系统相比，它具有软硬件资源的丰富性、透明性和通享性，便于系统的升级换代。然而，这种结构形式数控系统的开放性只限于 PC 微机部分，其专用的数控部分仍处于封闭状态，只能说是有限的开放。

2. PC 机 + 运动控制卡

这种基于开放式运动控制卡的系统结构以通用微机为平台，以 PC 机标准插件形式的开放式运动控制卡为控制核心。通用 PC 机负责如数控程序编辑、人机界面管理、外部通信等功能，运动控制卡负责机床的运动控制和逻辑控制。这种运动控制卡以子程序的方式解释并执行数控程序，以 PLC 子程序完成机床逻辑量的控制；它支持用户的二次开发和自主扩展，既具有 PC 微机的开放性，又具有专用数控模块的开放性，可以说它具有上、下两级的开放性。这种运动控制卡以美国 Delta Tau 公司的 PMAC 多轴运动卡为典型代表，它拥有自身的 CPU，同时开放包括通信端口、存储结构在内的大部分地址空间，具有灵活性好、功能稳定、可共享计算机所有资源等特点。

3. 纯 PC 机型

即全软件形式的 PC 机数控系统。这类系统目前正处于探索阶段，还未能形成产品，但它代表了数控系统的发展方向。

五、CNC 控制系统举例

1. 基于 PCI-8134 伺服控制卡的多轴运动 CNC 控制系统

图 8-20 所示为采用 PCI-8134 运动控制卡的伺服进给装置及控制系统结构图，它主要由计算机控制系统、PCI-8134 运动控制卡、AC 伺服电机系统和外围辅助电路四部分组成。

（1）计算机控制系统

主要由控制计算机和控制软件组成。在数控设备伺服进给控制系统中，计算机主要承担控制器作用，在控制软件的运行管理下，实现对控制对象的状态采集、分析，根据采用的控制规律发出各种运行命令，以及完成其他各种信息处理和管理工作；控制软件在伺服进给控制系统中起着灵魂作用，它关系到整个控制系统的正常运转，而且通过软件增加产品功能，提高系统柔性，提供友好的人机界面。

（2）PCI-8134 伺服控制卡

该卡是台湾 ADLINK 公司生产的具有 PCI 接口的四轴运动控制卡，能够产生高频率脉冲信号来驱动伺服电机，同时还能接收来自于机械传动机构末端增量编码器传送来的信号，从而可以纠正机械传动部分的位置误差。其核心部件是 PCL5023 大规模集成电路运动控制芯片，每片 PCL5023 与一些必要的辅助电路构成一个独立运动控制单元，可从硬件一级完成对伺服电机的位置和速度控制，控制精度高，性能可靠。

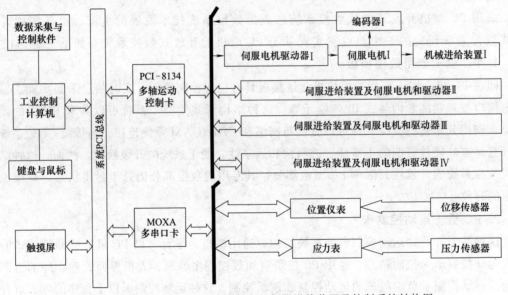

图 8-20　采用 PCI-8134 运动控制卡的伺服进给装置及控制系统结构图

（3）AC 伺服电机系统

由伺服电机本体、伺服电机驱动器、传感器和驱动控制线路等组成。该控制系统中采用松下伺服电机，位置控制方式。

（4）外围辅助电路

该部分主要包括开关按钮、变压器、空气开关及继电器等元件，用于给控制系统提供所需的交流电和直流电及便于操作者进行安全操作的电源开关。

对伺服电机控制可通过对 PCI-8134 编程实现。在 VC++中，可直接调用 ADLINK 提供的动态连接库函数，而无须考虑底层的驱动任务，如果有必要，还可以开发构造自己的函数库，提高编程的灵活性。对多轴联动，可以调用制造商随卡提供的插补函数库，实现多轴的直线、圆弧、样条曲线插补。

2. 基于 PMAC 的开放式双主轴龙门钻床 CNC 数控系统

基于 PMAC 的开放式双主轴龙门钻床 CNC 数控系统采用 PC 机为系统平台，并充分利用 PMAC 卡配置的软件和计算机的软、硬件资源，具有开放式、模块式、可嵌入及可扩展的特点，是开放式数控系统应用最为广泛的一种结构类型。

（1）硬件系统结构

为了对机床的 7 根轴进行控制，本数控系统硬件采用美国 Delta Tau 公司的可控制 8 根轴的 PMAC2-PC 多轴运动控制器作为系统控制内核，其他大部分硬件均采用通用计算机硬件。PMAC2-PC 控制卡插入 PC 机的 ISA 总线插槽中，系统硬件框图如图 8-21 所示。

工控 PC 机是在 PC 总线的基础上构建的一种能够在恶劣工业环境下工作的计算机。工控 PC 机作为主控计算机来完成与 PMAC2-PC 控制卡的通信以及上层系统操作、调度管理、故障诊断、参数输入、程序编辑等非实时性任务，利用 PC 机强大的功能，用户可以获得良好的人机环境（Windows 操作系统），并且可以集成网络功能和多媒体功能。

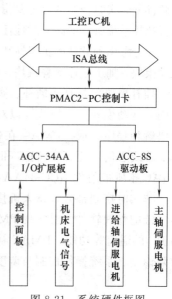

图 8-21 系统硬件框图

PMAC2-PC 控制卡是美国 Delta Tau 公司开发的可编程多轴运动控制器，它采用 Motorola DSP56000 系列数字信号处理器作为 CPU，可以同时操纵 1~8 根轴，是世界上功能最强的运动控制器之一。它所拥有的开放的函数库可供用户在 Windows 平台上自行开发构造所需的控制系统。我们把该控制器嵌入通用 PC 机，由它来完成全部高实时性控制任务。它通过共享 ISA 总线方式与 PC 机进行通信，还可以自动对任务进行优先等级判别，从而进行实时的多任务处理，提高了整个控制系统的运行速度和控制精度，构成了一种典型 NC 嵌入 PC 的开放式数控系统。

ACC-34AA 和 ACC-8S 板卡都是 PMAC2-PC 控制卡所带的附件，配合 PMAC2-PC 控制卡以完成控制功能。ACC-34AA 扩展板是一个 32 路输入、32 路输出的接线板。本系统由 PMAC2-PC 控制卡连接两块 ACC-34AA 板，用来实现与控制面板和各种机床电器 I/O 信号的连接。ACC-8S 是一个控制接口，与 PMAC2-PC 控制卡之间用 JMACH 连接电缆相连。作为两轴输出驱动板，本系统由 PMAC2-PC 控制卡连接 4 块这种驱动板，实现对机床 7 根轴的运动控制。工作时，PMAC2-PC 控制卡输出相同宽度、不同频率的脉冲序列到 ACC-8S 来驱动伺服电机和主轴电机运动。反过来，用 ACC-8S 返回的信号来实现位置环的闭环控制。

（2）控制系统结构

5 根可联动的进给轴为闭环控制，其控制系统结构图如图 8-22 所示。

由图 8-22 可以看出，该数控系统是一个闭环控制系统，它的工作原理为：根据工件加工的要求，由工控 PC 机发出运动控制指令，PMAC 接收到 PC 机的指令后，将其和反馈信号进行比较，差值经 PMAC 处理后，经 ACC-8S 驱动放大并输出控制指令，控制伺服电机转动，从而驱动钻床各个轴做相应的运动，加工出符合要求的工件。

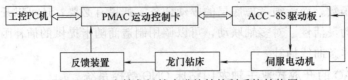

图 8-22　双主轴龙门钻床进给轴控制系统结构图

这种结构方式直接利用了 PC 机体系结构，采用成熟的数控硬件来组成控制系统。运动控制卡按照 PC 机的接口遵循开放的标准总线 ISA 定义。这样构成的系统的硬件体系结构具有开放式、模块化、可嵌入的特点，经济性、可靠性与运行精度有保障。

（3）系统软件结构

为满足开放性、可扩展性和自定义性等要求，开放数控系统的软件部分采用模块化的工程思想。应用于双主轴龙门钻床的数控系统软件结构可分为实时控制软件和非实时的系统管理软件两部分。实时控制部分主要指承担伺服控制任务的 PMAC 卡，它是数控系统的核心，能够执行数控系统所有的高实时性任务，如位置控制、插补计算、速度处理、译码解释和刀具补偿等。充分考虑到软件的扩展性和开放性等要求，本系统实时控制软件主要包括插补模块、伺服驱动模块、加工程序解释模块、数据采集及数字化加工模块等。其模块结构如图 8-23 所示。

插补模块包括直线插补、圆弧插补及样条插补等。PMAC 还提供了 PVT（位置-速度-时间）运动模式，该模式可以对轨迹图形进行直接、紧凑的控制。加工程序解释模块由一些代码解释程序组成。PMAC 在使用数据采集功能时，主机与 PMAC 运动控制器主要通过 ISA 总线通信，至于控制卡和电机的状态、电机位置、速度、跟随误差等数据则通过 PMAC 卡所带附件 ACC-34AA 和 ACC-8S 板卡交换信息。

非实时控制部分，指人机接口、通信接口、参数输入、数据处理和良好的人机界面等。本系统的管理软件主要实现 PMAC 初始化、参数输入及加工程序编辑、系统管理和 PMAC 与 PC 的通信等功能。PMAC 初始化模块完成数控系统的配置工作、参数输入、程序编辑、故障诊断、系统操作控制与调度等。其模块结构如图 8-24 所示。

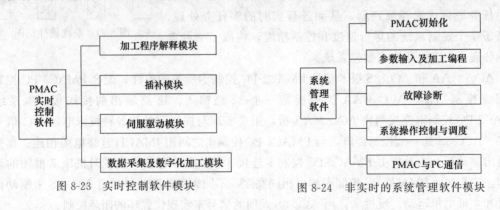

图 8-23　实时控制软件模块　　　　图 8-24　非实时的系统管理软件模块

第四节　自适应控制系统

一、自适应控制的含义

为了使控制对象参数在大范围内变化时，系统仍能自动地工作于最优或接近于最优的运行状态，提出了自适应控制问题。

自适应控制可简单地定义为：在系统工作过程中，系统本身能不断地检测系统参数或运行指标，根据参数的变化或运行指标的变化，改变控制参数或控制作用，使系统运行于最优或接近于最优工作状态。自适应控制与常规反馈控制一样，也是一种基于数学模型的控制方法，所不同的是自适应控制所依据的关于模型和扰动的先验知识比较少，需要在系统的运行过程中不断提取有关模型的信息，使模型逐渐完善。具体地说，可以依据对象的输入输出数据，不断地辨识模型的参数。随着生产过程的不断进行，通过在线辨识，模型会变得愈来愈准确，愈来愈接近于实际。既然模型在不断地改进，显然基于这种模型综合出来的控制作用也将随之不断改进，使控制系统具有一定的适应能力。从本质上讲，自适应控制具有"辨识-决策-修改"的功能。

① 辨识被控对象的结构和参数或性能指标的变化，以便精确地建立被控对象的数学模型，或当前的实际性能指标。

② 综合出一种控制策略或控制律，确保被控系统达到期望的性能指标。

③ 自动地修正控制器的参数以保证所综合出来的控制策略在被控对象上得到实现。

二、自适应控制的基本内容与分类

自从二十世纪五十年代末期由美国麻省理工学院提出第一个自适应控制系统以来，先后出现过许多不同形式的自适应控制系统。到目前为止，比较成熟的自适应控制系统有两大类：模型参考自适应控制系统和自校正控制系统。前者由参考模型、实际对象、减法器、调节器和自适应机构组成，调节器力图使实际对象的特性接近于参考模型的特性，减法器形成参考模型和实际对象的状态或者输出之间的偏差，自适应机构根据偏差信号来校正调节器的参数或产生附加控制信号；后者主要由两部分组成，一个是参数估计器，另一个是控制器，参数估计器得到控制器的参数修正值，控制器计算控制动作。

自适应控制系统是一种非线性系统，因此在设计时往往要考虑稳定性、收敛性和鲁棒性三个主要内容。

① 稳定性：在整个自适应控制过程中，系统中的所有变量都必须一致有界。这里的变量不仅指系统的输入、输出和状态，而且还包括可调参数和增益等，这样才能保证系统的稳定性。

② 收敛性：算法的收敛性问题是一个十分重要的问题。对自适应控制来说，如果一种自适应算法被证明是收敛的，那该算法就有实际的应用价值。

③ 鲁棒性：所谓自适应控制系统的鲁棒性就是指存在扰动和不确定性的条件下，系统保持其稳定性和性能的能力。如果能保持稳定性，则称系统具有稳定鲁棒性。如果还能保持一个可以接受的性能，则称系统具有性能鲁棒性。显然，一个有效的自适应控制系统必须具有稳定鲁棒性，也应当具有性能鲁棒性。

1. 模型参考自适应控制系统

所谓模型参考自适应控制系统，就是在系统中设置一个动态品质优良的参考模型，在系统运行过程中，要求被控对象的动态特性与参考模型的动态特性一致，例如要求状态一致或输出一致。典型的模型参考自适应控制系统如图 8-25 所示。

自适应控制的作用是使控制对象的状态 X_p 与理想的参考模型的状态 X_m 一致。当被控对象的参数变化或受干扰影响时，X_p 与 X_m 可能不一致，通过比较器得到误差 e，将 e 输入到自适应机构。自适应机构按照某一自适应规律调整前馈调节器和反馈调节器的参数，改变被控对象的状态 X_p，使 X_p 与 X_m 相一致，误差 e 趋近于零值，以达到自适应的要求。

在图 8-25 所示的模型参考自适应控制方案中参考模型和被控对象是并联的，因此这种方案称为并联模型参考自适应系统。在这种自适应控制方案中，由于被控对象的性能可与参考模型的性能进行直接比较，因而自适应速度比较快，也较容易实现。这是一种应用范围较广的方案。控制对象的参数一般是不能调整的，为了改变控制对象的动态特性，只能调节前馈调节器和反馈调节器的参数。控制对象和前馈调节器及反馈调节器一起组成一个可调整的系统，称之为可调系统，如图 8-25 中虚线所框的部分。有时为了方便起见就用可调系统方框来表示被控对象和前馈调节器及反馈调节器的组合。

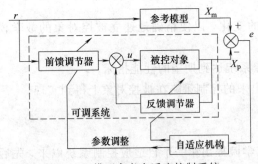

图 8-25　模型参考自适应控制系统

除了并联模型参考自适应控制之外，还有串联模型参考自适应控制和串并联模型参考自适应控制。在自适应控制中一般都采用并联模型参考自适应控制。

上面是按结构形式对模型参考自适应控制系统进行分类的，此外还有其他的分类方法。例如按自适应控制的实现方式（连续性或离散性）来分，可分为：①连续时间模型参考自适应系统；②离散时间模型参考自适应系统；③混合式模型参考自适应系统。

模型参考自适应控制一般适用于确定性连续控制系统。

模型参考自适应控制的设计可用局部参数优化理论、李雅普诺夫稳定性理论和超稳定性理论。用局部参数优化理论来设计模型参考自适应系统是最早采用的方法，用这种方法设计出来的模型参考自适应系统不一定稳定，还需进一步研究自适应系统的稳定性。目前都采用李雅普诺夫稳定性理论和超稳定性理论来设计模型参考自适应系统，在保证系统稳定的前提下，求出自适应控制规律，有关理论可参考有关自适应控制方面的书籍。

2. 自校正控制系统

典型的自校正控制系统方框图如图 8-26 所示，系统受到随机干扰作用。

自校正控制的基本思想是将参数递推估计算法与对系统运行指标的要求结合起来，形成一个能自动校正调节器或控制器参数的实时计算机控制系统。首先读取被控对象的输入 $u(t)$ 和输出 $y(t)$ 的实测数据，用在线递推辨识方法，辨识被控对象的参数 θ 和随机干扰的数学模型。按照辨识求得的参数估值 $\hat{\theta}$ 和对系统运行指标的要求，随时调整调节器或控制器参数，给出最优控制 $u(t)$，使系统适应于本身参数的变化和环境干扰的变化，处于最优的工作状态。

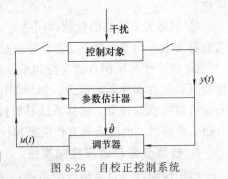

图 8-26　自校正控制系统

自校正控制系统可分为自校正调节器与自校正控制器二大类。自校正控制系统的运行指标可以是输出方差最小，最优跟踪或理想的极点配置等等。因此自校正控制又可分为最小方差自校正控制、广义最小方差自校正控制和极点配置自校正控制等。

设计校正控制的主要问题是用递推辨识算法辨识系统参数，而后根据系统运行指标来确定调节器或控制器的参数。一般情况下自校正控制适用于离散随机控制系统。

第五节　DNC 控制系统

DNC 是 Direct Numerical Control 或 Distributed Numerical Control 的简称，意为直接数字控制或分布数字控制。

一、DNC 的含义与概念

DNC 指的是将若干台数控设备直接连接在一台中央计算机上，由中央计算机负责 NC 程序的管理和传送，是车间自动化的重要组成形式。DNC 的研究始于 20 世纪 60 年代，最早的含义是直接数字控制，即计算机直接对数控设备进行控制和加工。随着数控系统的存储容量和计算速度的提高，数控设备具备一定的自我控制加工能力，DNC 就扩展了原有直接数字控制的功能使之具备系统信息收集、系统状态监视以及系统控制等功能。

近年来，数控技术、通信技术、控制技术、计算机技术、网络技术等新技术的发展，使DNC 的内涵和功能不断扩大，与六七十年代的 DNC 相比已有很大区别，它开始着眼于车间的信息集成，提出了集成 DNC（简称 IDNC）的概念，如图 8-27 所示。

集成 DNC 是现代化机械加工车间控制管理的一种模式，它以数控技术、通信技术、控制技术、计算机技术和网络技术等先进技术为基础，把与制造过程有关的设备（如数控机床等）与上层控制计算机集成起来，从而实现制造车间制造设备的集中控制管理以及制造设备之间、制造设备与上层计算机之间的信息交换。可以说，集成 DNC 是现代化机械加工车间实现设备集成、信息集成和功能集成的一种方法和手段，是未来车间自动化的重要模式，也是 CIMS 实现设备集成和信息集成的重要组成部分。集成 DNC 的内涵还可以从结构特征、功能特征和过程特征等几方面进一步描述：

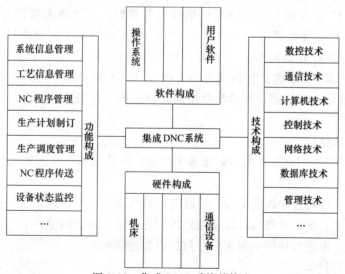

图 8-27　集成 DNC 系统的构成

① 结构特征：集成 DNC 系统是把与制造过程有关的设备（如数控机床等）、主控计算机和通信设施等按一定的结构和层次组合起来的一个整体。

② 功能特征：集成 DNC 系统通过集成 DNC 主机实现对制造车间的数控机床等制造设备的集中控制管理，并可实现与上层计算机的信息集成，具有与 CAD、CAPP、CAM、MRP Ⅱ 等系统的信息接口。

③ 过程特征：集成 DNC 系统只涉及与产品制造有关的活动，不包括市场分析、产品设计、工艺规划、检验出厂和销售服务等环节。

二、DNC 系统研究国内外进展

国内外对 DNC 系统的研究主要集中于 DNC 通信装置和 DNC 系统的应用上。

1. DNC 通信装置研究

DNC 通信装置不仅指能连接 NC 机床的硬件通信设备，而且还包括能与之进行信息交换的通信技术、方法等。其研究的主要内容包括 DNC 接口、DNC 通信结构及 DNC 通信技术等。

（1）DNC 接口

DNC 接口从数控机床配置的类型看有：无接口型、穿孔机接口型、纸带阅读机接口型、RS232C 型、RS422/485 型、DNC 接口型、网络接口型以及新出现的现场总线接口型等。

不带串口的经济型数控机床，可利用纸带阅读口、纸带穿孔口，通过外接式通信适配器与 DNC 计算机实现通信。二十世纪八九十年代生产的数控机床绝大多数配有 RS232C 通信接口，这类数控系统可实现上、下传 NC 程序这两种功能。

有的设备其数控系统以 MCS-51 单片机为 CPU，其 DNC 接口由 MCS-51 的全双工串行接口 TXD 和 RXD 经电压/电流转换和电平转换与 PC 机的 RS232C 串行口相连，实现 NC 程序的上下传；有的以 TP-801 单板机为控制器，专门研制的 DNC 接口电路板以 8031 为核心，8031 的串行口经电平转换与 PC 机的 RS232C 串行口相连。DNC 接口电路板的输出电路与经济型数控系统的纸带阅读机输入接口相连实现 NC 程序的下传。

九十年代生产的数控机床很多都带有专门的 DNC 接口电路板，如具备 FANUC0、FANUC7、FANUC18 等系统的数控机床。有的甚至配有 MAP3.0，如 FANUC18 系统或 HURCO 数控系统所具有的 ULTINET 网络接口等接口。国外各大数控公司都非常重视专用 DNC 通信接口软硬件的研究，如日本的 FANUC 公司研究了两种接口 DNC1 和 DNC2。DNC1 采用专用控制计算机同步方式传输，具有很高的传输速率，可完全实现实时控制；DNC2 采用通用计算机异步方式传输速度稍低些。DNC1 和 DNC2 均为一块标准的插件板，直接插入数控系统的总线插槽，再借助专用通信软件即可实现广义 DNC 功能。DNC2 有近 40 项具体功能。

（2）DNC 通信结构

DNC 通信结构是指 DNC 主机与数控系统的通信拓扑结构。常见的 DNC 通信结构有三种形式：

① 点对点式，即通过主机的 RS232C 通信口与数控设备进行点对点连接；

② 现场总线式，即主机与数控设备通过现场总线构成通信网络；

③ 局域网式，即通过局域网将主机与数控设备连接起来。

（3）DNC 通信技术

DNC 通信技术不仅包括 DNC 主机与数控系统的通信，而且还包括 DNC 主机与上层控制计算机的通信。DNC 主机与数控系统的通信，常用的有串行通信技术、现场总线技术、局域网通信技术等。

DNC 主机与数控系统的通信采用最多的是串行通信，物理接口最常见的是 RS232C 串行通信接口，此外还有 RS422、RS485、RS511 等。这种方式存在通信距离短、传输速度慢、可靠性差、只能实现点到点通信等问题，因而人们在对这种通信方式不断改进的基础上（如增加传输距离扩展通信口转换成其他串行接口标准等），还在积极地寻求其他通信方式。近年来出现了现场总线技术和计算机局域网通信技术。现场总线是一种适合于现场设备联网、成本低、效益高、使用方便、实用性强、可靠性好的网络总线标准，被称为是一种将引发一场整个工业测控领域革命、引起产品全面更新换代的变革技术。

DNC 主机与上层控制计算机的通信以前主要是串行通信，随着网络技术的发展，现在主要采用计算机局域网技术。这部分的技术发展与网络技术的发展密切相关，主要有以太网和 MAP3.0（制造自动化协议，Manufacturing Automation Protocol 3.0）等。

2. DNC 应用系统的研究

DNC 应用系统一直是各国研究的重点。最早的 DNC 系统是美国 1968 年研制成功的 OMNI-CONTROL 系统和日本 1970 年研制成功的 COMPUTROL-45 系统。目前国外典型的 DNC 系统主要有美国 Automation Intelligence 公司 Numeridex CAM 分部的 SHOPNET DNC 系统、美国波音公司军机分部配置的 Cimlinic's 的 DNC 系统、日本 FANUC 公司 90 年代推出的 DNC1 和 DNC2 系统。但各个厂家在实现 DNC 控制方面是不完全一样的，美国的 DNC 系统包括控制计算机（主要是通用计算机）、DNC 装置、DNC 接口等。系统通过控制计算机联网，实现 DNC 控制，并配有相应的应用软件，包括通信软件、管理和监控软件等。而日本 FANUC 的 DNC（包括 DNC1、DNC2）系统完全实现总线结构，因而 DNC 实际上就是一块标准的插件板，用户只要将 DNC1 插入系统总线，就能实现系统与控制计算机以及更高层网络的通信，并实现 DNC 控制。欧美日等国因开展 DNC 研究较早，其 DNC 系统具有数据传送、数据采集、工具管理、生产管理、CAD/CAPP/CAM 接口等全部功能，如美国 CRYSTAC 公司的 DNC 系统。

国内关于 DNC 系统的研究始于 20 世纪 70 年代后期，目前已研制的 DNC 系统主要有：①数控工段集成管理系统。该系统由北京机床研究所研制，并在广东轻工业机械集团的数控分厂得到应用；其特点是研制了数控机床集成器，实现了车间的集成控制管理。②国家 CIMS/ERC 的 DNC 系统。该系统由清华大学与北京机床研究所合作研制，是基于 BITBUS 结构的工作站级控制系统。③国家 CIMS/ERC 与北京第三机床厂合作开发的 DNC 系统。它由一台 386 微机控制四台加工中心，是基于 RS232C 的点对点式 DNC 系统。④成都飞机工业（集团）有限责任公司的 FDNC1 系统。它是由西北工业大学与成都飞机工业（集团）有限责任公司合作开发基于以太网的点对点式 DNC 系统。⑤重庆大学开发的基于 CAN 总线和软插件技术的 DNC 系统。它采用现场总线网络实现异构数控设备的集成。⑥上海交通大学的基于 CORBA 的 DNC 系统。它建立在车间局域网之上，基于软总线技术实现车间设备集成和功能集成。

第六节　分布式计算机控制系统

一、分布式计算机控制系统的产生与定义

现在工业生产的高速发展对工业生产过程的控制提出了自动化、精确化和快速化的要

求，传统的由模拟仪表组成的过程控制系统，虽然具有成本低、容易维护、操作简便等特点，但明显存在着许多的局限性，如难以实现对复杂对象的控制、控制精度不高等。随着生产规模的扩大和工艺过程的复杂化，常规控制系统仪表大量增加，模拟仪表屏不断增大，不易集中显示和操作；各子系统间信号联系困难，无法组成分级系统；当生产工艺要求变更时，往往需要变更调节仪表。所以随着电子技术、计算机技术和通信技术的发展，测量仪表的进一步精确和现代先进控制理论的出现，新的控制系统 DCS（分布式控制系统）诞生了。

分布式计算机控制系统，它是以微处理器为核心，采用数据通信和图形显示技术的新型计算机控制系统。该系统能够完成直接数字控制、顺序控制、批量控制、数据采集与处理、多变量解耦控制以及最优控制等功能，并包含有生产的指挥、调度和管理功能。DCS 的实质是利用计算机技术对生产过程进行集中监视、操作、管理和现场前端分散控制相统一的新型控制技术。

二、分布式计算机控制系统的特点和结构体系

分布式控制系统（Distributed Control System，DCS）亦称集散控制系统，其本质是采用分散控制和集中管理的设计思想、分层治理和综合协调的设计原则，并采用层次化的体系结构，从下到上依次分为直接控制层、操作监控层、生产管理层和决策管理层。分布式控制系统是以多台直接数字控制（DDC）计算机为基础，集成了多台操作、监控和管理计算机，并采用层次化的体系结构，从而构成了集中分布式控制系统。分布式控制系统现在是过程计算机控制领域的主流系统，它随着计算机技术、控制技术、通信技术和屏幕显示技术的发展而不断更新和提高，现已广泛应用于工业自动化。

1. 分布式控制系统的特点

分布式控制系统的最大特点是分散控制和集中管理并存。分布式控制系统的分散性是广义的，不但是指分散控制，还有地域分散、设备分散、功能分散和危险分散的含义。分散的目的是提高系统的可靠性和安全性。集中性是指集中操作、集中控制和集中管理。分布式控制系统的通信网络和分布式数据库是集中性的具体体现，用通信网络把物理分散的设备构成统一的整体，用分布式数据库实现全系统的信息集成，进而达到信息共享。分布式控制系统是具有数字通信能力的控制系统，它基于数字技术，除了现场的变送和执行单元外，其余的处理均采用数字方式。同时，分布式控制的整个功能分成若干台不同的计算机去完成，各个计算机之间通过网络实现相互间的协调和系统的集成。在 DCS 中，检测、计算和控制由称为现场控制站的计算机完成，而人机界面则由称为操作员站的计算机完成。综上所述，分布式控制系统具有以下特点：

① 分散控制和集中管理并存；
② 以回路控制为主要功能；
③ 除变送器和执行单元外，各种控制功能及通信人机界面均采用数字技术；
④ 以计算机的 CRT、键盘、鼠标代替仪表盘形成系统人机界面；
⑤ 回路控制功能由现场控制站完成，系统可有多台现场控制站，每台控制一部分回路；
⑥ 系统中所有的现场控制站、操作员站均通过数字通信网络实现连接。

2. 分布式控制系统的结构体系

自第一套分布式控制系统诞生以来，世界上有几十家自动化公司推出了上百种分布式控制系统，虽然这些系统各不相同，但在体系结构上却大同小异，所不同的只是采用了不同的

计算机、不同的网络或不同的设备。

最基本的分布式控制系统包括 4 个组成部分：现场控制站、操作员站、工程师站和通信网络。其典型结构如图 8-28 所示。

现场控制站是 DCS 的核心，系统主要的控制功能由它来完成。现场控制站的硬件一般都采用专门的工业计算机系统，其中除了计算机系统所必需的运算器（主 CPU）、存储器外，还包括了现场测量单元、执行单元的输入输出设备，即过程量 I/O 或现场 I/O。现场控制站内部逻辑部分和现场部分的连接，一般采用与工业计算机相匹配的内部并行总线。现在，由于现场总线技术的快速发展，使用现场总线作为现场 I/O 模块和主处理器的连接已经很普遍。

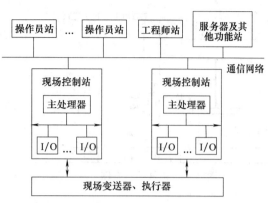

图 8-28 典型的分布式控制系统结构

操作员站主要完成人机界面的功能，一般采用桌面型通用计算机系统，其配置与常规的桌面系统相同，但要求有大尺寸的显示器和高性能的图形处理器。

工程师站的主要作用是对分布式控制系统进行组态。组态软件是分布式控制系统的上位机部分，是用户与控制系统的接口，完成控制系统中现场设备运行的组态，从而实现对系统的控制，是系统不可缺少的组成部分。组态是离线进行的，一旦组态完成，系统就具备了运行能力。当系统在线运行时，工程师站可以在系统中设置人机界面来实现人对系统的管理与监控，还有诸如报警、报表以及历史数据存储等功能。

服务器的主要功能是完成监督控制层的工作，如整个生产装置乃至全厂的运行状态监视、对生产过程各个部分出现的异常情况的及时发现并及时处置、向更高层的生产调度和生产管理，直至企业经营等管理系统提供实时数据和执行调节控制操作等。除此之外，还可以有许多执行特定功能的计算机，如专门记录历史数据的历史数据站等。

由于采用分散控制，所以必须通过通信网络将系统的各个站连接起来，这就是所谓的集中管理。分布式控制系统的各个站之间必须实现有效的数据传输，以实现系统总体的功能，因此通信网络的实时性、可靠性和数据通信能力关系到整个系统的性能。随着以太网技术的逐渐成熟，越来越多的工业自动化控制系统将采用以太网作为通信网络，以太网相对于现场总线技术，开放性更好。

第七节　自动化制造控制系统应用举例

一、基于 S7-300 的机械手控制系统

为了满足生产的需要，很多设备要求设置多种工作方式，如手动方式和自动方式。自动方式包括连续、单周期、单步、自动返回初始状态几种工作方式。手动程序比较简单，一般用经验法设计，复杂的自动程序一般根据系统的顺序功能图用顺序控制法设计。

如图 8-29 所示，某机械手用来将工件从 A 点搬运到 B 点，操作面板如图 8-30 所示，图 8-31 是 PLC 的外部接线图。输出 Q4.1 为 1 时工件被夹紧，为 0 时被松开。

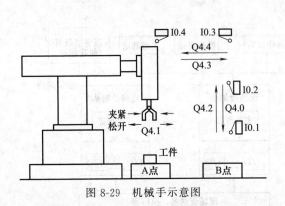

图 8-29 机械手示意图

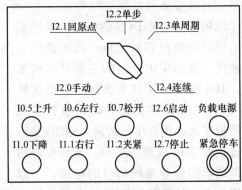

图 8-30 操作面板

图 8-30 中，工作方式选择开关的 5 个位置分别对应于 5 种工作方式，操作面板左下部的 6 个按钮是手动按钮。为了保证在紧急情况下（包括 PLC 发生故障时）能可靠地切断 PLC 的负载电源，设置了交流接触器 KM（图 8-31）。在 PLC 开始运行时按下"负载电源"按钮，使 KM 线圈得电并自锁，KM 的主触点接通，给外部负载提供交流电源，出现紧急情况时用"紧急停车"按钮断开负载电源。

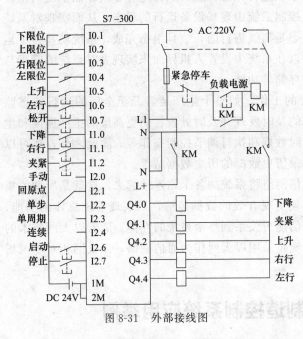

图 8-31 外部接线图

系统设有手动、单周期、单步、连续和回原点 5 种工作方式，机械手在最上面和最左边且松开时，称为系统处于右限位原点状态（或称初始状态）。

如果选择的是单周期工作方式，按下启动按钮 I2.6 后，从初始步 M0.0 开始，机械手按顺序功能图的规定完成一个周期的工作后，返回并停留在初始步。如果选择连续工作方式，在初始状态按下启动按钮后，机械手从初始步开始一个周期接一个周期地反复连续工作。按下停止按钮，并不马上停止工作，完成最后一个周期的工作后，系统才返回并停留在初始步。在单步工作方式，从初始步开始，按一下启动按钮，系统转换到下一步，完成该步的任务后，自动停止工作并停在该步，再按一下启动按钮，又往前走一步。单步工作方式常用于系统的调试。

在进入单周期、连续和单步工作方式之前，系统应处于原点状态；如果不满足这一条件，可以选择回原点工作方式，然后按启动按钮 I2.6，使系统自动返回原点状态。在原点状态，顺序功能图中的初始步 M0.0 为 ON，为进入单周期、为连续和单步工作方式做好准备。

二、基于 PCI-8253 的拉力伺服控制系统

在工业生产过程中，如电枢绕组绕制过程中需要保持恒定的绕制力，但由于工业生产的复杂性，在有些产品生产或试验过程中，则需要控制拉力的大小按某些曲线来变化。

1. 系统的工作原理

拉力伺服控制系统的工作原理如图 8-32 所示。在拉力控制软件作用下，计算机通过运动控制卡 PCI-8253 的"AOUT1+"引脚输出 0～10V 电压信号经转接板接入伺服电机驱动器的转矩指令输入引脚，此时伺服电机工作在转矩工作模式，电机输出转矩的大小与控制电压大小成正比。为了增大输出转矩，这里增加一减速器，同时减速器还可以实现系统断电状态下，拉力绳上有一固定大小的阻尼。力传感器与一绕线滑轮通过螺栓固定后测定拉力大小，此时传感器测出的拉力为拉力绳末端拉力的 2 倍，通过变送器进行放大后接入运动控制卡的 AIN1 引脚，这样就形成了拉力闭环伺服控制系统，在计算机控制软件作用下将实际测得的拉力与理想拉力进行比较，根据比较量的大小输出控制电压信号，实时调整拉力绳末端拉力大小。

2. 系统的硬件构成

由图 8-32 可知，拉力伺服控制系统主要由工业控制计算机、运动控制卡、伺服电机及驱动器、减速器、滑轮系统、力传感器及变送器等构成。图 8-33 为系统硬件接线图。

工业控制计算机作为整个系统的核心，主要完成系统的管理和控制工作，为专用控制软件提供运行的平台及工作的载体。

运动控制卡采用台湾 ADLINK 公司的 PCI-8253，该控制卡采用 32 位 PCI 总线技术，工作主频达 33MHz，具有模拟量输入输出接口，为伺服电机专用控制卡，可实现 3 轴同时控制。

伺服电机及驱动器采用 PANASONIC 的 MHMD082G1U 伺服电机及 MCKHT3520 驱

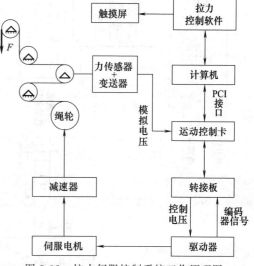

图 8-32　拉力伺服控制系统工作原理图

动器，该电机有位置控制、速度控制及转矩控制三种基本的控制模式。这里为了控制拉力的大小，在驱动器控制模式选择中设定为转矩控制模式，这样就可以通过对伺服电机驱动器转矩指令输入引脚输入控制电压来控制拉力伺服控制系统末端拉力的大小。

减速器的主要作用是降速增扭，由于使用条件的要求没有采用那种有抱闸功能的电机，因此减速器在这里还有一个作用是在系统断电情况下，使拉力绳末端有一定的阻尼。

滑轮系统由一个绳轮、三个本体固定的滑轮和一个固定到传感器上的滑轮构成。绳轮的作用是缠绕拉力绳，同时在减速器带动下旋转提供拉力；三个本体固定的滑轮用于改变拉力的方向；另一个和传感器固定到一起的滑轮用于检测拉力的大小。

力传感器与变送器的作用是检测拉力的大小。力传感器采用 METTLER TOLEDO 公司生产的 TSC-200 型拉力传感器，其额定容量 200kg，灵敏度（2±0.002）mV/V。变送器采用珠海长陆工业自动控制系统有限公司的 TR700 变送器，该变送器具有显示、变送和控

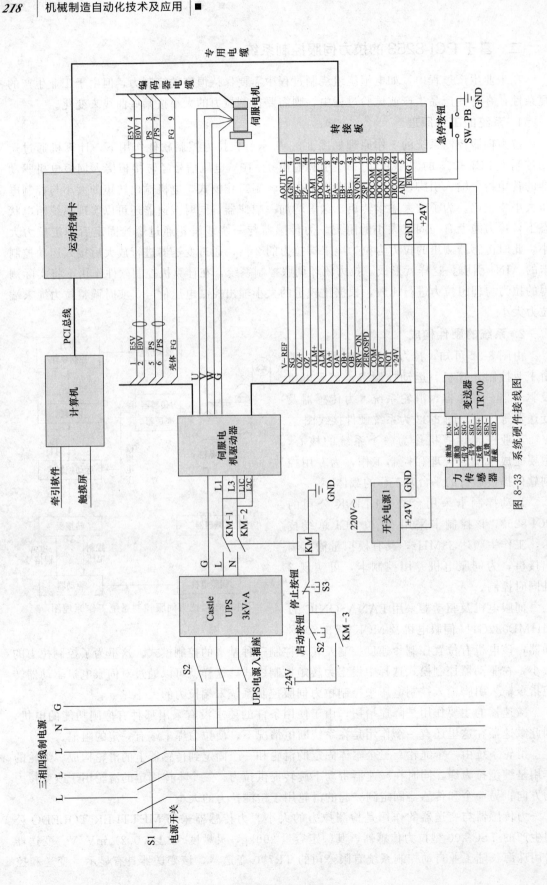

图 8-33 系统硬件接线图

制功能，具有串行数字信号输出、模拟信号输出等多种功能；在本控制系统中，变送器直接跟传感器相连，为传感器提供电压，并将传感器电压信号进行放大，最后输出 0～10V 电压信号送入运动控制卡的 AIN1 口。

3. 系统的软件及控制

在计算机控制软件设计上，可采用 VB、VC＋＋等设计可视化软件，将理想拉力曲线、实际拉力曲线和两者之间的误差曲线显示在同一界面内。在控制方法上，首先找出控制电压与输出力之间的关系，其最简单的做法是根据需要输出的力的曲线得出相应的控制电压曲线，由运动控制卡输出变化的电压从而实现力的大小的控制。

虽然说采用以上方法可以初步实现力的大小的控制，但在控制过程中，系统会在外界干扰的影响下使控制误差变大、响应速度变慢。因此，有必要采用一定的控制算法来实现力的大小的精确控制，常用的有 PID 控制、模糊控制、神经网络控制等，下面对 PID 控制进行简单介绍。

PID 控制器是一种线性控制器，它根据给定值 $r_{in}(t)$ 与实际输出值 $y_{out}(t)$ 构成控制偏差：

$$error(t)=r_{in}(t)-y_{out}(t) \tag{8-1}$$

PID 控制规律可写为下式：

$$G(s)=\frac{U(s)}{E(s)}=k_P\left(1+\frac{1}{T_I s}+T_D s\right) \tag{8-2}$$

式中，k_P 为比例系数；T_I 为积分时间常数；T_D 为微分时间常数。

简单来说，PID 控制器各校正环节的作用如下：

① 比例环节：成比例地反映控制系统的偏差信号 $error(t)$，偏差一旦产生，控制器立即产生控制作用，以减少偏差。

② 积分环节：主要用于消除静差，提高系统的无差度。积分作用的强弱取决于积分时间常数 T_I，T_I 越大，积分时间越弱，反之则越强。

③ 微分环节：反映偏差信号的变化趋势（变化速率），并能在偏差信号变得太大之前，在系统中引入一个有效地早期修正信号，从而加快系统的动作速度，减少调节时间。

复习思考题

8-1　自动化制造的控制系统分为哪些类型？

8-2　顺序控制系统经历了哪几个阶段？各有何特点？

8-3　可编程控制器有可特点？

8-4　CNC 数控系统的硬件结构分为哪几类？各有何特点？

8-5　实现基于 PC 微机的开放式数控系统有哪几种途径？

8-6　举例说明伺服控制卡在自动化制造系统中的应用。

8-7　简要介绍什么是自适应控制系统。

8-8　举例说明 DNC 控制系统。

8-9　什么是分布式控制系统？有何特点？

第九章

工业机器人

第一节 工业机器人的组成及分类

一、工业机器人的发展历史与现状

工业机器人是整个制造系统自动化的关键环节之一，也是当前机电结合的高科技产物。1961 年美国 Unimation 公司的 Unimate、1962 年 AMF 公司的 Versatran 分别生产出实用工业机器人。Unimate 机器人是球坐标机器人，它是 5 个关节串联的液压驱动的机器人，可完成近 200 种示教再现动作。Versatran 机器人主要用于机器之间的物料运输，机器人手臂可以绕底座回转，沿垂直方向升降，也可以沿半径方向伸缩。一般认为 Unimate 和 Versatran 机器人是世界上最早的工业机器人。

20 世纪 70 年代机器人得到迅速发展和广泛应用。美国由于研究开发、生产和应用的脱节现象导致机器人技术发展缓慢；而日本的机器人技术则在政府的技术政策和经济政策扶植下，迅速走出了从试验应用到成熟产品大量应用的阶段，工业机器人得以大量生产和应用。这一时期，日本机器人迅速发展，在机器人的产品开发和应用两个方面超过美国，成为当今世界第一的"机器人王国"。

20 世纪 80 年代，工业机器人进入普及时代，汽车、电子等行业开始大量使用工业机器人，推动了机器人产业的发展。机器人的研究开发，无论就水平和规模而言都得到了迅速发展，高性能的机器人所占比例不断增加。1979 年 Unimation 公司推出 PUMA 系列工业机器人，它是一种全电动驱动，关节式结构，多 CPU 二级微机控制，采用 VAL 专用语言，可配置视觉、触觉和力觉传感器的技术较为先进的机器人；同年日本山梨大学的牧野洋研制了具有平面关节的 SCARA 型机器人。1985 年前后，FANUC 和 GMF 公司又先后推出交流伺服驱动的工业机器人产品。这一时期，各种装配机器人的产量增长较快，与机器人配套使用的装置和视觉技术正在迅速发展。

20 世纪 90 年代初期，工业机器人的生产与需求进入高潮期，出现了具有感知、决策、动作能力的智能机器人，产生了智能机器或机器人化机器。据统计，1990 年世界上新装备机器人 81000 台，1991 年新装备 76000 台。1991 年年底世界上已有 53 万台工业机器人工作在各条战线上。

近年来，欧洲的德国、意大利、法国及英国的机器人产业发展比较快。目前，世界上机器人无论是从技术水平上，还是从已装备的数量上，优势集中在以日美为代表的少数几个发达的工业化国家。

我国于 1972 年开始研制工业机器人，数十家研究单位和院校分别开发了固定程序、组合式、液压伺服型通用机器人，并开始了机构学、计算机控制和应用技术的研究。20 世纪 80 年代，我国机器人技术的发展得到政府的重视和支持，机器人步入了跨越式发展时期。1986 年，我国开展了"七五"机器人攻关计划，1987 年，我国的"863"高技术计划将机器人方面的研究开发列入其中，进行了工业机器人基础技术、基础元器件、几类工业机器人整机及应用工程的开发研究。20 世纪 90 年代，我国继续开发和完善喷涂机器人，点、弧焊机器人，搬运机器人，装配机器人，矿山、建筑、管道作业的特种工业机器人技术和系统应用的成套技术，进一步开拓市场，扩大应用领域，从汽车制造业逐步扩展到其他制造业并渗透到非制造业领域。如机器人化柔性装配系统的研究，充分发挥了工业机器人在未来 CIMS 中的核心技术作用。

二、机械手与工业机器人

1. 机械手

机械手是一种能模仿人手的某些工作机能，按给定的程序、轨迹和要求，实现抓取、搬运工件，或者完成某些劳动作业的机械化、自动化装置。国外把它称为操作机（Manipulator）、机械手（Mechanical Hand）。机械手没有自主能力，不可重复编程，只能完成定位点不变的简单的抓取、搬运及上下料工作，常常作为机器设备上的附属装置。因此，它具有一定的专用性，所以又称为专用机械手。

2. 机器人

机器人是能模仿人的某些工作机能和控制机能，按可变的程序、轨迹和要求，实现多种工件的抓取、定向和搬运工作，并且能使用工具完成多种劳动作业的自动化机械系统。因此，机器人比机械手更为完善，它不仅具有劳动和操作的机能，而且还具有"学习""记忆"及"感觉"机能。国外也把它称为"程序操作控制机"（Programmable Manipulator），通常称为机器人（Robot）。机器人可以应用于各个领域，当用于工业生产中时，常常叫作"工业机器人"（Industrial Robot）。美国机器人协会 RIA 对工业机器人的定义是：工业机器人是一种用于移动各种材料、零件、工具和专用装置，通过程序动作来执行各种任务，并具有编程能力的多功能操作机。

三、工业机器人的组成

工业机器人一般由执行机构、控制系统、驱动系统以及检测装置等几个部分组成，如图 9-1 所示。

1. 执行机构

执行机构是一种和人手臂有相似的动作功能，可在空间抓放物体或执行其他操作的机械装置，通常包括机座、手臂、手腕和末端执行器。

（1）末端执行器

末端执行器是机器人直接执行工作的装置，又称手部，可安装夹持器、工具、传感器等。夹持器可分为机械夹紧、真空抽吸、液压夹紧、磁力吸附等。

（2）手腕

手腕是连接手臂和末端执行器的部件，用以调整末端执行器的方位和姿态。

（3）手臂

手臂是支承手腕和末端执行器的部件。它由动力关节和连杆组成，用来改变末端执行器的空间位置。

（4）机座

机座是工业机器人的基础部件，承受相应的载荷。机座分为固定式和移动式两类。

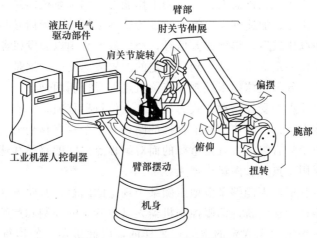

图 9-1　工业机器人的机构组成

2. 控制系统

控制系统用来控制机器人的执行机构按规定要求动作，可分为开环控制系统和闭环控制系统。大多数工业机器人采用计算机控制，这类控制系统分成决策级、策略级和执行级三级：决策级的功能是识别环境、建立模型、将作业任务分解为基本动作序列；策略级将基本动作转变为关节坐标协调变化的规律，分配给各关节的伺服系统；执行级给出各关节伺服系统的具体指令。

3. 驱动系统

驱动系统是按照控制系统发出的控制指令将信号放大，驱动执行机构运动的传动装置。常用的有电气、液压、气动和机械四种驱动方式。有些机器人采用这些驱动方式的组合，如电-液混合驱动和气-液混合驱动等驱动方式。

4. 检测装置

通过附设的多种传感器（如力、位移、触觉、视觉等传感器）检测机器人的运动位置和工作状态，并随时反馈给执行系统，以使执行机构按要求达到指定位置。

四、工业机器人的分类

工业机器人有多种分类方法，这里分别按机器人的控制类型、结构坐标系特点和信息输入方式进行分类。

1. 按机器人的控制方式分类

按照控制方式可把机器人分为非伺服机器人和伺服控制机器人两种。

（1）非伺服机器人

非伺服机器人工作能力比较有限，机器人按照预先编好的程序顺序进行工作，使用限位开关、制动器、插销板和定序器来控制机器人的运动。插销板用来预先规定机器人的工作顺序，而且往往是可调的。定序器是一种定序开关或步进装置，它能够按照预定的正确顺序接通驱动装置的能源。驱动装置接通能源后，就带动机器人的手臂、腕部和手部等装置运动。当它们移动到由限位开关所规定的位置时，限位开关切换工作状态，给定序器送去一个工作任务已完成的信号，并使终端制动器动作，切断驱动能源，使机器人停止运动。

（2）伺服控制机器人

伺服控制机器人比非伺服机器人有更强的工作能力。伺服系统的被控制量可为机器人手部执行装置的位置、速度、加速度和力等。通过传感器取得的反馈信号与来自给定装置的综合信号，用比较器加以比较后，得到误差信号，经过放大后用以激发机器人的驱动装置，进而带动手部执行装置以一定规律运动，到达规定的位置或速度等，这是一个反馈控制系统。

伺服控制机器人可分为点位伺服控制和连续轨迹伺服控制两种。

点位伺服控制机器人的受控运动方式为从一个点位目标移向另一个点位目标，只在目标点上完成操作。机器人可以以最快的和最直接的路径从一个端点移到另一端点。通常，点位伺服控制机器人能用于只有终端位置是重要的而对编程点之间的路径和速度不做主要考虑的场合。点位控制主要用于点焊、搬运机器人。

连续轨迹伺服控制机器人能够平滑地跟随某个规定的路径，其轨迹往往是某条不在预编程端点停留的曲线路径。连续轨迹伺服控制机器人具有良好的控制和运行特性，由于数据是依时间采样的，而不是依预先规定的空间点采样的，因此机器人的运行速度较快、功率较小、负载能力也较小。连续轨迹伺服控制机器人主要用于弧焊、喷涂、打飞边毛刺和检测。

2. 按机器人坐标形式特点分类

坐标形式是指执行机构的手臂在运动时所取的参考坐标系的形式。

（1）直角坐标机器人

直角坐标机器人的末端执行器（或手部）在空间位置的改变是通过三个互相垂直的轴线移动来实现的，即沿 X 轴的纵向移动，沿 Y 轴的横向移动及沿 Z 轴的升降，如图 9-2（a）所示。这种机器人位置精度最高、控制无耦合、比较简单、避障性好，但结构庞大、动作范围小、灵活性差。

（2）圆柱坐标机器人

圆柱坐标机器人通过两个移动和一个转动来实现末端执行器空间位置的改变，其手臂的运动由在垂直立柱的平面伸缩和沿立柱的升降两个直线运动及手臂绕立柱的转动复合而成，如图 9-2（b）所示。这种机器人位置精度较高、控制简单、避障性好，但结构也较庞大。

（3）极坐标机器人

极坐标机器人手臂的运动由一个直线运动和两个转动组成，即沿手臂方向 X 的伸缩，绕 Y 轴的俯仰和绕 Z 轴的回转，如图 9-2（c）所示。这种机器人占地面积小、结构紧凑、位置精度尚可，但避障性差、有平衡问题。

（4）关节坐标机器人

关节坐标机器人主要由立柱、大臂和小臂组成，立柱绕 Z 轴旋转，形成腰关节，立柱和大臂形成肩关节，大臂和小臂形成肘关节，大臂和小臂做俯仰运动，如图 9-2（d）所示。这种机器人工作范围大、动作灵活、避障性好，但位置精度较低、有平衡问题、控制耦合比较复杂，目前应用越来越多。

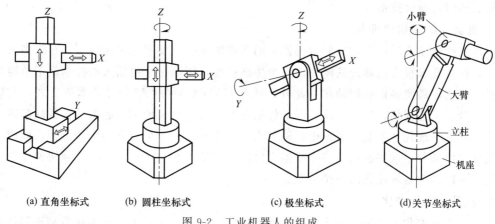

(a) 直角坐标式　　(b) 圆柱坐标式　　(c) 极坐标式　　(d) 关节坐标式

图 9-2　工业机器人的组成

3. 按信息输入方式分类

（1）人操作机械手

是一种由操作人员直接进行操作的具有几个自由度的机械手。

（2）固定程序机器人

按预先规定的顺序、条件和位置，逐步地重复执行给定的作业任务的机械手。

（3）可变程序机器人

它与固定程序机器人基本相同，但其工作次序等信息易于修改。

（4）程序控制机器人

它的作业任务指令是由计算机程序向机器人提供的，其控制方式与数控机床一样。

（5）示教再现机器人

这类机器人能够按照记忆装置存储的信息来复现由人示教的动作。其示教动作可自动地重复执行。

（6）智能机器人

采用传感器来感知工作环境或工作条件的变化，并借助其自身的决策能力，完成相应的工作任务。

五、工业机器人技术的发展趋势

工业机器人技术是一门涉及机械学、电子学、计算机科学、控制技术、传感器技术、仿生学、人工智能甚至生命科学等学科领域的交叉性科学，机器人技术的发展依赖于这些相关学科技术的发展和进步。归纳起来，工业机器人技术的发展趋势有以下几个方面。

1. 机器人的智能化

智能化是工业机器人一个重要的发展方向。目前，机器人的智能化研究可以分为两个层次：一是利用模糊控制、神经元网络控制等智能控制策略，利用被控对象对模型依赖性不强的特点来解决机器人的复杂控制问题，或者在此基础上增加轨迹或动作规划等内容，这是智能化的最低层次；二是使机器人具有与人类类似的逻辑推理和问题求解能力，面对非结构性环境能够自主寻求解决方案并加以执行，这是更高层次的智能化，使机器人能够具有复杂的推理和问题求解能力，以便模拟人的思维方式，目前还很难有所突破。智能技术领域有很多的研究热点，如虚拟现实、智能材料（如形状记忆合金）、人工神经网络、专家系统、多传感器集成和信息融合技术等。

2. 机器人的多机协调化

由于生产规模不断扩大，人们对机器人的多机协调作业要求越来越迫切。在很多大型生产线上，往往要求很多机器人共同完成一个生产过程，因而每个机器人的控制就不单纯是自身的控制问题，需要多机协调动作。此外，随着 CAD/CAM/CAPP 等技术的发展，人们更多地把设计、工艺规划、生产制造、零部件储存和配送等有机地结合起来。在柔性制造、计算机集成制造等现代加工制造系统中，机器人已经不再是一个个独立的作业机械，而成为其中的重要组成部分，这些都要求多个机器人之间、机器人和生产系统之间必须协调作业。多机协调也可以认为是智能化的一个分支。

3. 机器人的标准化

机器人的标准化工作是一项十分重要而又艰巨的任务。机器人的标准化有利于制造业的发展，但目前不同厂家的机器人之间很难进行通信和零部件的互换。机器人的标准化问题不是技术层面的问题，而主要是不同企业之间的认同和利益问题。

4. 机器人的模块化

智能机器人和高级机器人的结构力求简单紧凑，其高性能部件甚至全部机构的设计已向模块化方向发展。其驱动采用交流伺服电动机，向小型和高输出方向发展；其控制装置向小型化和智能化方向发展；其软件编程也在向模块化方向发展。

5. 机器人的微型化

微型机器人是 21 世纪的尖端技术之一。目前已经开发出手指大小的微型移动机器人，预计将生产出毫米级大小的微型移动机器人和直径为几百微米甚至更小（纳米级）的医疗和军事机器人。微型驱动器、微型传感器等是开发微型机器人的基础和关键技术，它们将对精密机械加工、现代光学仪器、超大规模集成电路、现代生物工程、遗传工程和医学工程等产生重要影响。介于大中型机器人和微型机器人之间的小型机器人也是机器人发展的一个趋势。

第二节　机器人的机械结构、运动与驱动系统

由于应用场合的不同，机器人的结构形式多种多样，各组成部分的驱动方式、传动原理和机械结构也有各种不同的类型。通常，工业机器人的机械结构主要由末端执行器、手腕、手臂和机座组成，而驱动系统主要有机械式、液压式、气动式和电动式四种方式。本节对工业机器人的机械结构、运动和驱动系统进行了简要介绍。

一、机械结构

1. 末端执行器

由于工业机器人是一种通用性较强的自动化作业设备，末端执行器则是直接执行作业任务（握持工件或工具）的装置，大多数末端执行器的结构和尺寸是依据其特定的作业任务及工件要求来设计的，从而形成了多种多样的结构形式。末端执行器安装在执行机构的手腕或手臂的机械接口上，根据用途可分为夹持式、吸附式和专用工具等几种形式。

（1）夹持式末端执行器

图 9-3 是一种夹持圆柱形物料的夹持式末端执行器，由手爪、传动机构、驱动装置等组

成，通过手爪的开、合动作实现对物料的
夹持。

① 手爪。手爪是直接与工件 5 接触的部
件。夹持式末端执行器松开和夹紧工件是通过
手爪的张开和闭合来实现的。一般情况下，机
器人的末端执行器只有两个手指，少数有三个
或多个手指。夹持式末端执行器的结构形式取
决于被夹持物料的形状和特性。

② 传动机构。传动机构是向手爪传递运动
和动力，以实现夹紧和松开动作的机构。传动
机构按其运动方式分为回转型和移动型，回转
型又分为单支点回转型和双支点回转型。

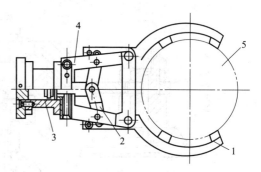

图 9-3　夹持式末端执行器
1—手爪；2—传动机构；3—驱动装置；
4—支架；5—工件

③ 驱动装置。驱动装置是向传动机构提供动力的装置，它一般有液压、气动、机械等
驱动方式。

（2）吸附式末端执行器

吸附式末端执行器是靠吸附力抓取物料的，根据吸附力的不同有气吸附和磁吸附两种。
吸附式末端执行器适用于抓取大平面（单面接触无法抓取）、易碎（玻璃、磁盘）、微小件
（不易抓取的物体）等类型的物体，因此使用面也较大。

① 气吸式。气吸式末端执行器是工业机器人常用的一种吸持工件的装置。它由吸盘
（一个或几个）、吸盘架及进排气系统组成，具有结构简单、重量轻、使用方便可靠等优点，
广泛用于非金属材料（如板材、纸张、玻璃等物体）或不可有剩磁的材料的吸附。

气吸式末端执行器的另一个特点是对工件表面没有损伤，且对被吸持工件预定的位置精度
要求不高；但要求工件上与吸盘接触部位光滑平整、清洁，被吸工件材质致密，没有透气
空隙。

气吸式末端执行器是利用吸盘内的压力与大气压之间的压力差而工作的，按形成压力差
的方法，可分为真空气吸式、气流负压气吸式、挤压排气负压气吸式 3 种。

图 9-4（a）是一种真空气吸附式末端执行器。真空的产生是利用真空泵，真空度较高。
主要零件为橡胶吸盘 1，通过固定环 2 安装在支承杆 4 上，支承杆由螺母 5 固定在基板 6 上。
取料时，橡胶吸盘与物体表面接触，橡胶吸盘的边缘起密封作用，又起到缓冲作用，然后真
空抽气，吸盘内腔形成真空，实施吸附取料。放料时，管路接通大气，失去真空，物体放
下。为了避免在取放料时产生撞击，有的还在支承杆上配有弹簧缓冲；为了更好地适应物体
吸附面的倾斜状况，有的在橡胶吸盘背面设计有球铰链。

图 9-4（b）为气流负压气吸式末端执行器。利用流体力学的原理，当需要取物时，压
缩空气高速流经喷嘴 5 时，其出口处的气压低于吸盘腔内的气压，于是腔内的气体被高速气
流带走而形成负压，完成取物动作。当需要释放时，切断压缩空气即可。气流负压气吸式末
端执行器需要的压缩空气，在一般工厂内容易取得，因此成本较低。

图 9-4（c）为挤压排气负压气吸式末端执行器。其工作原理为：取料时橡胶吸盘 1 压紧
物体，橡胶吸盘变形，挤出腔内多余空气，手部上升，靠橡胶吸盘恢复力形成负压将物体吸
住。释放时，压下拉杆 3，使吸盘腔与大气连通而失去负压。挤压排气负压气吸式末端执行
器结构简单，但要防止漏气，不宜长期停顿。

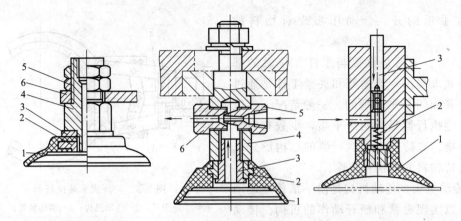

(a) 真空气吸式末端执行器　　(b) 气流负压气吸式末端执行器　(c) 挤压排气负压气吸式末端执行器

1—橡胶吸盘；2—固定环；3—执片　1—橡胶吸盘；2—心套；3—通气螺钉　1—橡胶吸盘；2—弹簧；3—拉杆
4—支承杆；5—基板；6—螺母　　4—支承杆；5—喷嘴；6—喷嘴套

图 9-4　工业机器人的组成

② 磁吸式。磁吸式末端执行器是利用永久磁铁或电磁铁通电后产生的磁力来吸附工件的，其应用较广。磁吸式末端执行器与气吸式末端执行器相同，不会破坏被吸件表面质量。磁吸式末端执行器比气吸式末端执行器优越的方面是：有较大的单位面积吸力，对工件表面粗糙度及通孔、沟槽等无特殊要求。磁吸式末端执行器的不足之处是：被吸工件存在剩磁，吸附头上常吸附磁性屑（如铁屑等），影响正常工作。因此对那些不允许有剩磁的零件要禁止使用。对钢、铁等材料制品，温度超过 723℃ 就会失去磁性，故在高温下无法使用磁吸式末端执行器。磁吸式末端执行器按磁力来源可分为永久磁铁末端执行器和电磁铁末端执行器。电磁铁末端执行器由于供电不同又可分为交流电磁铁末端执行器和直流电磁铁末端执行器。

（3）多指灵巧手

图 9-5 是一种模仿人手的多指灵巧手，它有多个手指，每个手指有三个回转关节，每一个关节自由度都是独立控制的。这样，各种复杂动作都能模仿。

2. 手腕

手腕是机器人末端执行器和手臂之间的连接部件，起着支撑手部、调整或改变末端执行器方位的作用，故手腕也称作机器人的姿态机构，一般由三个独立的回转关节组成，如图 9-6 所示。这三个回转关节分别是：绕小臂轴线 X 的旋转称臂转 ω，相对于小臂的摆动称腕摆 θ_1，绕自身轴线的旋转称手转

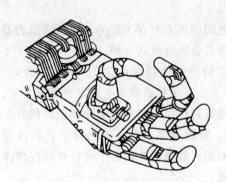

图 9-5　多指灵巧手

φ。机器人的手腕结构很复杂，因此设计时要注意下面几个问题：

① 可以由手臂完成的动作，尽量不设置手腕；

② 手腕结构尽可能简化，对不需要三个自由度的手腕，可采用两个或一个回转关节；

③ 手腕处的结构要求紧凑、重量轻，手腕的驱动装置多采用分离式。

3. 手臂

手臂是机械操作臂中的重要部件，它的作用是把物料运送到工作范围内的给定位置上。

机器人一般由大臂和小臂组成，其手臂完成伸缩运动、回转、升降或上下摆动运动，如图9-7所示。机器人的手臂是支承末端执行器和手腕的部件，它需承受物料的重量和末端执行器、手腕、手臂自身的重量，其结构形式对机器人影响很大。因此在选取手臂的结构形式时，要考虑机器人的抓取物料重量、运动方式、运动速度、自由度数等。常见的机器人手臂的驱动方式有液压驱动、气压驱动、电力驱动及复合驱动等方式。

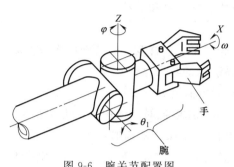

图 9-6　腕关节配置图

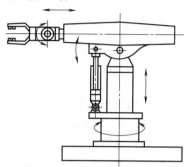

图 9-7　机器人手臂运动示意图

4. 机座

机器人机座是机器人的基础部分，起支承作用，可分为固定式和移动式两类。固定式用于以机器人为中心的场合。移动式可采用在 AGV（自动导引运输车）上设置机器人来实现，用于柔性物流系统物料的传送。

二、机器人机构的运动

1. 手臂的运动

（1）垂直移动

指机器人手臂的上下运动。这种运动通常采用液压缸机构或其他垂直升降机构来完成，也可以通过调整整个机器人机身在垂直方向上的安装位置来实现。

（2）径向移动

是指手臂的伸缩运动。机器人手臂的伸缩使其手臂的工作长度发生变化。在圆柱坐标式结构中，手臂的最大工作长度决定其末端所能达到的圆柱表面直径。

（3）回转运动

指机器人绕铅垂轴的转动。这种运动决定了机器人的手臂所能到达的角位置。

2. 手腕的运动

（1）手腕旋转

手腕绕小臂轴线的转动。有些机器人限制其手腕转动角度小于 360°。有些机器人则仅仅受到控制电缆缠绕圈数的限制，手腕可以转几圈。

（2）手腕弯曲

指手腕的上下摆动，这种运动也称为俯仰。

（3）手腕侧摆

指机器人手腕的水平摆动。手腕的旋转和俯仰两种运动结合起来可以构成侧摆运动，通常机器人的侧摆运动由一个单独的关节提供。

三、工业机器人的驱动系统

1. 工业机器人对驱动系统的基本要求

① 驱动系统的结构简单、重量轻，单位重量的输出功率要高，效率高；

② 响应速度要快，动作平滑，不产生冲击；

③ 控制要求灵活，位移和速度偏差要小；

④ 安全可靠，操作和维护方便；

⑤ 减小对环境的负面影响。

2. 驱动方式

工业机器人关节的驱动方式有机械式、液压式、气动式和电动式。

（1）机械式驱动系统

机械式驱动系统是指直接用凸轮、杠杆、齿轮齿条、连杆及一些特殊机构来直接驱动机械手（人），使其完成规定动作的驱动系统。机械驱动的特点是：

① 直接采用机构来驱动机械手，可以获得较大的输出力。

② 机械传动的体积可小可大，当运动自由度多、速度低时，体积往往比较大。

③ 由于机构间是准确的"刚性"连接，相互间可以保持精确的传动关系，因此，能与有关的运动部件或主机保持严格同步，而且定位精度高。此外其速度、加速度和动作稳定性好，易于获得精确的高速或低速。但是，高速工作时冲击较大，缓冲不易解决。

④ 由于机构间是直接传动，而且一般工厂可以自制，故成本低。

⑤ 由机构直接驱动机械手，其动作难于调节或改变。

图 9-8 是一种两自由度的机械驱动手腕，电动机安装在大臂上，经谐波减速器用两个链传动将运动传递到手腕轴 10 上的链轮 4、5。链传动（链条）6 将运动经链轮 4，轴 10，锥齿轮 9、11 带动轴 14 做旋转运动，实现手腕的回转运动（θ_1）。链传动（链条）7 将运动经链轮 5 直接带动手腕壳体 8 做旋转运动，实现手腕的上下仰俯摆动（β）。当链传动 6 静止不动时，使链传动 7 单独带动链轮 5 转动时，由于轴 10 不动，转动的手腕壳体迫使锥齿轮 11 做行星运动，即锥齿轮 11 随手腕壳体做公转运动（β），同时还绕轴 14 做自转运动（θ_2）。则 $\theta_2 = u\beta$，式中 u 为齿轮 9、11 的传动比。因此当链传动 6、7 同时驱动时，手腕的回转运动应是 $\theta = \theta_1 + \theta_2$，当链轮 4 的转向与 β 转向相同时用"－"，相反时用"＋"。

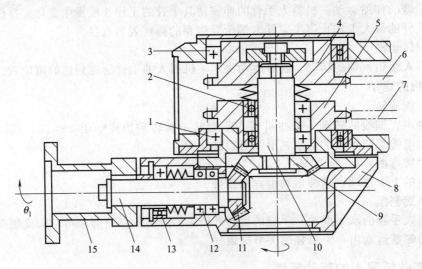

图 9-8 两自由度机械驱动手腕

1,2,3,12,13—轴承；4,5—链轮；6,7—链条；8—手腕壳体；

9,11—锥齿轮；10,14—轴；15—机械接口法兰盘

（2）液压式驱动系统

机器人的驱动系统采用液压驱动，有以下几个优点：

① 液压容易达到较高的压力（常用液压为 2.5～6.3MPa），体积较小，可以获得较大的推力或转矩；

② 液压系统介质的可压缩性小，工作平稳可靠，并可得到较高的位置精度；

③ 液压传动中，力、速度和方向比较容易实现自动控制；

④ 液压系统采用油液作介质，具有防锈性和自润滑性能，可以提高机械效率，使用寿命长。

液压传动系统的不足之处是：

① 油液的黏度随温度变化而变化，影响工作性能，高温容易引起燃烧爆炸等危险；

② 液体的泄漏难于克服，要求液压元件有较高的精度和质量，故造价较高；

③ 需要相应的供油系统，尤其是电液伺服系统要求严格的滤油装置，否则会引起故障。

液压式驱动系统的输出力和功率更大，能构成伺服机构，常用于大型机器人关节的驱动。

美国 Unimation 公司生产的 Unimate 型工业机器人采用了直线液压缸作为径向驱动源。Versatran 机器人也使用直线液压缸作为圆柱坐标式机器人的垂直驱动源和径向驱动源。

（3）气压式驱动系统

与液压驱动相比，气压驱动的特点是：

① 压缩空气黏度小，容易达到高速（1m/s）；

② 利用工厂集中的空气压缩机站供气，不必添加动力设备；

③ 空气介质对环境无污染，使用安全，可直接应用于高温作业；

④ 气动元件工作压力低，故制造要求也比液压元件低。

它的不足之处是：

① 压缩空气常用压力为 0.4～0.6MPa，若要获得较大的力，其结构就要相对增大；

② 空气压缩性大，工作平稳性差，速度控制困难，要达到准确的位置控制很困难；

③ 压缩空气的除水问题是一个很重要的问题，处理不当会使钢类零件生锈，导致机器人失灵。此外，排气还会造成噪声污染。

气动式驱动多用于开关控制和顺序控制的机器人。

（4）电动机驱动系统

电动机驱动可分为普通交流电动机驱动，交、直流伺服电动机驱动和步进电动机驱动。

普通交流电动机驱动需加减速装置，输出力矩大，但控制性能差，惯性大，适用于中型或重型机器人。交、直流伺服电动机和步进电动机输出力矩相对小，控制性能好，可实现速度和位置的精确控制，适用于中小型机器人。交、直流伺服电动机一般用于闭环控制系统，而步进电动机则主要用于开环控制系统，一般用于速度和位置精度要求不高的场合。

电动机使用简单，且随着材料性能的提高，电动机性能也逐渐提高。所以总的看来，目前机器人关节驱动逐渐被电动式所代替。

3. 驱动机构

驱动机构分为旋转驱动方式和直线驱动方式。由于旋转驱动的旋转轴强度高、摩擦小、可靠性好等优点，在结构设计中应尽量多采用旋转驱动方式。但是在行走机构关节中，完全采用旋转驱动实现关节伸缩有如下缺点：

① 旋转运动虽然也能转化得到直线运动，但在高速运动时，关节伸缩的加速度不能忽视，它可能产生振动。

② 为了提高着地点选择的灵活性，还必须增加直线驱动系统。

因此有许多情况采用直线驱动更为合适。直线气缸仍是目前所有驱动装置中最廉价的动力源，凡能够使用直线气缸的地方，还是应该选用它。有些要求精度高的地方也要选用直线驱动。

（1）直线驱动机构

机器人采用的直线驱动包括直角坐标结构的 X、Y、Z 向驱动，圆柱坐标结构的径向驱动和垂直升降驱动，以及球坐标结构的径向伸缩驱动。直线运动可以直接由气缸或液压缸和活塞产生，也可以采用齿轮齿条、丝杠、螺母等传动方式把旋转运动转换成直线运动。

（2）旋转驱动机构

多数普通电动机和伺服电动机都能够直接产生旋转运动，但其输出力矩比所需要的力矩小，转速比所需要的转速高。因此，需要采用各种传动装置把较高的转速转换成较低的转速，并获得较大的力矩。有时也采用直线液压缸或直线气缸作为动力源，这就需要把直线运动转换成旋转运动。这种运动的传递和转换必须高效率地完成，并且不能有损于机器人系统所需要的特性，特别是定位精度、重复精度和可靠性。运动的传递和转换可以选择齿轮链传动、同步带传动和谐波齿轮等传动方式。

4. 制动器

许多机器人的机械臂都需要在各关节处安装制动器，其作用是：在机器人停止工作时，保持机械臂的位置不变；在电源发生故障时，保护机械臂和它周围的物体不发生碰撞。例如齿轮链、谐波齿轮机构和滚珠丝杠等元件的质量较高，一般其摩擦力都很小，在驱动器停止工作的时候，它们是不能承受负载的。如果不采用如制动器、夹紧器或止挡等装置，一旦电源关闭，机器人的各个部件就会在重力的作用下滑落。因此，机器人制动装置是十分必要的。

制动器通常是按失效抱闸方式工作的，即要放松制动器就必须接通电源，否则，各关节不能产生相对运动。它的主要目的是在电源出现故障时起保护作用。其缺点是在工作期间要不断花费电力使制动器放松。假如需要的话也可以采用一种省电的方法，其原理是：需要各关节运动时，先接通电源，松开制动器，然后接通另一电源，驱动一个挡销将制动器锁在放松状态。这样所需要的电力仅仅是把挡销放到位所花费的电力。

为了使关节定位准确，制动器必须有足够的定位精度。制动器应当尽可能地放在系统的驱动输入端，这样利用传动链速比，能够减小制动器的轻微滑动所引起的系统移动，保证了在承载条件下仍具有较高的定位精度。在许多实际应用中机器人都采用了制动器。

第三节　工业机器人的控制技术

一、概述

工业机器人的工作过程，就是通过路径规划，将要求的任务变为期望的运动和力，由控制系统根据期望的运动和力信号，控制末端执行器输出实际的运动和力，精确而重复地完成期望的任务。由于机器人的负载、惯量、重心都随时间发生变化，因此，机器人控制系统与一般的伺服系统或过程控制系统相比，它是一个与运动学和动力学原理密切相关的、有耦合的、非线性的、多变量的计算机控制系统。

1. 工业机器人的控制系统的分类

由于机器人类型较多，其控制系统的形式也是多种多样，主要有下面几种。

（1）按控制运动的方式

可分为关节运动控制、圆柱坐标空间控制和直角坐标空间控制。

（2）按轨迹控制方式

可分为点位控制和连续轨迹控制。

（3）按照被控对象

可分为位置控制、速度控制、加速度控制、力控制、力和位置混合控制等。

（4）按自动化程度

可分为顺序控制系统、程序控制系统、适应性控制系统和人工智能控制系统。

2. 机器人控制的主要变量

机器人的关节运动控制的变量见图9-9，通过对这些变量的控制，修正机器人的末端执行器的状态，使其能够抓取物料A。物料A的空间位置是由任务坐标系给出的，可以用 X 表示末端执行器的状态，显然 X 是随时间变化的，$X(t)$ 就表示某一时刻末端执行器在空间的实时方位。通过控制各关节 θ_i 的转动，来满足 $X(t)$ 的要求，用 $\theta_i(t)$ 表示关节的实时转角。各关节的 $\theta_i(t)$ 是在力矩 $C(t)$ 的作用下产生的，$C(t)$ 由各电动机的力矩 $T(t)$ 经过变速传至各个关节。采用控制系统将电压 $V(t)$ 通过电动机转变成所需要的力矩 $T(t)$。对机器人的控制，实质上就是对下面双向方程式的控制。

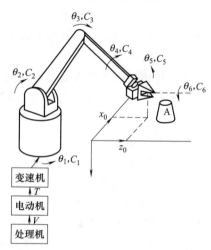

图 9-9 机器人各关节的控制变量

$$V(t) \leftrightarrow T(t) \leftrightarrow C(t) \leftrightarrow \theta_i(t) \leftrightarrow X(t)$$

3. 机器人控制的基本单元

构成机器人控制系统的基本要素包括电动机、减速器、运动特性检测传感器、驱动电路、控制系统的硬件和软件。

（1）电动机

作为驱动机器人运动的驱动力，常见的有液压驱动、气压驱动、直流伺服电动机驱动、交流伺服电动机驱动和步进电动机驱动。随着驱动电路元件的性能提高，当前应用最多的是直流伺服电动机驱动和交流伺服电动机驱动。

（2）减速器

减速器是为了增加驱动力矩、降低运动速度。

（3）驱动电路

由于直流伺服电动机或交流伺服电动机的流经电流较大，一般为几安培到几十安培，机器人电动机的驱动需要使用大功率的驱动电路，为了实现对电动机运动特性的控制，机器人常采用脉冲宽度调制（PWM）方式进行驱动。

（4）机器人运动特性检测传感器

机器人运动特性检测传感器用于检测机器人运动的位置、速度、加速度等参数。

（5）控制系统的硬件

机器人控制系统是以计算机为基础的，机器人控制系统的硬件系统采用的是二级结构，第一级为协调级，第二级为执行级。协调级实现对机器人各个关节的运动，实现机器人和外界环境的信息交换等功能；执行级实现机器人的各个关节的伺服控制，获得机器人内部的运动状态参数等功能。

（6）控制系统的软件

机器人的控制系统软件实现对机器人运动特性的计算、机器人的智能控制和机器人与人的信息交换等功能。

二、机器人的位置、姿态和路径问题

1. 机器人的位置、方位和位姿的描述方法

机器人是一个空间机构，可以采用空间坐标变换原理以及坐标变换的矩阵解析方法来建立描述各构件之间相对位置和姿态的矩阵方程。

（1）位置描述

在描述机器人各构件及物料之间的关系时，首先建立各种坐标系，用位置矢量描述空间某一点的位置。对于直角坐标系 $\{A\}$，空间任意点 P 的位置可用矢量 $P = [x_p, y_p, z_p]^T$ 来表示。

（2）方位描述

为了研究机器人的运动与控制，除了要表示机器人构件上点的位置外，还需要表示该构件的方位。确定构件的方位，应先建立一个以该构件为基础的直角坐标系 $\{B\}$，用坐标系 $\{B\}$ 的三个单位主矢量相对于参考坐标系 $\{A\}$ 的方向余弦组成的 3×3 矩阵来表示构件 B 相对于坐标系 $\{A\}$ 的方位，图 9-10 是表示方位的坐标关系。

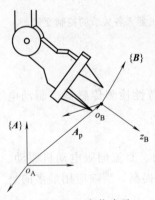

（3）坐标系

机器人的执行机构可以看成是由几个独立运动的杆件以旋转或移动的关节组成的机构，在空间描述各个构件的位置和方位，需要建立下列坐标系：

① 绝对坐标系。绝对坐标系是参照工作现场基面的坐标系，也是机器人所有构件的公共参考坐标系；

② 机座坐标系。机座坐标系是参照机器人机座的坐标系，也是机器人所有活动构件的公共参考坐标系；

③ 构件坐标系。构件坐标系是参照机器人指定构件的坐标系，也是在每个活动构件上固定的坐标系，随构件运动而运动。

图 9-10　方位表示

（4）位姿描述

机器人构件的位姿是指在该构件的特征点上（重心或几何中心）建立坐标系 $\{B\}$，在 $\{B\}$ 坐标系中描述的该构件方位就是位姿。

2. 机器人的运动描述

机器人的执行机构是一系列杆件由关节组合起来的，用矩阵 A 描述两杆件之间的位姿，而用矩阵 T 描述某一杆件与机座的位姿。这里 A_1 描述第一个杆件相对于固定坐标系的位姿，A_2 描述第二个杆件相对于第一个杆件的位姿，A_3 描述第三个杆件相对于第二个杆件的

位姿，以此类推，A_6 描述末端执行器相对于第五个杆件的位姿，从而可以得到下面的方程：

$$T_1 = A_1$$
$$T_2 = A_1A_2$$
$$T_3 = A_1A_2A_3$$
$$\cdots\cdots$$
$$T_6 = A_1A_2A_3A_4A_5A_6$$

上述各方程表示了从固定坐标系到末端执行器的各坐标系之间的变换矩阵与末端执行器位姿的关系，称之为机器人的运动方程。

3. 机器人的路径规划

机器人在工作范围内完成某一任务，末端执行器必须按一定的轨迹运动。末端执行器的运动轨迹的形成方法：首先给定轨迹上的若干点，将这些点通过运动学反解映射到关节空间中，对关节空间中的这些相应点建立路径的数学方程，然后按数学方程对各关节进行插补运算，从而得到运动轨迹。上述整个过程就是机器人的路径规划。在路径规划时要考虑下面几个问题：

① 建立末端执行器的起始位姿和目标位姿；
② 区分末端执行器的运动方式（点到点运动、连续路径运动、轮廓运动）；
③ 在机器人所有运动构件的路径上是否有障碍物；
④ 根据运动要求，选择插补运算方式。

三、工业机器人的控制

工业机器人的控制实际上包含"任务规划""动作规划""轨迹规划"和"伺服控制"等多个层次，如图 9-11 所示。机器人首先要对控制命令进行解释，把操作者的命令分解为机器人可以实现的任务（任务规划）；然后机器人针对各个任务进行动作分解（动作规划）。为了实现机器人的一系列动作，应该对机器人的每个关节的运动进行设计（轨迹规划），最底层是关节运动的伺服控制。

工业机器人控制的一个明显特点是要求实现多轴运动的协调控制，包括运动轨迹和动作时序等多方面的协调，并要求有较高的位置精度和很大的调速范围，因此机器人的控制是一个很复杂的过程。

四、工业机器人的位置伺服控制

机器人位置伺服控制系统的构成如图 9-12 所示。对于机器人运动，常关注的是手臂末端的运动，而末端运动往往又是以各关节的合成来实现的，因而必须关注手臂末端的位置和位姿与各关节位移的关系。在控制装置中，手臂末端运动的指令值与手臂的反馈信息作为伺服系统的输入，不论机器人采用什么样的结构形式，其控制装置都是以各关节当前位置 q 和速度 q' 作为检测反馈信号，直接或间接地决定伺

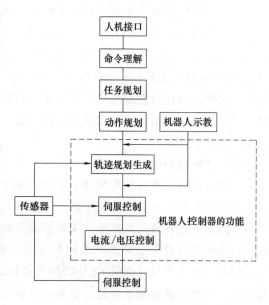

图 9-11　机器人控制过程图

服电动机的电压或电流矢量，通过各种驱动机构达到位置矢量 *r* 控制的目的。

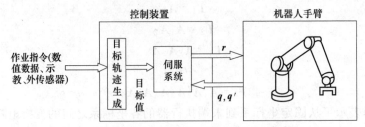

图 9-12　机器人位置伺服控制系统的构成

机器人的位置伺服控制，大体上可分为关节伺服和坐标伺服两种类型。

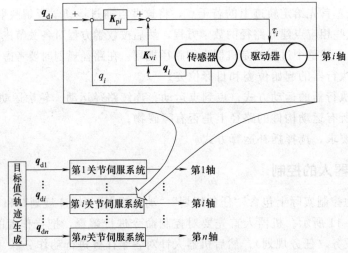

图 9-13　关节伺服控制的构成

（1）关节伺服控制

关节伺服控制以大多数非直角坐标机器人为控制对象。图 9-13 给出了关节伺服控制的构成，它把每一个关节作为单独的单输入单输出系统来处理。令各关节位移指令目标值为 $q_d = [q_{d1}, q_{d2}, \cdots, q_{dn}]^T$，且独立构成一个个伺服系统。每个指令目标值 q_d 与实际末端位置值 r_d 都存在对应关系：$q_d = R(r_d)$。对于每一个末端位置 r_d 均能求取一个指令值 q_d 与之对应。这种关节伺服系统结构十分简单，目前大部分关节机器人都由这种关节伺服系统来控制。以往这类伺服系统通常用模拟电路构成，而随着微电子和信号处理技术的发展，已普遍采用了数字电路形式。

（2）坐标伺服控制

尽管关节伺服控制结构简单，被较多的机器人所采用，但在三维空间对手臂进行控制时，很多场合都要求直接给定手臂末端运动的位置和位姿，例如将手臂从某一点沿直线运动到另一点就是这种情况。此外，关节伺服控制系统中的各个关节是独立进行控制的，难以预测由各关节实际控制结果所得到的末端位置状态的响应，且难以调节各关节伺服系统的增益。因而，将末端位置矢量 r_d 作为指令目标值所构成的伺服控制系统，称之为作业坐标伺服系统。这种伺服控制系统是将机器人手臂末端位置姿态矢量 r_d 固定于空间内某一个作业坐标系来描述的。

五、机器人的先进控制技术

机器人先进控制技术目前应用较多的有自适应控制、模糊控制、神经网络控制等，这里简要地介绍一下自适应控制。

自适应控制是指机器人依据周围环境所获得的信息来修正对自身的控制，这种控制器配有触觉、力觉、接近觉、听觉和视觉等传感器，能够在不完全确定或局部变化的环境中，保持与环境的自动适用，并以各种搜索与自动导引方式，执行不同的循环作业。根据设计技术的不同，自适应控制一般分为模型参考自适应控制、自校正自适应控制和线性摄动自适应控制三种，其中模型参考自适应控制（MRAC）应用最广泛，且容易实现。模型参考自适应控制的基础是选择合适的参考模型和对实际系统的驱动器调整反馈增益的自适应算法，而自适应算法由参考模型输出与实际系统输出之间的误差驱动。图 9-14 给出了模型参考自适应控制的一般结构。

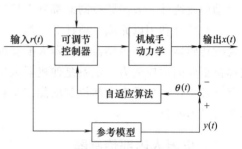

图 9-14　模型参考自适应控制的一般结构

第四节　工业机器人的传感器

传感技术就是获取信息的手段和方法的总和。机器人感觉系统通常由多种机器人传感器或视觉系统组成，第一代具有计算机视觉和触觉能力的工业机器人是由美国斯坦福研究所研制成功的。目前，使用较多的机器人传感器有位移传感器、力觉传感器、触觉传感器、压觉传感器、接近觉传感器和视觉传感器等。

一、概述

1. 机器人与传感器

如果说，计算机是人类大脑或智力的外延，执行机构是人类四肢的外延，那么传感器就是人类五官的外延。工业机器人要能在变化的工作环境中完成任务，就必须具备类似人类对环境的感觉功能。人类具有 5 种感觉，即视觉、嗅觉、味觉、听觉和触觉，而机器人则是通过传感器得到这些感觉信息的。传感器处于连接外界环境与机器人的接口位置，是机器人获取信息的窗口。要使机器人拥有智能，对环境变化做出反应，首先，必须使机器人具有感知环境的能力，用传感器采集信息是机器人智能化的第一步；其次，如何采取适当的方法，将多个传感器获取的环境信息加以综合处理，控制机器人进行智能作业，则是提高机器人智能程度的重要体现。因此，传感器及其信息处理系统，是构成机器人智能的重要部分，它为机器人智能作业提供决策依据。

2. 机器人传感器的分类

机器人感觉技术可以分为内部状态感觉和外部状态感觉两大类。机器人对本身状态的检测称为内部状态感觉，相应的传感器称为内部传感器，其实现的功能是测量运动学和动力学参数，以使机器人按规定的位置、轨迹、速度、加速度和受力大小进行工作。机器人对工作环境的感觉称为外部感觉，相应的传感器称为外部传感器，其功能是识别工作环境，为机器人提供信息，检查、控制、操作对象物体，应付环境变化和修改程序。外部传感机构的使用使机器人能以柔性方式与其环境互相作用，负责检验诸如距离、接近程度和接触程度之类的变量，便于机器人的引导及物体的识别和处理。尽管目前在工业机器人中应用最多的是接近觉、触觉和力觉传感器，但视觉传感器被认为是机器人实现感觉能力的重要传感技术之一。机器人视觉系统需要处理三维图像，从中提取、显示和说明物体的大小、形状及物体间的关系，这一过程通常也称为机器视觉或计算机视觉。

几乎所有的机器人都使用内部传感器，如测量回转关节位置的编码器和测量速度以控制其运动的测速计。大多数控制器都具备接口能力，故来自输送装置、机床以及机器人本身的信号，被综合利用以完成一项任务。然而，机器人的感觉系统通常指机器人的外部传感器，如视觉传感器，这些传感器使机器人能获取外部环境的有用信息，可为更高层次的机器人控制提供更好的适应能力，也就是使机器人增加了自动检测能力，提高机器人的智能。现在传感器已被用在诸如带有中间检测的加工工程、有适应能力的材料装卸、电弧焊和复杂的装配作业等基本操作之中。

二、机器人内部传感器

1. 机器人的位置传感器

位置感觉是机器人最基本的感觉要求，它可以通过多种传感器来实现，常用的机器人位置传感器有电阻式位移传感器、电容式位移传感器、电感式位移传感器、光电式位移传感器、霍尔元件位移传感器、磁栅式位移传感器以及机械式位移传感器等。机器人各关节和连杆的运动定位精度要求、重复精度要求以及运动范围要求是选择机器人位置传感器的基本依据。

典型的位置传感器是电位计（称为电位差计或分压计），它由一个线绕电阻（或薄膜电阻）和一个滑动触点组成。其中滑动触点通过机械装置受被检测量的控制。当被检测的位置量发生变化时，滑动触点也发生位移，改变了滑动触点与电位器各端之间的电阻值和输出电压值，根据这种输出电压值的变化，可以检测出机器人各关节的位置和位移量。

如图 9-15 所示，这是一个位置传感器的实例。在载有物体的工作台下面有同电阻接触的触点，当工作台左右移动时，接触触点也随之左右移动，从而改变了与电阻接触的位置。此位置传感器检测的是以电阻中心为基准位置的移动距离。

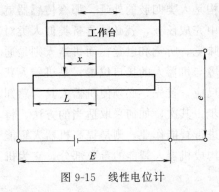

图 9-15 线性电位计

假定输入电压为 E，最大移动距离（从电阻中心到一端的长度）为 L，在可动触点从中心向左端只移动 x 的状态，假定电阻右侧的输出电压为 e。若在图 9-15 的电路上流过一定的电流，由于电压与电阻的长度成比例（全部电压按电阻长度进行分压），所以左右的电压比等于电阻长度比，也就是：

$$(E-e)/e = (L-x)/(L+x)$$

因此，可得移动距离 x 为：

$$x = \frac{L(2e-E)}{E} \tag{9-1}$$

把图中的电阻元件弯成圆弧形，可动触点的另一端固定在圆的中心，并像时针那样回转时，由于电阻长随相应的回转角而变化，因此基于上述同样的理论可构成角度传感器。如图 9-16 所示，这种电位计由环状电阻器和与其一边电气接触一边旋转的电刷共同组成。当电流沿电阻器流动时，形成电压分布。如果这个电压分布制作成与角度成比例的形式，则从电刷上提取出的电压值，也与角度成比例。作为电阻器，可以采用两种类型：一种是用导电塑料经成形处理做成的导电塑料型，如图 9-16（a）所示；另一种是在绝缘环上绕上电阻线做成的线圈型，如图 9-16（b）所示。

2. 机器人角度传感器

应用最多的旋转角度传感器是旋转编码器。旋转编码器又称转轴编码器、回转编码器等，它把连续输入的轴的旋转角度同时进行离散化（样本化）和量化处理后予以输出。

把旋转角度的现有值，用 $n$bit 的二进制码表示进行输出，这种型式的编码器称为绝对值型，还有一种型式，是每旋转一定角度，就 1bit 的脉冲（1 和 0 交替取值）被输出，这种型式的编码器称为相对值型（增量型）。相对值型用计数器对脉冲进行累积计算，从而可以得知初始角旋转的角度。根据监测方法的不同，角度传感器可以分为光学式、磁场式和感应式。一般来说，普及型的分辨率能达到 2^{-12} 的程度，对于高精度型的编码器其分辨率可以达到 2^{-20} 的程度。

光学编码器是一种应用广泛的角位移传感器，其分辨率完全能满足机器人技术要求。这种非接触型传感器可分为绝对型和增量型。对于绝对型编码器，只要把电源加到用这种传感器的机电系统中，编码器就能给出实际的线性或旋转位置。因此，用绝对型编码器装备的机器人关节不要求校准，只要一通电，控制器就知道实际的关节位置。而增量型编码器只能提供与某基准点对应的位置信息。所以用增量型编码器的机器人在获得真实位置信息以前，必须首先完成校准程序。线性或旋转编码器都有绝对型和增量型两类，旋转型器件在机器人中的应用特别多，因为机器人的旋转关节远远多于棱柱形关节。直线编码器成本高，甚至以线性方式移动的关节，如球坐标机器人都用旋转编码器。

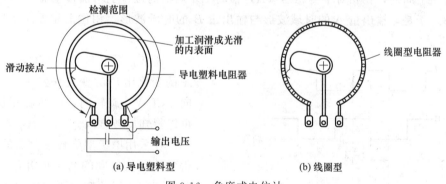

图 9-16　角度式电位计

（1）光学式绝对型旋转编码器

如图 9-17 所示为一光学式绝对型旋转编码器，在输入轴上的旋转透明圆盘上设置 n 条同心圆状的环带，对环带上的角度进行二进制编码，并将不透明条纹印刷到环带上。

将圆盘置于光线的照射下，当透过圆盘的光由 n 个光传感器进行判读时，判读出的数据变成为 $n$bit 的二进制码。二进制码有不同的种类，但是只有格雷码是没有判读误差的码，所以它获得了广泛的应用。编码器的分辨率由比特数（环带数）决定，例如，12bit 编码器的分辨率为 $2^{-12}=1/4096$，所以可以有 1/4096 的分辨率，并对 1 转 360° 进行检测。BCD 编码器，设定以十进制作为基数，所以其分辨率变为（360/4096）°。

对绝对型旋转编码器，可以用一个传感器检测角度和角速度。因为这种编码器的输出表示的是旋转角度的现时值，所以若对单位时间前的值进行记忆，并取它与现时值之间的差值，就可以求得角速度。

（2）光学式增量型旋转编码器

在旋转圆盘上设置一条环带，将环带沿圆周方向分割成 m 等分，并用不透明的条纹印刷到上面。把圆盘置于光线的照射下，透过去的光线用一个光传感器（A）进行判读。因为圆盘每转过一定角度，光传感器的输出电压 A 在 H（High Level）与 L（Low Level）之间就会交替地进行转换，所以当把这个转换次数用计数器进行统计时，就能够知道旋转过的角度，如图 9-18 所示。

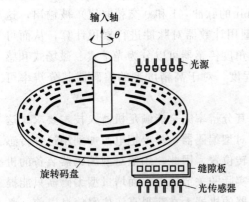

图 9-17　光学式绝对型旋转编码器

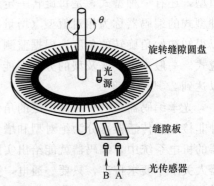

图 9-18　光学式增量型旋转编码器

由于这种方法不论是顺时针方向（CW）旋转时，还是逆时针方向（CCW）旋转时，都同样地会在 H 与 L 间交替转换，所以不能得到旋转方向，因此，从一个条纹到下一个条纹可以作为一个周期，在相对于传感器（A）移动 1/4 周期的位置上增加传感器（B），并提取输出量 B。于是，输出量 A 的时域波形与输出量 B 的时域波形，相位上相差 1/4 周期，如图 9-19 所示。

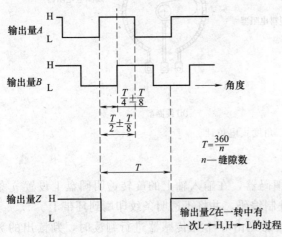

图 9-19　增量型旋转编码器输出波形

通常，顺时针方向（CW）旋转时，A 的变化比 B 的变化先发生，逆时针方向（CCW）旋转时，则情况相反，因此可以得知旋转方向。

在采用增量型旋转编码器的情况下，得到的是从角度的初始值开始检测到的角度变化，问题变为要知道现在的角度，就必须利用其他方法来确定初始角度。

角度的分辨率由环带上缝隙条纹的个数决定。例如，在一转（360°）内能形成 600 个缝隙条纹，就称其为 600p/r（脉冲/转）。此外，以 2 的幂乘作为基准，例如，$2^{11} = 2048$p/r 等这样一类分辨率的产品，已经在市场上销售。

增量型旋转编码器也可以用一个传感器检测角度和角速度。这种编码器单位时间内输出脉冲的数目与角速度成正比。

包含着绝对值型和增量型这两种类型的混合编码器也已经开发出来了。在使用这种编码器时，在确定初始位置时，用绝对值型来进行，在确定由初始位置开始的变动角的精确位置时，则可以以用增量型。

（3）分相器

分相器是一种用来检测旋转角度的旋转型感应电动机，输出的正弦波相位伴随着转子旋转角度的变化做相应的变化。根据这种相位变化，可以检测出旋转角度。分相器的工作原理如图 9-20 所示。当在两个相互成直角配置的固定线圈上施加相位差为 90°的两相正弦波电压 $E\sin\omega t$ 和 $E\cos\omega t$ 时，在内部空间会产生旋转磁场。于是，当在这个磁场中放置两个相互成直角的旋转线圈时（设与固定线圈之间的相对转角为 θ），则在两个旋转线圈上产生的电压分别为：

$$E_0\sin(\omega t + \theta) \text{ 和 } E_0\cos(\omega t + \theta)$$

若用识别电路把这个相位差识别出来，就可以实现 2^{-17} 的分辨率。

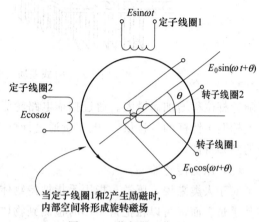

图 9-20　分相器工作原理

由于大部分工业机器人被限制在工厂的地面上，没有必要安装姿态传感器，这里就不再介绍机器人姿态传感器。

三、机器人外部传感器

1. 机器人触觉传感器

机器人触觉的原理是模仿人的触觉功能，通过触觉传感器与被识别物体相接触或相互作用来完成对物体表面特征和物理性能的感知。触觉有接触觉、压觉、滑觉、力觉四种，狭义的触觉照字面来看是指前三种感知接触的感觉。

（1）接触觉传感器

人的接触觉是通过四肢和皮肤对外界物体的一种物性感知。接触觉传感器用于感知被接触物体的特性以及传感器接触对象物体后自身的状况，例如，是否握牢对象物体和对象物体在传感器何部位等。常使用的接触传感器有机械式（例如微动开关）、针式差动变压器、含碳海绵及导电橡胶等几种。当接触力作用时，这些传感器以通断方式输出高低电平，实现传感器对被接触物体的感知。

如图 9-21 所示的针式差动变压器矩阵式接触传感器，它由若干个触针式触觉传感器构成矩阵形状。每个触针传感器由钢针、塑料套筒以及使针杆复位的磷青铜弹簧等构成，并在各触针上绕着激励线圈与检测线圈，用以将感知的信息转换成电信号，由计算机判定接触程度、接触部位等。

当针杆与物体接触而产生位移时，其根部的磁极体将随之运动，从而增强了两个线圈间的耦合系数。通过控制电路使各行激励线圈上加上交流电压，检测线圈则有感应电压，该电

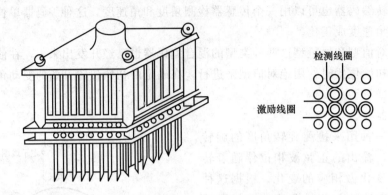

图 9-21　针式差动变压器矩阵式接触传感器

压随针杆位移增加而增大。通过扫描电路轮流读出各列检测线圈上的感应电压（感应电压实际上标明了针杆的位移量），电压量通过计算机运算判断，即可知道物体的特征或传感器自身的感知特性。

（2）压觉传感器

对于人类来说，压觉是指用手指把持物体时感受到的感觉，机器人的压觉传感器就是装在其手爪上面，可以在把持物体时检测到物体同手爪间产生的压力及其分布情况的传感器。检测这些量要用许多压电元件。压电元件照字面上看，是指某种物质上施加压力就会产生电信号，即产生压电现象的元件。对于机械式检测，可以使用弹簧。

压电现象的机理是在显示压电效果的物质上施力时，由于物质被压缩而产生极化（与压缩量成比例），如在两端接上外部电路，电流就会流过，所以通过计测这个电流就可构成压力传感器。压电元件可用在计测力 F 和加速度 $a(=F/m)$ 的计测仪器上。把加速度输出通过电阻和电容构成的积分电路可求得速度，再进一步把速度输出积分，就可求得移动距离，因此能够比较容易地构成振动传感器。

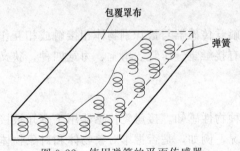

图 9-22　使用弹簧的平面传感器

如果把多个压电元件和弹簧排列成平面状，就可识别各处压力的大小以及压力的分布。使用弹簧的平面传感器如图 9-22 所示，由于压力分布可表示物体的形状，所以也可作为物体识别传感器。虽然不是机器人形状，但把手放在一种压电元件的感压导电橡胶板上，通过识别手的形状来鉴别人的系统，也是压觉传感器的一种应用。

通过对压觉的巧妙控制，机器人既能抓取豆腐及蛋等软物体，也能抓取易碎的物体。

（3）滑觉传感器

滑觉传感器检测在垂直于握持方向物体的位移、旋转、由重力引起的变形，以达到修正受力值、防止滑动、进行多层次作业及测量物体重量和表面特性等目的。

滑觉传感器是用于检测物体接触面之间相对运动大小和方向的传感器，它用于检测物体的滑动。例如，利用滑觉传感器判断是否握住物体，以及应该使用多大的力等。当手指夹住物体时，物体在垂直于所加握力方向的平面内移动，进行如下操作：

① 抓住物体并将它举起时的动作；

② 夹住物体并将它交给对方的动作；

③ 手臂移动时的加速或减速的动作。

在进行这些动作时，为了使物体在机器人手中不发生滑动，安全、正确地进行工作，滑动的检测和握力的控制就显得非常重要。

为了检测滑动，采用如下方法：①将滑动转换成滚球和滚柱的旋转；②用压敏元件和触针检测滑动时的微小振动；③检测出即将发生滑动时手爪部分的变形和压力，通过手爪载荷检测器检测手爪的压力变化，从而推断出滑动的大小等。

滚轴式滑觉传感器是经常使用的一种滑觉传感器，由图 9-23 可知，当手爪中的物体滑动时，将使滚轴旋转，滚轴带动安装在其中的光电传感器和缝隙圆板而产生脉冲信号。这些信号通过计数电路和 D/A 转换器转换成模拟电压信号，通过反馈系统构成闭环控制，不断修正握力，达到消除滑动的目的。

（4）力觉传感器

通常将机器人的力觉传感器分为以下 3 类：

① 装在关节驱动器上的力觉传感器，称为关节力传感器，它测量驱动器本身的输出力和力矩，用于控制中的力反馈。

② 装在末端执行器和机器人最后一个关节之间的力觉传感器，称为腕力传感器。腕力传感器能直接测出作用在末端执行器上的各向力和力矩。

③ 装在机器人手指关节上（或指上）的力觉传感器，称为指力传感器，用来测量夹持物体时的受力情况。

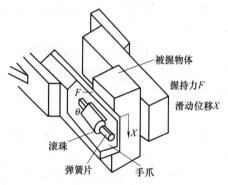

图 9-23　滚轴式滑觉传感器

机器人的这 3 种力觉传感器依其不同的用途有不同的特点，关节力传感器用来测量关节的受力（力矩）情况，信息量单一，传感器结构也较简单，是一种专用的力传感器；指力传感器一般测量范围较小，同时受手爪尺寸和重量的限制，它在结构上要求小巧，也是一种较专用的力传感器；腕力传感器从结构上来说，是一种相对复杂的传感器，它能获得手爪三个方向的受力（力矩），信息量较多，又由于其安装的部位在末端执行器和机器人手臂之间，比较容易形成通用化的产品系列。

目前在手腕上配置力传感器的技术获得了广泛应用。其中六轴传感器，就能够在三维空间内，检测所有的作用力和作用转矩。转矩是作用在旋转物体上的力，也称旋转力。在表示三维空间时，采用三个轴互成直角相交的坐标系。在这个三维空间中，力能使物体做直线运动，转矩能使物体做旋转运动。力可以分解为沿三个轴方向的分量，转矩也可以分解为围绕着三个轴的分量，而六轴传感器就是一种能对这些力和力矩的全部进行检测的传感器。

机器人腕力传感器测量的是 3 个方向的力（力矩），因为腕力传感器既是测量的载体又是传递力的环节，所以腕力传感器的结构一般为弹性结构梁，通过测量弹性体的变形得到 3 个方向的力（力矩）。

图 9-24 所示为 Draper 实验室研制的六维腕力传感器的结构。它将一个整体金属环按 120°周向分布铣成三根细梁，其上部圆环上有螺孔与手臂相连，下部圆环上的螺孔与手爪连接，传感器的测量电路置于空心的弹性构架体内。该传感器结构比较简单，

灵敏度较高，但六维力（力矩）的获得需要解耦运算，传感器的抗过载能力较差，容易受损。

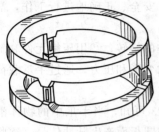

图 9-24 六维腕力传感器

2. 机器人距离传感器

（1）超声波距离传感器

超声波距离传感器是由发射器和接收器构成的，几乎所有超声波距离传感器的发射器和接收器都是利用压电效应制成的。其中，发射器是利用给压电晶体加一个外加电场时，晶片将产生应变（压电逆效应）这一原理制成的；接收器的原理是，当给晶片加一个外力使其变形时，在晶体的两面会产生与应变量相当的电荷（压电正效应），若应变方向相反则产生电荷的极性反向。图 9-25 为一个共振频率在 40kHz 附近的发射接收器结构图。

超声波距离传感器的检测方式有脉冲回波式和 FW-CW（频率调剂、连续波）式两种。

① 在脉冲回波式中，先将超声波用脉冲调制后发射，根据经被测物体反射回来的回波延迟时间 Δt，计算出被测物体的距离 R。假设空气中的声速为 v，则被测物与传感器间的距离 R 为：

$$R = v\Delta t/2$$

如果空气温度为 T（℃），则声速 v（m/s）可由下式求得：

$$v = 331.5 + 0.607T$$

② FW-CW（频率调剂、连续波）式是采用连续波对超声波信号进行调制。将由被测物体反射延迟 Δt 时间后得到的接收波信号与发射波信号相乘，仅取出其中的低频信号就可以得到与距离 R 成正比的差频 f_r 信号，设调制信号的频率为 f_m，调制频率的带宽为 Δf，则可求得被测物体的距离 R 为：

$$R = f_r v/4f_m \Delta f$$

（2）接近觉传感器

所谓接近觉传感器，就是当机器人手接近对象物体的距离约为数毫米至数十毫米时，就可检测出到对象物体表面的距离、斜度和表面状态的传感器。这种传感器是有检测全部信息的视觉和力学信息的触觉的综合功能的传感器。它在实用的机器人控制方面具有非常重要的作用。接近觉传感器的检测有如下几种方法。

① 触针法（检测出安装于机器人手前端的触针的位移）；

② 电磁感应法（根据金属对象物体表面上的涡流效应检测出阻抗的变化，进而测出线圈电压的变化）；

③ 光学法（通过光的照射，检测出反射光的变化、反射时间等）；

④ 气压法（根据喷嘴与对象物体表面之间间隙的变化，检测出压力的变化）；

⑤ 超声波、微波法（检测出反射波的滞后时间、相位偏移）。

这些方法可依据对象物体的性质、操作内容来选择，这里介绍一种气压式接近觉传感器，它通过检测气体喷流碰到物体时的压力的反作用力来实现。如图 9-26 所示，在该机构中，气源输送一定压力 p_1 的气流，离物体的距离 x 越小，气流喷出的面积越窄小，气缸内的压力 p 则增大。如果事先求出距离和压力的关系，即可根据压力 p 测定距离 x。

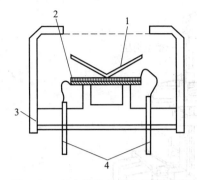

图 9-25　超声波发射接收器结构图

1—锥状体；2—压电元件；3—绝缘体；4—引线

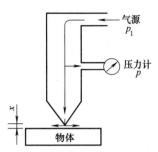

图 9-26　接近觉传感器示例

接近觉传感器主要感知传感器与物体之间的接近程度。它与精确的测距系统虽然不同，但又有相似之处。可以说接近觉传感器是一种粗略的距离传感器。接近觉传感器在机器人中主要有两个用途：避障和防止冲击。前者如移动的机器人如何绕开障碍物，后者如机械手抓取物体时实现柔性接触。接近觉传感器应用场合不同，感觉的距离范围也不同，远可达几米至十几米，近可几毫米甚至 1mm 以下。

第五节　工业机器人应用实例

在工业生产中，弧焊机器人、点焊机器人、装配机器人、喷涂机器人及搬运机器人等工业机器人都已被大量采用。由于机器人对生产环境和作业要求有很强的适应性，用来完成不同生产作业的工业机器人越来越多，工业生产可实现高度自动化。采用工业机器人不但可以提高生产能力、改善工作条件，而且还可以提高制造系统的自动化水平和柔性。

一、搬运机器人

随着计算机集成制造技术、物流技术、自动仓储技术的发展，搬运机器人在现代制造业中的应用也越来越广泛。机器人可用于零件的加工过程中，物料、工辅量具的装卸和储运，可用来将零件从一个输送装置送到另一个输送装置，或从一台机床上将加工完的零件取下再安装到另一台机床上去。

1. 500 型搬运机器人

图 9-27 所示为 500 型搬运机器人的结构。该机器人是用来抓取、搬运来自输送带或输送机上流动的物品的自动化装置，主要由搬入机械部件、机器主体部件、搬出机械部件和系统控制等基本部分组成。该机器人可根据被搬运物品的形状、材料和大小等，按照给定的堆列模式，自动地完成物品的堆列和搬运操作。

2. 旋转式负压吸盘机器人

图 9-28 所示为搪瓷缸毛坯生产线布置图，其工艺流程包括毛坯下料→拉伸→加热→淬火→压边→切边→下料等工序。其构成包括三个物料搬运机器人、两台压力机、一台切边机及一台感应加热机床。机器人 1 将上料工位圆形毛坯料抓取后旋转 90°，放入压力机 1 经拉伸形成图中工件形状；机器人 2 将拉伸后工件通过负压吸盘抓取后先旋转 60°进行加热，加热完成再旋转 30°将工件在油液中快速冷却，完成淬火，再经 90°旋转放入压力机 2 中进行压

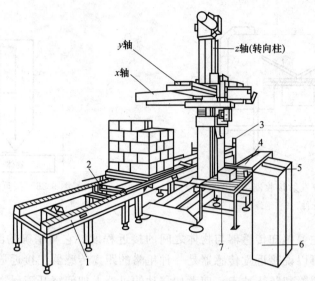

图 9-27　500 型搬运机器人的结构

1—卸载输送机；2—极式输送机；3—极式分配器；4—横进给式输送机；
5—操作台；6—控制台；7—多工位式输送机

边，矫正变形；机器人 3 将经过压边后的工件抓取后旋转 60°放入切边机切边，切边完成后再旋转 30°放入输料槽进行下料。

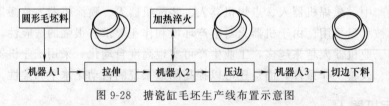

图 9-28　搪瓷缸毛坯生产线布置示意图

　　旋转式负压吸盘机器人结构如图 9-29 所示，其中负压吸盘相当于机器人的末端执行器，它采用吸附式驱动装置；气缸推动负压吸盘支架可绕旋转轴旋转，该部分相当于手腕和手部；固定臂和移动臂相结合组成机器人手臂部分，移动臂的伸缩运动由电机单元带动同步带轮，并最终使移动臂沿导轨完成伸缩运动，固定臂的升降、回转可通过底座中的旋转气缸和升降气缸单元实现。

二、装配机器人

　　采用工业机器人进行自动装配是近十几年来才发展起来的一项新技术。从目前的情况看，整个机械制造过程中自动化程度最低的就是装配工艺。

　　带有力反馈机构的精密插入装配机器人的装配作业如图 9-30 所示。该机器人将一个零件基座、连接套和小轴组装起来，其视觉系统为电视摄像机。主、辅机器人各抓取所需组装的零件，两者互相配合，使零件尽量接近，而主机器人向孔的中心方向移动。由于手腕的柔性，所抓取的小轴会产生稍微的倾斜；当小轴端部到达孔的位置附近时，由于弹簧力的作用，轴端会落入孔内。柔性机构在 z 方向的位移变化可以检测，使主机器人控制位置获得探索阶段已完成的信息。进入插入阶段，由触觉传感器检测轴线对中心线的倾斜方向；一边对轴的姿态进行修正，一边进行插入，完成装配作业。

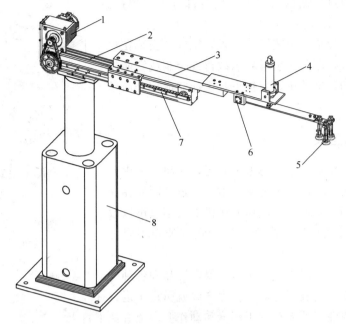

图 9-29 旋转式负压吸盘机器人结构

1—电机单元；2—固定臂；3—移动臂；4—气缸；

5—负压吸盘；6—旋转轴；7—导轨；8—底座（内有旋转气缸及升降气缸）

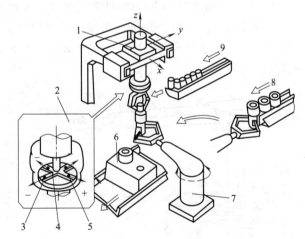

图 9-30 精密插入装配机器人的装配作业

1—主机器人；2—柔必手腕；3,5—触觉传感器（应变片）；4—弹簧片；

6—基座零件的传送定位；7—辅助机器人；8—连接套供料机构；9—小轴供料机构

三、焊接机器人

焊接是机器人的主要用途之一，按焊接作业的不同分为点焊和弧焊作业。传统的点焊机虽然可以减轻人的劳动强度，焊接质量也较好，但夹具和焊枪位置不能随零件的改变而变化。点焊机器人可通过重新编程来调整空间点位，也可通过示教形式获得新的空间点位，来满足不同零件的需要，故特别适于小批量多品种的生产环境。弧焊作业由于其焊缝多为空间曲线，采用连续轨迹控制的机器人可代替部分人工焊接。图 9-31 是一个典型的焊接机器人，焊接电源 1 与机器人 7 上的末端操作器（焊枪）组成焊接装置，工件 5 安装在焊接夹具上，机器人控制装置可采用示教再现控制或智能控制实现焊接过程的运动轨迹，焊接夹具也能完成部分简单运动。

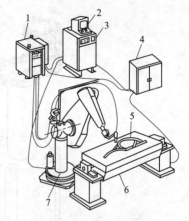

图 9-31　焊接机器人

1—焊接电源；2—显示器；

3—机器人控制装置；4—夹具控制装置；

5—工件；6—焊接夹具；7—机器人

四、喷漆机器人

由于喷漆工序中雾状漆料对人体有害，喷漆环境中照明、通风等条件很差，而且不易从根本上改进，因此在这个领域中大量使用了机器人。使用喷涂机器人不仅可以改善劳动条件，而且还可以提高产品的产量和质量，降低成本。

喷漆机器人广泛应用于汽车车体、家电产品和各种塑料制品的喷漆作业。如我国针对汽车生产线就引进了近百个喷漆机器人。喷漆机器人在使用环境和动作要求上有如下特点：

① 工作环境包含易爆的喷漆剂蒸气；

② 沿轨迹高速运动，途经各点均为作业点；

③ 多数被喷漆部件都搭载在传送带上，边移动边喷漆。

图 9-32 所示为日本 TOKIC0 公司生产的 RPA856RP 关节式喷漆机器人的基本组成及关节轴回转角度。该机器人由操作机、控制箱、修正盘和液压源四部分组成；有 6 个自由度，可连接工件传送装置做到同步操作。手腕为伺服控制型；末端接口可安装两个喷枪同时工作（系统配有两套可同时使用的气路）。

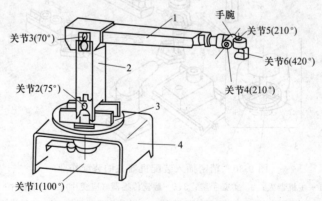

图 9-32　RPA856RP 关节式喷漆机器人基本组成及关节轴回转角度

1—小臂；2—大臂；3—转台；4—基座

复习思考题

9-1 简述工业机器人的发展历史与现状。

9-2 简述机械手与机器人的定义与区别。

9-3 简述工业机器人的定义与组成。

9-4 工业机器人控制方式可以分为哪几类？

9-5 工业机器人机械结构由哪几部分组成？各有何作用？

9-6 机器人手臂和手腕的运动分为哪几类？

9-7 简述工业机器人对驱动系统的要求，有哪几种驱动方式，各有何特点。

9-8 简述机器人的驱动机构及其实现方法。

9-9 什么是机器人路径规划？

9-10 机器人内部传感器有哪几类？各有何特点？

9-11 绝对型旋转编码器与增量型旋转编码器有何特点及区别？

9-12 机器人外部传感器有哪几类？各有何特点？

9-13 简述机器人在工业生产领域中的应用。

参 考 文 献

[1] 刘治华，李志农，刘本学. 机械制造自动化技术. 郑州：郑州大学出版社，2009.

[2] 周骥平，林岗. 机械制造自动化技术. 第 3 版. 北京：机械工业出版社，2014.

[3] 辛宗生，魏国丰. 自动化制造系统. 北京：北京大学出版社，2012.

[4] 赵东福. 自动化制造系统. 北京：机械工业出版社，2004.

[5] 张根保. 自动化制造系统. 第 3 版. 北京：机械工业出版社，2011.

[6] 易允文. 跟踪国外高技术——计算机集成制造技术. 国外自动化，1986 (6)：4-5.

[7] 幸权，柴宗明. 智能制造关系中国制造业发展. 企业技术开发，2011，30 (14)：116.

[8] 何成奎，郎朋飞，洪伟，等. 新经济时代下我国智能制造的发展途径. 机械设计与制造工程，2018，47 (2)：9-12.

[9] 荣烈润. 面向 21 世纪的智能制造. 机电一体化，2006 (4)：6-10.

[10] 杨叔子. 机械加工工艺师手册. 第 2 版. 北京：机械工业出版社，2011.

[11] 郁鼎文，陈恳. 现代制造技术. 北京：清华大学出版社，2006.

[12] 王隆太. 先进制造技术. 北京：机械工业出版社，2012.

[13] 吴天林，段正澄. 机械加工系统自动化. 北京：机械工业出版社，1992.

[14] 李伟. 先进制造技术. 北京：机械工业出版社，2005.

[15] 戴庆辉. 先进制造系统. 北京：机械工业出版社，2006.

[16] 曹运红. 柔性制造系统、柔性制造单元和成组技术的发展及其应用. 飞航导弹，2004 (5)：59-63.

[17] 杨松祥. 柔性制造系统（FMS）的发展与展望. 硫磷设计与粉体工程，2001 (6)：27-29.

[18] 郭聚东，钱惠芬. 柔性制造系统的优势及发展趋势. 轻工机械，2004 (4)：4-6.

[19] 李秘，周奕. 柔性制造系统技术及其发展. PLC&FA，2006 (8)：11-16.

[20] 王敏. 机械零件去毛刺工艺. 凿岩机械气动工具，2006 (2)：61-63.

[21] 冯晓宾. 大马力四轮驱动拖拉机前转向驱动桥万向传动轴可靠性提升. 长春：吉林大学硕士学位论文，2016.

[22] 雷发林，王贵伟，相茂平，等. 关于传动轴节叉的机加工工艺分析. 农业装备与车辆工程，2007 (10)：52-53.

[23] 方朝云，阎利民，郭强，等. 高频感应淬火工艺研究. 金属加工（热加工），2012 (15)：44-45.

[24] 王建磊，孙传祝. 电动滚筒减速装置的改进设计. 农业装备技术，2007，33 (6)：54-57.

[25] 郭环，禹永伟. 自动化立体仓库中堆垛机的设计. 物流技术，2002 (30)：77-78.

[26] 乐兑谦. 金属切削刀具. 第 2 版. 北京：机械工业出版社，2011.

[27] 王庆有. CCD 应用技术. 天津：天津大学出版社，2000.

[28] 石照耀，韦志会. 精密测头技术的演变与发展趋势. 工具技术，2007，41 (2)：3-8.

[29] 段志姣. 用线阵 CCD 传感器测量工件外轮廓尺寸. 计量与测试技术，2004 (5)：26-27.

[30] 冯占军，王磊，罗显光. 基于激光传感器的工件外径尺寸检测系统. 电子测量与仪器学报，2007，21 (6)：82-84.

[31] 刘治华，刘云清，隋振. 金属平面塑性滚压实验设备及控制系统的研究. 机械设计与制造，2006 (3)：42-44.

[32] 张佩勤，王连荣. 自动装配与柔性装配技术. 北京：机械工业出版社，1998.

[33] 刘德忠，费仁元，[德] Stefan Hasse. 装配自动化. 北京：机械工业出版社，2003.

[34] 姚志良. 装配机器人及其发展动向. 组合机床与自动化加工技术，1995 (10)：40-42.

[35] 徐云庆，盛小明. 基于气动机械手的零件自动化柔性装配设备. 苏州大学学报（工科版），2009，29 (4)：73-75.

[36] 金济民，张苗，蒋立正. 旋转式磁力片自动化装配系统及关键工位设计. 设计与研究，2017 (1)：86-89.

[37] 刘明俊，等. 计算机控制原理与技术. 长沙：国防科技大学出版社，1999.

[38] 谢克明，夏路易. 可编程控制器原理与程序设计. 第 2 版. 北京：电子工业出版社，2010.

[39] 王春丽，路玉洲，于正林，等. 数控设备伺服进给装置及控制系统设计. 长春理工大学学报，2007 (2)：9-11.

[40] 邬再新，吕洪波，王连波，等. 基于 PMAC 的开放式双主轴龙门钻床数控系统研究. 机床与液压，2007，35 (5)：86-87.

［41］ 陈新海，等. 自适应控制及应用. 西安：西北工业大学出版社，2003.

［42］ 李清泉. 自适应控制. 计算机自动测量与控制，1999，7（3）：56-60.

［43］ 刘桂英. 自适应控制的应用. 上海电机技术高等专科学校学报，2002（1）：5-8.

［44］ 王益群，孙孟辉，张伟. 冷连轧机液压 AGC 系统中的分布式计算机控制. 机床与液压，2007，35（3）：120-123.

［45］ 赵宏达，张建华. 分布式计算机控制系统的技术发展现状. 黑龙江水专学报，2006，33（1）：75-77.

［46］ 王常力. 分布式控制系统的现状与发展. 电器时代，2004（1）：81-86.

［47］ 柳春生. 西门子 PLC 应用与设计教程. 北京：机械工业出版社，2011.

［48］ 孙承志，等. 西门子 S7-200/300/400PLC 基础与应用技术. 北京：机械工业出版社，2012.

［49］ 刘金琨. 先进 PID 控制 MATLAB 仿真. 第 2 版. 北京：电子工业出版社，2004.

［50］ 珠海市长陆工业自动控制系统有限公司. TR700 数字式重量变送器使用说明书［M］. 珠海：珠海市长陆工业自动控制系统有限公司，2011.

［51］ Adlnk Technology Inc. PCI-8253/56 DSP-based 3/6 Axis Analog Motion Control Card User's Manual［M］. Adlink Technology Inc，2009.

［52］ 刘治华，黄玉锋，徐新伟. 脊柱牵引设备控制方法及其实验研究. 郑州大学学报（工学版），2014，35（2）：112-115.

［53］ Panasonic. 使用说明书（基本篇）交流伺服马达-驱动器 MINUS A5 系列. Motor Company，Panasonic Corporation，2009.

［54］ 谢存禧，张铁. 机器人技术及其应用. 北京：机械工业出版社，2012.

［55］ 王俊峰，张玉生. 机电一体化检测与控制技术. 北京：人民邮电出版社，2006.

［56］ 杨永才，等. 光电信息技术. 上海：东华大学出版社，2009.